国家职业资格培训教材
技能型人才培训用书

家政服务员

（高级）

国家职业资格培训教材编审委员会
江苏省家政学会 组 编
钱焕琦 熊筱燕 主 编

机械工业出版社

本书是依据《国家职业技能标准　家政服务员》（高级）的知识要求和技能要求，按照岗位培训需要的原则编写的。本书主要内容包括：家政服务员职业概论、制作家庭餐、美化家居、照护孕产妇与新生儿、照护婴幼儿、照护病人、培训指导与管理。章首有培训学习目标，章末配有复习思考题，书末附有与之配套的试题库及答案，以便于机构培训、考核和读者自测自查。

　　本书主要作为各级职业技能鉴定培训机构的考前培训教材，也可作为读者考前复习用书。

图书在版编目（CIP）数据

家政服务员：高级/钱焕琦，熊筱燕主编 . —北京：机械工业
出版社，2017. 5
　　国家职业资格培训教材　技能型人才培训用书
　　ISBN 978-7-111-56183-5

　　I. ①家… Ⅱ. ①钱…②熊… Ⅲ. ①家政服务—技术培训—
教材　Ⅳ. ①TS976. 7

　　中国版本图书馆 CIP 数据核字（2017）第 039348 号

机械工业出版社（北京市百万庄大街 22 号　邮政编码 100037）
策划编辑：赵磊磊　责任编辑：赵磊磊　杨　洋
责任校对：孙　丽　封面设计：路恩中
责任印制：李　飞
北京振兴源印务有限公司印刷
2017 年 5 月第 1 版第 1 次印刷
169mm×239mm・15 印张・279 千字
0001—3000 册
标准书号：ISBN 978-7-111-56183-5
定价：39. 80 元

凡购本书，如有缺页、倒页、脱页，由本社发行部调换]

电话服务	网络服务
服务咨询热线：010-88379833	机工官网：www.cmpbook.com
读者购书热线：010-88379649	机工官博：weibo.com/cmp1952
	教育服务网：www.cmpedu.com
封面无防伪标均为盗版	金书网：www.golden-book.com

前　言

　　近三十多年来，随着社会的巨大进步，人们的生活水平有了很大提高，家庭生活方式也发生了巨大的变化。家庭的结构、功能，以及家庭生活管理的目标、原则和资源方面呈现出的新特点，对家政服务提出了许多新要求。

　　首先，家庭结构的变化对家政服务提出了个性化要求。随着家庭经济收入的提高、住房条件的改善、人口流动性的增加，以及人们独立意识与个性意识的增强，几代同堂的大家庭越来越少，小家庭越来越多。像过去那样，依靠大家庭的家庭成员互相照应、共同分担家务则变得越来越困难。因此，许多家庭开始借助社会资源，运用商业性服务帮助料理家庭事务。家政服务行业应运而生，从各个方面为家庭提供服务。家庭结构也日趋多元化，除了三口之家的核心家庭，老人独居的空巢家庭、单亲家庭、重组家庭，以及父母在外地工作由祖父母照看孙子女的隔代家庭等家庭形式也屡见不鲜。不同家庭结构的家庭在生活方式上必然有很多差异，因此对家政服务的要求也十分个性化。比如，有幼儿的家庭需要的是儿童照看服务，有年迈老人的家庭需要的是老人看护服务。而且，同样是儿童照看和老人看护，不同年龄阶段的儿童、不同健康状况的老人对服务的需求也是不一样的，因而对服务人员的技能要求也就不同。除了一般家庭需要的基本家政服务以外，富裕家庭还对高端家政服务提出了要求，这些要求包括：家庭理财、法律服务、换房服务、鲜花礼仪、车库管理等。

　　其次，家庭功能的变化，对家政服务提出了更高的要求。家庭功能一般包括生育功能、教育功能、生产功能、消费功能、精神愉悦功能。现代家庭生活越来越强调消费、教育、保健、休闲等功能，也就是越来越多地使用商品化服务，越来越注重子女教育和自身的教育，越来越重视家庭成员身体健康和心理健康。例如，老人不仅要求家政服务员耐心可靠，更希望他们懂一些医学常识和护理技能；年轻父母希望家政服务员不仅会照顾孩子吃饭睡觉，还要懂得如何与孩子游戏，帮助培养孩子的智力和社会交往能力；有些不能自理的病人希望由同性别的服务员帮助照料，以免害羞和尴尬。家政服务员如果不具备一些家政的基本知识和技能，就很难提供高质量的服务，帮助家庭发挥其积极的功能。

　　再次，家庭生活管理目标、原则和资源的变化，促使人们对家政服务进一步提出了健康、科学和高效的要求。现代家庭生活节奏加快，人们格外重视时间的合理安排和家庭事务的高效管理。同时，随着经济收入的增加，人们越来越不满足于简单的应付，而是更注重健康、环保、休闲。一日三餐不仅要求丰盛，更需要营养均衡、口味适宜。环境不仅需要打扫整洁，更需要布置装饰优雅、家具保养得当。完成家务不仅依靠双手，还需要懂得正确使用各种工具、电器及化学产品。因此，现代家庭对家政服务进一步提出了健康、科学和高效的要求。广大家庭对家政服务的高要求，不断促使家政服务行业和家政服务从业者进一步在经营上和素质上提高和完善。

家政服务业作为服务业中一个规模较大并极具发展潜力的重要领域，正处于发展的黄金时期。家政服务业具有就业容量大、就业领域宽、用工灵活的特点，是促进下岗失业人员、农民工等群体就业和再就业的重要载体，是扩大内需、调整经济结构、实现经济平稳较快发展、构建和谐社会的重要途径。

当前，家庭对家政服务消费的需求远远没有得到满足。适销服务短缺和信息流动不畅导致用户对服务不熟悉，对服务人员或服务质量缺乏信任感。很多家庭的现实需求处于抑制状态，潜在需求也无法向现实需求转化。究其原因，很重要的一个方面就是专业化人才缺乏，无法提供个性化、高质量的服务。

家政服务业只有向精细化、专业化方向发展，才能实现可持续的发展和繁荣。家政服务业一方面需要在广度上拓展业务范围，满足广大家庭各种不同的需求，另一方面需要在深度上延伸，提高服务的专业化程度，提升服务的水准。只有这样，无数家庭的各种潜在需求才可能向现实需求转化，家政服务的市场和行业发展空间才能充分打开。

家政服务业人才培养应向专业化方向发展。这不仅有助于提高家政服务行业的专业化程度，提升家政服务的总体水平，满足社会的需求，而且能为家政服务从业者的职业发展建立专业基础，拓展事业前景，满足个人发展的需要。专业的、高层次的服务更容易得到社会的认可和尊重，职业的社会地位提高有助于提高从业者的积极性和持久性，确保家政服务业人才队伍的稳定性。

鉴于以上考虑，江苏省家政学会组织行业专家学者根据人力资源和社会保障部最新制定的《国家职业技能标准　家政服务员》（以下简称《标准》）编写了家政服务员培训教材。本书严格按照《标准》中的理论知识要求和技能要求及岗位培训需要编写。家政服务员（高级）的主要内容包括：家政服务员职业概论、制作家庭餐、美化家居、照护孕产妇与新生儿、照护婴幼儿、照护病人、培训指导与管理。

本书附有大量的知识要求试题和技能要求试题，以便于机构培训、考核和读者自测自查。本书主要用于职业技能鉴定培训，也可作为读者考前复习用书。

本书的编写分工如下：第一章由朱运致编写；第二章由唐建华编写；第三章由杜培明编写；第四章由朱世珍、王丹丹、郭智剑编写；第五章由朱世珍、王丹丹、郭智剑编写；第六章由金健、朱克俭编写；第七章由夏宁、夏爱兰、卞小梅编写。

全书由钱焕琦制定编写纲要，统改定稿，熊筱燕参与策划和组织，王波、蔡丽娅、王哲、沈奕洁、董晓云、耿莉、祁敏参与了部分工作。本书在编写过程中借鉴了国内外学术界的有关研究成果，在此一并谨致谢忱。

由于编者水平有限，书中难免存在错误和不足之处，恳请广大读者批评指正。

编　者

目　录

第一章
家政服务员职业概论

培训学习目标

1. 理解家政的内容及其社会意义，树立以科学方法从事家政服务的观念。
2. 理解家政服务工作的价值，确立积极的职业道德观念和服务意识。
3. 学习家政服务工作所必需的人际交往技能，增强职业素养。
4. 了解家政服务行业求职就业的渠道和方法，树立法律意识和法制观念。

第一节　家政与家政服务

一、家政的概念

家政是指综合运用自然科学、社会科学和人文科学的知识，对家庭生活进行设计与管理，以提高人们的生活质量。换句话说，就是运用多种学科的知识，巧妙地安排家庭成员的衣食住行以及休闲、娱乐等家庭活动，保证家庭的每一个人身体健康、心情愉快，使家庭生活井井有条、丰富多彩、和谐美满。家政涉及家庭生活的各个方面，内容十分丰富，不仅涉及物质生活方面，如衣、食、住、行等，还包括精神生活方面，如家庭人际关系、休闲娱乐、艺术修养等。

从个体家庭的角度来看，家政到底包括哪些具体内容呢？一般来说，家政的内容包括以下几个方面，见表1-1。

表1-1　家政的内容

主要范畴	具体内容
家庭关系	家庭的类型与结构，家庭成员的权利和义务，家庭成员的心理发展特点，家庭成员之间相处的技巧，合乎道德的行为规范，常用交际礼仪
儿童养育	儿童生理、心理发展的特点，引导和教育儿童的原则和方法

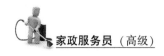
（续）

主要范畴	具体内容
家庭管理	家务劳动的分工、管理，家庭理财，家庭安全与保健
饮食与营养	食品的营养构成，健康饮食结构与习惯，科学的烹饪方法
居室与环境	居室空间利用，家具选择与布置，室内环境美化，手工艺品制作，家庭污染的防治，公共环境的保护，园艺常识
服装与织物	服装面料和家用织物的识别与选择，服饰礼仪，服装与织物的洗涤与保养

1. 家庭关系

在家庭关系方面，家政的任务是协调好家庭成员之间的关系，包括夫妻关系、亲子关系（父母与子女之间的关系）和亲戚关系等。家庭是由不同的个人组成的，因为性格、年龄、身份、经历、习惯等差异，家庭成员之间的相处不可避免会产生摩擦，如果不能做到相互尊重、理解和宽容，就无法建立和谐美好的家庭关系，家庭就很难维系。了解家庭的结构、家庭成员的权利和义务，以及家庭发展过程中可能经历的变化，可以帮助人们确定合理的家庭生活期望值，明确自己在家庭中应承担的责任。了解家庭成员的性格差异和不同年龄阶段的心理特征，掌握与家人相处时的礼仪和交流技巧，对于协调家庭关系，营造和睦的家庭氛围尤为重要。

2. 儿童养育

家庭一个很重要的功能是抚养和教育下一代。父母是孩子的第一任老师，也是终身的老师。父母对孩子的教养方式直接影响孩子的生理、智力、性格、品德方面的发展。了解儿童发展的自然规律，和不同年龄阶段儿童的心理特点，掌握有效的引导策略，有助于家长用恰当的方式引导和辅助孩子的成长，保证孩子身心各方面的均衡发展，避免许多因为教育不当而发生的问题。

3. 家庭管理

家庭管理包括家庭财务管理和家务管理，是指充分合理地使用家庭的财力、物力、人力，既轻松又高效地打理好家庭事务。掌握科学的理财理念和策略，开源节流，理智消费，合理投资，才能确保家庭生活的物质基础，保证生活质量。树立健康、安全的意识，运用科学的管理方法，发掘家庭内外可利用的资源，可以帮助人们在处理繁杂的家务时节约时间、精力，能够更多安排有趣、有益的家庭活动，使家庭生活变得更加整洁舒适、丰富快乐。

4. 饮食与营养

家庭的日常饮食对人的健康有着举足轻重的影响。只有建立合理的家庭膳食结构，养成良好的饮食习惯，运用科学的烹饪方法，才能保证营养素的均衡供给，满足不同家庭成员生长发育、益智健体、抗衰防病、延年益寿的需要，同时又能保证菜肴的美味，使吃饭成为一种享受。

5. 居室与环境

创造一个井然有序的家居环境不仅是为了方便人们的日常起居，还在于通过合理利用有限的空间，给家庭成员留有足够的活动场所和私密区域，有助于家庭成员之间相处时调节距离，避开冲突，减少矛盾。另外，优美的室内布置和庭院设计可以带来视觉和触觉的愉悦感受，帮助人们调节情绪，陶冶性情和发挥个性。所以，能否遵循以人为本和美的原则，创造出既方便实用又整洁美观的家庭生活环境，会在很大程度上影响人们在家庭中的行为和生活品质。

6. 服装与织物

服装的功能不仅是保暖和遮羞，它还是人们社交活动中的一种语言。为家人选择或制作合体舒适的衣服，能保证家庭成员，尤其是幼儿和老人活动自如，有助于家人的安全和健康。懂得不同场合的穿衣之道，能够帮助提升个人形象，表达对别人的尊重，促进人际关系的融洽。家庭使用的布艺制品有很多，如何辨别、选择、巧妙使用和洗涤维护各种织物，也是有讲究的。

从上面的介绍，我们可以看出家政所包含的内容是非常广泛和丰富的。家政的目的是要把家庭变成一个更有利于人成长、生活的环境，使人的个性、才能得到充分的发展和发挥。

二、家政服务的意义

家政和家政服务的意义源于家庭的重要性。家庭不仅是我们吃饭睡觉的场所，它也是人生的起点和归宿，对人的发展有着最直接、最持久的影响。家庭常被比喻为生命的摇篮，文明的载体，情感的港湾。人对社会最初的认识和对社会规范的初步适应，都是从家庭开始的。在生命过程中，一个人的行为习惯、价值观念、道德品质、心理性格、审美趣味都深受家庭环境的影响。家庭对人的塑造是潜移默化，而又根深蒂固的。所以对家庭设计与管理直接关系到一个人性格、品质、能力的发展，以及其对待他人和社会的态度与行为。所以，从这个角度来说，家政服务可以通过改善家庭生活质量，从而促进个人的健康发展和人际关系的和谐融洽。

家庭是社会经济活动的直接参与者，家庭的幸福与否直接影响社会的安定与发展。同时，家庭又是社会经济发展所需人力资源的提供者，因此，家庭和家庭成员的素质必然影响整个社会的人口素质和社会发展的进程。许多社会问题，如家庭暴力、青少年问题、能源浪费、环境污染等，都是由于家庭生活的不合宜引起的。由此可见，家政不仅对个人与家庭来说事关重大，还在提高民族素质，促进社会进步，预防家庭、社会问题的发生，确保社会安定等方面有着不可忽视的积极作用。

要想管理好家庭生活的各个方面，光凭良好的愿望、责任心和经验还不够，还需要科学的知识来指导我们更高效、更合理地完成任务。以日常饮食为例，在南方一些地区，人们习惯在喝汤时把汤里的肉扔掉，认为长时间熬制出来的汤里富含营养，而肉成了"肉渣"，就没有营养价值了。实际上，溶于汤内的蛋白质、钙等都是有限的，大部分营养成分还是包含在肉中，只喝汤不吃肉是很可惜的。像这样的饮食误区还有很多。如果我们了解食品的营养构成，不同营养成分对人体的作用，以及营养成分在加工过程中产生的变化等，就可以避免这些不合理的做法，使得饮食更科学，营养更均衡，更有益于身体健康。再比如，不懂得家人的心理和与人相处的礼仪规范和技巧，就很难协调好家庭成员之间的关系。不了解儿童成长的规律和教育儿童的恰当方式，就无法保证孩子身心的健康发展。不掌握家务管理的科学方法，就会为家务所累，也容易因家务事与家人产生矛盾。不运用科学的理财理念和策略，就很难做到开源节流，确保家庭生活的物质基础。因此，只有树立健康科学的家政观念和掌握先进的家政服务技术，家政服务才可能给家庭生活带来积极影响，使家庭成为宁静的港湾，爱的源泉，学业与事业的加油站。

三、家政服务业的发展

家政服务业作为服务业中一个规模较大并极具发展潜力的重要领域，正处于亟待发展的黄金时期。家政服务业具有就业容量大、就业领域宽、用工灵活的特点，是促进下岗失业人员、农民工、大中专毕业生等群体就业、再就业的重要载体，是扩大内需、调整经济结构、实现经济平稳较快发展、构建和谐社会的重要途径。

城市家庭数量的增长和家庭可支付能力的提升使得家政服务需求显现出高增长性。家政服务需求的主体是个性化较强的每一个家庭，这就决定了家政服务需求的个性化和层次化特点。

家政服务的需求是个性化的，不同的人员结构、处于家庭生命周期不同阶段的家庭对服务的需求各不相同。比如有幼儿的家庭需要的是儿童照看服务，有年迈老人的家庭需要的是老人看护服务。而且，同样是儿童照料和老人看护，不同年龄阶段的儿童、不同健康状况的老人对服务的需求是不一样的，因而对服务人员的技能要求也就不同。除了一般家庭需要的基本家政服务以外，富裕家庭还对高端家政服务提出了要求，这些要求包括：家庭理财、法律服务、换房服务、鲜花礼仪、车库管理等。

家政服务的需求具有层次性。家政服务按技能水平可以分为简单劳务型、知识技能性、专家智慧性。随着居民消费水平的提高，家政服务业层次也在逐步升级。对知识技能性和专家智慧型服务需求已经开始扩张，发展的态势将日趋强劲，从月嫂的供不应求便可见一斑。

当前，家庭对家政服务消费的需求远远没有得到满足。由于适销服务短缺，信息流动不畅导致用户对服务不熟悉，对服务人员或服务质量缺乏信任感。很多家庭的现实需求处于抑制状态，潜在需求也无法向现实需求转化。究其原因，很重要的一个方面就是专业化人才缺乏，无法保证个性化、高质量服务的提供。

家政服务业只有向精细化、专业化方向发展，才能实现可持续的发展和繁荣。家政服务业一方面需要在广度上拓展业务范围，满足广大家庭各种不同的需求，另一方面需要在深度上延伸，提高服务的专业化程度，提升服务的水准。只有这样，无数家庭的各种潜在需求才可能向现实需求转化，家政服务的市场和行业发展空间才能充分打开。

家政服务业人才培养应向专业化方向发展。这不仅有助于提高家政服务业的专业化程度，提升家政服务的总体水平，满足社会的需求，而且能为家政服务从业者的职业发展建立专业基础，拓展事业前景，满足个人发展的需要。专业的、高层次的服务更容易得到社会的认可和尊重，职业的社会地位提高，有助于从业者的积极性和持久性，确保家政服务行业人才队伍的稳定性。

第二节　职业道德

一、职业道德基本知识

1. 职业道德的基本概念

职业道德是指人们在职业生活中应遵循的基本道德，即一般社会道德在职业生活中的具体体现，它是职业品德、职业纪律、专业胜任能力及职业责任等的总称，属于自律范围，它通过公约、守则等对职业生活中的某些方面加以规范。

职业道德既是本行业人员在职业活动中的行为规范，又是行业对社会所负的道德责任和义务。职业道德不是国家法律，也不是规章制度，它对从事一定职业的人没有强制性的约束力，也不能以此为标准直接与当事人的经济利益、政治利益等挂钩，它主要作用于人的思想意识，进而支配人们的行为。所以，对从业者来说，有两点很重要：一是要重视职业道德建设；二是要自觉自愿履行职业道德规范。

2. 职业道德的特点

（1）行业性　职业道德具有适用范围的有限性。不同的行业和不同的职业，有不同的职业道德标准。职业道德的内容与职业实践活动紧密相连，反映着特定职业活动对从业人员行为的道德要求。每种职业都担负着一种特定的职业责任和职业义务。由于各种职业的职业责任和义务不同，从而形成各自特定的职业道德的具体规范。每一种职业道德都只能规范本行业从业人员的职业行为，在特定的职业范围内发挥作用。各行各业的职业道德要求通常以规章制度、工作守则、服务公约、劳动规程、行为须知等形式表现出来。

（2）继承性　职业道德具有发展的历史继承性。职业具有不断发展和世代延续的特征，其技术世代延续，其管理员工的方法、与服务对象打交道的方法，也在长期实践过程中形成，被作为经验和传统继承下来。即使在不同的社会经济发展阶段，同样一种职业因服务对象、服务手段、职业利益、职业责任和义务相对稳定，职业行为道德要求的核心内容都会被继承和发扬，从而形成社会普遍认同的职业道德规范。

（3）实践性　职业行为过程就是职业实践过程，只有在实践过程中，才能体现出职业道德的水准。职业道德的作用是调整职业关系，对从业人员职业活动的具体行为进行规范，解决现实生活中的具体道德冲突。由于各种职业道德的要求都较为具体、细致，因此其表达形式多种多样。

3. 职业道德的作用

职业道德是社会道德体系的重要组成部分，它一方面具有社会道德的一般作用，另一方面又具有自身的特殊作用，具体表现在：

（1）调节职业交往中从业人员内部以及从业人员与服务对象之间的关系　职业道德的基本职能是调节职能。它一方面可以调节从业人员内部的关系，即运用职业道德规范约束职业内部人员的行为，促进职业内部人员的团结与合作。例如职业道德规范要求各行各业的从业人员，都要团结、互助、爱岗、敬业、齐心协力地为发展本行业、本职业服务。另一方面，职业道德又可以调节从业人员和服务对象之间的关系。例如职业道德规定了制造产品的工人要怎样对用户负责；营销人员怎样对顾客负责；医生怎样对病人负责；教师怎样对学生负责等。

（2）有助于维护和提高本行业的信誉　一个行业、一个企业的信誉，也就是它们的形象、信用和声誉，是指企业及其产品与服务在社会公众中的信任程度，提高企业的信誉主要靠产品的质量和服务质量，而从业人员职业道德水平高是产品质量和服务质量的有效保证。若从业人员职业道德水平不高，很难生产出优质的产品和提供优质的服务。

（3）促进本行业的发展　行业、企业的发展有赖于高的经济效益，而高的经济效益源于高的员工素质。员工素质主要包含知识、能力、责任心三个方面，其中责任心至关重要。职业道德水平高的从业人员具有强烈的责任心，只有负责敬业的员工才可能在工作中充分发挥自己的知识和能力，提高产品或服务的质量，促进经济效益的提高。因此，职业道德能促进本行业的发展。

（4）有助于提高全社会的道德水平　职业道德是整个社会道德的主要内容。

职业道德一方面涉及每个从业者如何对待职业，如何对待工作，同时也是一个从业人员的生活态度、价值观念的表现，是一个人的道德意识、道德行为发展的成熟阶段，具有较强的稳定性和连续性。另一方面，职业道德也是一个职业集体，甚至一个行业全体人员的行为表现，如果每个行业，每个职业集体都具备优良的道德，对整个社会道德水平的提高肯定会发挥重要作用。

二、家政服务员的职业道德

家政服务人员大多数从事入户服务工作，直接面对雇主，工作繁重琐碎，对于服务人员的道德修养和心理素质是一种考验，所以，提高服务意识和职业意识、形成良好的职业态度对于家政服务人员来说至关重要。

职业态度就是对某种职业较持久的肯定或否定的内在反应倾向。态度决定行为，将直接影响到服务质量与服务水平。所以，怎么看待家政服务业，以什么样的心态对待所从事的家政服务工作，是家政服务从业人员树立起职业道德意识之前必须解决好的思想问题。

1. 自尊自爱

自尊，就是尊重自己的人格，维护自己的尊严，反对自轻自贱。自爱，就是爱惜自己的名誉，爱惜自己的人生，珍惜自己的身体，反对追求虚荣或自暴自弃。人都希望得到别人的尊敬，而一个人要想获得别人的尊重，首先要自己尊重自己。自己都不尊重自己却还期望得到别人的尊重是不可能的。

家政服务员首先要尊重和认同自己从事的职业。当今社会，无论国内还是国外，家政服务员与司机、工人、演员、公务员、医生、教师一样都是社会平等的一员，所不同的只是分工不同而已。演员是一种职业，医生是一种职业，教师是一种职业，家政服务员也是一种职业。职业没有高低贵贱之分。家政服务人员无论在人格上、权利上、地位上与社会其他职业人员一样，是完全平等的。基于这种平等基础之上的就是人与人之间的平等互助关系。我为你服务，你为他人服务，他人也在为我服务。家政服务业同任何第三产业的从业者一样都是通过为别人提供服务而获得报酬，合理合法，值得尊重。

其次，家政服务员在与雇主的互动中，要克服自卑心理，不亢不卑。家政服务员与雇主之间是两个平等的个体，在人格、地位、尊严上是平等的，这一点毋庸置疑。家政服务员以职业的身份，按合同规定的要求，凭借自己的职业技能为雇主提供服务和帮助，按合同的有关条款取酬，家政服务员与雇主的关系是雇佣关系，是平等互助关系，不是奴仆关系，在工作中不需要低声下气、唯命是从。所以，家政服务员要正确处理好与客户之间的关系，以良好的心态和心情工作，堂堂正正为雇主服务。此外，也要避免投机心态，千万不要出卖自己为代价去换取所谓的"荣华富贵"。通过自己的劳动获得报酬，不自轻自

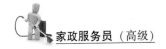

贱，不走捷径，保持人格平等。

2. 尊重雇主

尊重雇主是指家政服务员对待雇主及家庭成员要热情友好。不强人所难，不越俎代庖，不目中无人。家政服务员的"尊重"具体体现在：

第一，日常态度的尊重。人与人之间要互相尊重，这是做人起码的常识。言行举止注意礼貌是表现尊重的直接方式。对待雇主家庭的所有人都要有同等的尊重，不能厚此薄彼。

第二，尊重雇主的生活习惯。家政服务员进入一个家庭工作首先遇到的一个问题就是如何解决差异性的问题。家政服务员有自己多年养成的生活习惯和爱好，如果这个习惯和爱好与服务的家庭相近或一致，那就不存在什么难题；如果不一致，要么双方各做出让步，求同存异，要么一方做出改变，适应对方的生活习惯等。家政服务员是应雇主要求提供服务的一方，需要有"入乡随俗"的心理准备。所以在一般情况下，不能要求雇主为家政服务员做出什么改变，而是家政服务员对自己的生活方式等做出适当调整。

第三，尊重雇主的决定权。家政服务员遇到需要做出决断的问题时，不可自作主张，以自己的意愿去安排雇主的生活。凡事多请教和征求意见，得到雇主同意后才能进行。

第四，尊重雇主的隐私。尊重他人隐私权，也就是对他人人格的尊敬，它可以避免或减少许多不必要的纷扰和矛盾。家政服务员吃住在雇主家，必然会知道这个家庭的一些问题和矛盾，即使计时工，也有机会知晓别人不知道的有关雇主的家庭情况。在尊重客户方面，家政服务员要做到"四不"：不评论，不掺和，不打探，不传播。"不评论"就是对于雇主的家庭问题和矛盾，家政服务员不宜多加评论。"不掺和"就是对于雇主家中成员之间的矛盾，不搬嘴弄舌，不挑拨离间，以免使家庭矛盾激化。"不传播"就是不把雇主的家事张扬给左邻右舍，不泄露雇主的私人信息，尤其是那些使雇主遭受人身、财产损害的信息。"不打探"就是不去窥视和打听别人的隐私。

3. 尽职尽责

按合同约定的服务内容、服务时间，认真负责地、有条不紊地做好各项工作，是家政服务员应尽的职责。

家政服务员的服务时间、服务方式、服务内容不尽相同。有的是钟点服务，有的是包月服务；有的住家，有的不住家；有的是简单的家务劳动，有的是照看小孩或照料老人、病人或孕产妇。不管其差异性有多大，都要求家政服务员有强烈的工作责任感，要在做好基本工作的基础上，设身处地地多为雇主着想，认认真真把每项工作做得有条不紊、井然有序，解除雇主的后顾之忧。

很多家政公司的管理规章制度上都谈到"守时、守信"的问题。守时，就是家政服务员要按合同约定的时间到雇主家里提供服务，不能迟到、早退；守信，就是主动工作，而不是被动地等着雇主提醒，或敷衍塞责；就是按承诺的要求完成工作，服务到位，忠实地履行自己的职责，不失信于人。

家政服务是一种入户服务，大多数情况下是独立完成作业，自觉尽责尤为重要。家政服务员在工作时讲究"慎独"，做到有人监督和无人监督一个样，有人在时和无人在时一个样，雇主在时和雇主不在时一个样。做任何工作，都有弹性空间。做与不做，抱着什么样的态度去做，做到什么程度，是否尽职尽责，其效果是不同的。

4. 勤奋好学

家政服务员的工作就是要为雇主提供优质满意的服务，从而获得自己应得的劳动报酬。要做到这一点，一是眼里要有活，二是要把活做好。而要把活做好，就需要不断学习提高。

一个人不可能什么都会、什么都精通，家政服务员也不例外。何况家务活看似简单，其实有很多知识性、技能性的东西在里面。在科学技术发展日新月异的今天，需要我们每个人不断学习，不断提高，以适应现代化生活的需要。比如家用电器，更新换代很快，甚至不同的厂家、不同的品牌操作使用上也存在差异。对家政服务员而言，需要不懂就问，不会就学。切勿自恃聪明能干，不懂装懂或强词夺理，以免影响雇主的正常生活，或给雇主造成不应有的损失。只有勤奋好学，对业务的技术精益求精，才能不断提高工作质量和效率，成为优秀的、令人满意的家政服务员。

第三节　人际关系调适

由于家政服务员需要入户服务，有些还需要长期居住在雇主家中提供服务，这就不可避免地要与雇主家庭的成员产生各种交流和互动。只有协调好各种关系，才能确保家政服务的顺利进行，家政服务员才能愉快地工作。

家政服务员和雇主家庭成员虽然所承担的角色不同，但大家的地位是平等的。因此，互相尊敬、通情达理、求同存异是处理人际关系的主要原则；保持冷静、就事论事、互谅互让是解决问题的关键。

一、理解和包容差异

每个家庭都不一样，在家庭成员构成、生活环境、生活习惯、价值取向、交流方式上各有各的特点。例如，有的家庭几代同堂；有的是核心家庭；有的是单亲家庭；有的家庭喜欢热闹，家庭成员之间互动频繁；有的家庭喜欢安静，各自有自己的天地。这些差异没有对错高低之分，家政服务员不宜对雇主的生

活方式评头论足，而是应该尽量去理解和适应。

家庭中的不同成员也有差异。不同年龄的人处于不同的发展阶段，每个发展阶段都有其特定的目标和要求。处于不同发展阶段的人的生理、社会性、情绪、智力方面的特点是不一样的。年纪大的人和年轻人思考问题、处理问题、表达情感的方式会有很大差别。另外，每个人自出生起就表现出独特的个性，加之受到生长环境、经历、教育的影响，家庭成员的性格、喜好、观点的差异是在所难免的。因此，相互之间的了解和理解，是达成相互尊重和宽容的前提条件。

家政服务员要明确自己所扮演的角色，清楚承担责任和义务，学会站在别人的立场上看待问题，体谅别人的难处，尽量为雇主家庭的幸福生活贡献一份力量。但同时，切记不把自己当外人，干涉雇主的家务事。

二、减少负面理解

家政服务员要尽快和雇主建立相互信任的关系，在彼此不熟悉的阶段，特别要避免负面理解，也就是把对方往坏处想。家政服务员要主动做到坦诚相待，说话做事要大大方方，雇主询问一些事情时，先不要有防御心理，而是把事情的来龙去脉说清楚，不躲躲闪闪。如果你对雇主的某些做法有疑问，不要急于下结论，可以通过观察进一步了解情况，也可以礼貌地直接询问，以免产生误会。如果已经有了成见，要自己调节看问题的方式，以避免负面想法。在对雇主产生了怀疑或怨恨的情绪时，先不要急于发难，而应先冷静下来，问自己一些问题。你对他/她意见最大的是什么？有没有沟通解决的可能。另一个自问的项目是你当初选择这份工作所看中的优势还在吗？如果你发现这些优势还在，你也看中这些条件，那么就要尽可能忽略那些你不喜欢的因素，坚持这份工作。记住一条原则：在证明别人错之前，假定他/她是无辜的。

三、保持情绪冷静

发生争执时，人都容易情绪激动，言语过当，如果继续争论下去，不仅不能解决问题，还可能因为气头上的过激言论伤害彼此的感情。在这种情况下，采用冷处理的方法，不让战火升级，给双方创造冷静反省的环境，有助于大家回到理智状态后，重新谋求一致。

冷处理的方式有视点转移法和暂时回避法。视点转移法就是双方都主动把注意力从可能发生分歧的问题上，转移到能够很快取得一致意见的问题上来。先求同，后求异，使问题水到渠成、迎刃而解。暂时回避法是在即将发生冲突或已经发生冲突的时候，其中一方暂时离开冲突现场，以避免直接接触，待双方冷静下来以后，再重新商量问题。

学会使用一些策略帮助自己冷静下来，从事体力活动可以让人发泄因怒气而激发的能量，去除不快的情绪。打扫房间、刷地板也是好方法，既可以释放能量，还可以增加成就感。

四、学会就事论事

一般的人际矛盾都是由具体的事件引起的，可是在争吵时，人们往往喜欢把对方过去的过错、缺点统统拿来作为攻击对方的武器，结果是问题没解决，怨气倒越积越多。采用诱因封闭法，也就是把争论的焦点控制在引发这次矛盾的直接诱因上，就事论事，可以避免把单一的、具体的矛盾扩大成复杂的、无限的恩怨。使用这种方法，大家都要遵守同一规则：凡是已经过去的事，无论谁对谁错，都不要再提；凡是别人家的事情，无论与谁有关，都不要随便牵连。

最重要的是，当矛盾发生时，不要将别人的不同意见看作对自己的反感或排斥，不要将对别人看法的不赞同演变成对别人的否定或厌烦。对事不对人，理智地将注意力集中在如何解决问题上，而不是一定要分对错输赢。

解决问题时，需要尊重事实，以理服人。自以为是，忽略别人的意见，只能导致不和谐，并不能真正解决问题。因此，凡事不能意气用事，理智地沟通才是解决问题的有效方法。

五、努力互谅互让

当利益冲突时，就要站在对方的立场上分析利弊得失，不能只考虑自己的利益。退一步海阔天空，在工作和生活中没有什么比人际关系更重要的了，有时候做一些让步是值得的。

宽容大度是化解矛盾的良方。凡事不斤斤计较，即便有时受了委屈无法申辩，也不要钻牛角尖，而应通过自我的力量求得心理平衡。

自我批评是消除隔阂的妙药。当意识到自己错了，或某些地方不对，就应该主动、诚恳地向对方承认自己的错误，以求得对方谅解。为了面子而拒绝认错的做法不利于矛盾的缓和。千万不要以他人是否自责为条件，"你也有不对的地方，为什么你不自我批评？"如果大家都这么想，矛盾永远不会解决。

第四节　择业与就业

一、择业基本方法

家政服务员如何寻找工作，在目前的中国家政服务业市场，一般而言有五个途径：家政公司、中介机构、社区组织、雇主介绍、亲朋介绍。

1）家政公司。目前通过家政公司寻找工作是一种比较主要的途径，一般都能成为家政公司的成员，再由家政公司来安排工作，这样是比较稳妥的一个方法，但是在选择家政公司时，也要注意家政公司是否能给家政服务员一个学习和适应的机会，另外家政公司本身的服务理念，对于家政服务员的正当权利是否给予应有的保护，这些都要进行一定的辨别，也可以通过家政服务公司的已有人员进行辨别。

2）中介机构。通过在中介机构登记，然后由中介机构提供工作的机会，但对于中介机构的资质一定要加以审查，看其是否有工商营业执照，有劳动部门颁发的许可证等。

3）社区。通过社区组织找到相关的工作岗位，一般社区居委会都会有相关的组织从事一些空岗信息的收集工作，家政服务岗位也会成为最容易空缺的岗位，因此各个街道、社区的居民委员会可能会提供很多的工作机会。

4）雇主介绍。通过雇主介绍工作，已被很多优秀的家政服务员印证是一条很便捷的途径。有了雇主的口碑，寻找更多的工作机会将会变得比较容易，因为雇主直接与家政服务员接触，因此通过自己的表现给雇主留下一个好的印象，也将拓宽自己的就业途径。

5）亲朋介绍。通过亲戚朋友介绍，也可以扩大信息面，找到合适自己的工作。

二、择业注意事项

1. 面试

在面试时注意自己的服装仪表和态度，既不油滑，也不过分沉默，应落落大方。详细向雇主介绍自己所掌握的技能，以及身份证、健康证、职业技术证书等。仔细了解雇主的要求及雇主希望侧重于哪方面的服务，看看自己的技能是否能够符合其要求，如不符应如实说明。

2. 规范合约

规范合约对于规避矛盾是极为重要的一个环节，在合同中主要约定如下内容：工作标准、工作时间、工作内容、工作报酬及发放日、休息日。

总之，工作内容的约定越具体越好，甚至连相关的标准也最好约定清楚，比如说每次做饭的时间大概在什么时间段内；另外对于双方权利保护的内容也要进行约定，比如家政服务员在为雇主服务中受伤怎么处理，雇主家的财产如何避免受到损失等。如果有家政服务公司牵扯其中，那么家政服务公司要承担起大部分责任。

三、树立法律意识

家政服务员也需要树立法律意识和法制观念，在就业时需要了解相关的法律法规，知道运用法律手段保护自己的合法权益并约束自己的行为。

1. 《中华人民共和国民法通则》相关知识

《中华人民共和国民法通则》是中国对民事活动中一些共同性问题所做的法律规定，是民法体系中的一般法。所谓民事活动是指：公民或者法人为了一定的目的设立、变更、终止民事权利和民事义务的行为，如买卖、运输、借贷、租赁等。进行民事活动时，应遵循自愿、公平、等价有偿、诚实信用、守法的原则。

2. 《中华人民共和国劳动法》相关知识

《中华人民共和国劳动法》是为了保护劳动者的合法权益而制定的法律。内容主要包括：劳动者的主要权利和义务；劳动就业方针政策及录用职工的规定；劳动合同的订立、变更与解除程序的规定；集体合同的签订与执行办法；工作时间与休息时间制度；劳动报酬制度；劳动卫生和安全技术规程等。

3. 《中华人民共和国劳动合同法》相关知识

《中华人民共和国劳动合同法》的制定是为了完善劳动合同制度，明确劳动合同双方当事人的权利和义务，保护劳动者的合法权益，内容包括：总则、劳动合同的订立、劳动合同的履行和变更、劳动合同的解除和终止、特别规定、监督检查、法律责任和附则。基本上，中国境内自然人与自然人、单位与自然人之间的劳动关系，都适用此法。

4. 《中华人民共和国治安管理处罚法》相关知识

本法的制定是为了维护社会治安秩序，保障公共安全，保护公民、法人和其他组织的合法权益。扰乱公共秩序，妨害公共安全，侵犯人身权利、财产权利，妨害社会管理，具有社会危害性，尚不够刑事处罚的，由公安机关依照本法给予治安管理处罚。

5. 《中华人民共和国消费者权益保护法》相关知识

《中华人民共和国消费者权益保护法》是调整在保护公民消费权益过程中所产生的社会关系的法律规范的总称。消费者为生活消费需要购买、使用商品或者接受服务，其权益受本法保护。本法规定，经营者与消费者进行交易，应当遵循自愿、平等、公平、诚实信用的原则。国家保护消费者的合法权益不受侵害。

6. 《中华人民共和国妇女权益保障法》相关知识

《中华人民共和国妇女权益保障法》是保护妇女权益的法律，为我国男女平等以及人人平等奠定了基础。本法的制定是为了保障妇女的合法权益，促进男女平等，充分发挥妇女在社会主义现代化建设中的作用。国家保护妇女依法享有的特殊权益。禁止歧视、虐待、遗弃、残害妇女。

7.《中华人民共和国老年人权益保障法》相关知识

《中华人民共和国老年人权益保障法》是保障老年人合法权益，发展老龄事业，弘扬中华民族敬老、养老、助老的美德而制定的法律。

8.《中华人民共和国社会保险法》相关知识

《中华人民共和国社会保险法》从法律上明确国家建立基本养老、基本医疗和工伤、失业、生育等社会保险制度，并对确立基本养老保险关系转移接续制度，提高基本养老保险基金统筹层次，建立新型农村社会养老保险制度、城镇居民养老保险制度和新型农村合作医疗制度等做出原则规定。

复习思考题

1. 结合你自己的经验，谈谈家庭生活有哪些重要方面？家政服务行业对你自己和客户的家庭生活各方面会产生什么积极影响？
2. 现今城市家庭对家政服务的要求有哪些方面的变化？
3. 作为家政服务员，怎样才能做好工作，更好地满足不同家庭的需要？
4. 结合你自己的经验，谈谈家政服务员在工作中必须做到的有哪些，绝对不能做的有哪些？

第二章

制作家庭餐

培训学习目标

1. 能够熟练进行水果拼盘的设计制作。
2. 能够调制多种味型，并能运用各种味型进行不同原料的菜肴制作。
3. 通过对不同烹调方法的熟练掌握，能够制作多种菜肴和点心。

 第一节　加工配菜

一、水果拼盘造型技术应用方法

水果拼盘是指选用新鲜的水果，运用拼排、组合、雕刻等各种手法把水果原料制作成写意或写实的水果盘饰。水果拼盘可以使人开胃与爽口；可以使菜肴赏心悦目，引起食欲；可以渲染和活跃气氛，为宾客增添快乐，愉悦情趣。水果拼盘有席前水果和席后水果，席前水果具有开胃的功能，席后水果则可帮助消化。水果拼盘应挑选新鲜水果；制作前必须洗手、洗涤原料、洗涤餐具；水果拼盘随做随用，不宜长时间摆放。水果拼盘的式样包括放射形、平面几何图形、立体几何图形、写意图形等，制作水果拼盘的基本手法包括堆、排、围等。

水果拼盘的制作需要注意以下几个方面：

1）选料时从水果的色泽、形状、口味、营养价值、外观完美度等多方面对水果进行选择。选择的几种水果组合在一起，搭配应协调。水果本身应是成熟的、新鲜的。

2）构思制作水果拼盘的目的是使简单的个体水果通过形状、色彩等几方面艺术性地结合为一个整体，以色彩和美观取胜，从而刺激人的感官，增进其

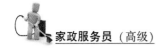

食欲。

3）色彩搭配。大部分人将水果作为饭后食品，也就是人们在酒足饭饱之后才想到食用水果。此时大多数的人已没有多少食欲，这就为我们设计水果拼盘提出了一个难题：怎样的色、香、味、形、器才能重新引起人们的食欲？水果的色、香、味是我们所无法改变的，若改变了可能也失去了其本身的意义。但我们可以根据想象将各种颜色的水果艺术地搭配成一个整体，通过艳丽的色彩再次将人们对食物的欲望唤起。水果颜色的搭配一般有"对比色"搭配、"相近色"搭配及"复合色"搭配三种。红配绿、黑配白便是标准的对比色搭配；红、黄、橙可算是相近色搭配；红、绿、紫、黑、白可算是丰富的复合色搭配。

4）艺术造型与器皿选择。根据选定水果的色彩和形状来进一步确定其整盘的造型。整盘水果的造型要有器皿来辅助，不同的艺术造型要选择不同形状、规格的器皿。如长形的水果造型便不能选择圆盘来盛放。另外还要考虑到盘边的水果花边装饰，也应符合整体美并能衬托主体造型。至于器皿质地的选择，可根据宴会的档次，也可根据果盘的价格来确定。常用的果盘为玻璃和陶瓷制品，高档些的有水晶制品、金银制品。

二、鲜活贝类及其他软体类食物原料加工注意事项

水产软体类动物可用来作为烹饪原料的品种很多，这类动物的外表形态上差异比较大，如瓣鳃纲的蚌、头足纲的乌贼、腹足纲的鲍鱼等，虽然形态各异，但基本构造比较接近。贝壳的数目和形状因种类不同而不同，瓣鳃类为两个，呈瓣状；腹足类为单一螺旋形；头足类的贝壳，有的为外壳，有的是被外套膜包入形成内壳或退化。瓣鳃类和头足类的外套膜，被认为是主要的食用部位。但这两类外套膜供食用的质地却不相同，主要是因为它们的外套膜的内部构成比例不一样。瓣鳃类的外套膜肌肉构成比较发达的是闭壳肌，常用的干贝就是这一类原料制成的；头足类的外套膜呈囊状，故又称"胴部"，胴部肌肉特别发达，所有的内脏器官都被包裹在胴部内。腹足类的外套膜组织很薄，这类动物的足部很发达，呈肉质块，位于腹面，是主要食用部位。瓣鳃类无头部，腹足类头部发达，而头足类头和足均较发达，因头足相连而称头足类。

腹足类包括中华田螺、皱纹盘鲍等；瓣鳃类则包括河蚌、牡蛎、蛤蜊等；头足类包括乌贼、鱿鱼等品种。

软体类原料在加工时应当注意几个方面：一是要将原料所含的泥沙去除干净，由于这类原料的成长环境和饮食习惯的原因，其体内某些部位是不可食用的，且含有泥沙，要去除干净方可食用。二是有些软体类原料外表有壳，需将壳完全去除才可食用，当然有些原料是在食用的过程中去除外壳，有些原料是在加工时去除外壳，无论在哪个阶段去除外壳，都不能使外壳有残留物在原料

可食部位，否则会影响食用效果；另有一部分软体类原料可食部位表皮有一层膜，这层膜也需要撕去，方能保证食用效果。三是贝类原料水分多，中胚层的结缔组织多，质脆嫩，在烹调加工时，应以快速加热为主，如爆、氽、炝、炒等方法；调味以清淡为主，以突出其自身特具的鲜味。四是要注意贝类原料通常以食用鲜活的为主，不主张食用死的原料，尤其是鲍鱼。鲍鱼死后，肉色变白，人称白板鲍鱼，其味降低。

三、碱发干制食物原料技术要求

有相当部分的软体类、贝壳类原料会通过干制的方法形成干制品，对于这一类原料，在食用前需要通过干货涨发的形式使原料恢复水分，回到干制以前松软鲜嫩的状态。在干货涨发时，要注意根据原料的品种不同，选择恰当的方法进行涨发。在涨发过程中要随时注意原料的状态变化，及时将涨发好的原料转入终止涨发状态，防止原料涨发过度，影响质量。对于软体类原料的涨发大多数采用水发（含碱水涨发）的方法。

碱发是将干制原料置于碱溶液中进行涨发的过程，是在自然涨发基础上采取的强化方法。一些干硬老韧、含有胶原纤维和少量油脂的原料，难以在清水中完全发透，为了加快涨发速度，提高成品涨发率和质量，在介质溶剂中可适量添加碱性物质，改变介质的酸碱度，造成碱性环境，促使蛋白质的碱性溶涨。这种方法主要适用于一些动物性原料，如蹄筋、鱿鱼等。但碱发的方法对原料营养及风味物质有一定的破坏作用，因此选择碱发方法时要谨慎。

（1）碱发水的配制方法　根据调制碱水的温度和碱的品种可以分为三种类型：

1）生碱水。将10千克冷水（秋冬季可用温水）加入500克碱面（又称石碱、碳酸钠）和匀，溶化后即为5%的生碱水溶液。在使用中还可根据需要调节浓度。

2）熟碱水。在9千克开水中加入350克碱面和200克石灰拌和，使其冷却，沉淀后取清液，即可用于干货涨发。在配制熟碱水的过程中，碱和石灰混合后发生化学反应，其中生成物有氢氧化钠。氢氧化钠为强碱，碳酸钠为弱碱。所以用熟碱水发料比用生碱水发料效果好。干货在熟碱水中涨发的程度和速度都优于生碱水。熟碱水对大部分性质坚硬的原料都能适用。涨发时不需要"提质"，原料不黏滑、色泽透亮、出率高。这种方法主要用于鱿鱼、墨鱼的涨发。涨发后的鱿鱼、墨鱼多用于爆、炒等菜肴的制作。

3）火碱水。将10千克冷水，加入35克火碱（又称氢氧化钠），拌匀即成。氢氧化钠为白色固体，极易溶于水，并放出大量的热，它的腐蚀和脱脂性十分强。浓度一定要根据情况掌握好，取用时必须十分小心，不能直接手取，以免烧坏皮肤。它适用于大部分老而坚硬的原料涨发，可代替熟碱水。它的涨发力、使干货回软的速度都比其他碱水强得多。

（2）碱发的技术要点　碱发是一种常用技法，其本质是通过碱的催化作用加快干制原料的涨发速度，但是技术要求非常高，在运用碱发时需要注意以下几点：

1）碱水涨发前，一定要先用清水将干货泡软，减少碱溶液对原料表面的腐蚀。

2）根据原料性质和烹调时的具体要求，确定使用哪一种碱溶液及浓度。强碱浓度要低，反之要高。对同一种碱来说，浓度不同对涨发的效果不同。浓度过稀，干料发不透，浓度过高，腐蚀性太强，轻则造成原料腐烂，重则报废。

3）认真控制碱水的温度，会影响碱发。在碱发过程中，碱液的温度对涨发效果影响很大，碱液温度越高，腐蚀性越强，如燕窝，水温高，轻则重量减轻，重则报废；如鱿鱼，碱水温度在50℃以上时，放入后会卷曲，严重影响质量。

4）掌握涨发时间，随时检查，确定发好的应立即取出，并浸泡在常温水中。

（3）碱发的原理　干制品原料的内部结构是以蛋白质分子相联结搭成骨架，形成空间网状结构的干胶体，其网状结构具有吸附水分的能力，但由于蛋白质变性严重，空间结构歪斜，加之表皮有一层含有大量疏水性物质（脂质）的薄膜，所以在冷、热水中涨发，水分子难以进入。若把干制原料在碱水中浸泡，碱水可与表皮的脂质发生皂化反应，使其溶解在水中。泡胀的表层具有半透膜的性质，它能让水和简单的无机盐透过，进入凝胶体内的水分子即被束缚在网状结构之中。另一方面原料处在pH值很大的环境中，蛋白质远离等电点，形成带负电荷的离子，由于水分子也是极性分子，从而增强了蛋白质对水分子的吸附能力，加快水发速度，缩短涨发时间。

四、醋椒味、鱼香味等味型调制方法

（1）醋椒味　醋椒味的本质实际是酸辣味，以胡椒粉为辣味的主要来源，区别于传统的辣味依靠辣椒形成味型的方法，醋椒味型具有咸鲜酸辣、清香纯正、适口开胃的特点，行业使用广泛。

在醋椒味调制过程中，精盐用于确定基础咸味；酱油具有提鲜增香的功能，辅助增加咸味；胡椒粉、姜蒜米、葱花、料酒等具有去除异味、增加香味的功能和作用，在此基础上增加胡椒粉和姜米的用量，以突出辣味，从而使风味更加突出；味精和鲜汤增加香味，鲜汤同时还能提供淀粉糊化所需的水分，并具有传热功能；淀粉糊化，调剂芡汁的稠度，使菜肴具有浓味感，油脂可以增加菜肴的滋润度和口感，麻油可以改善菜肴的香味。

醋椒味能调剂口味，解腻醒酒。无论是在炎热的夏季，还是在寒冷的冬日，醋椒味的菜肴普遍受到人们的喜欢，与其他味道搭配，会令人胃口大开。

醋椒味型虽然不是一种大的味型体系，但各地都有酸辣味型的特色菜，而且此味型也无法与其他味型相组合，所以将其独立为味型的一种。酸辣味型中典型的代表是醋椒味，它的酸味是以醋为主来调味的。而辣味并不是指辣椒油等辣味调味料，而是以胡椒粉为主的调味品。它的组合形成的味型有酸、辣、香、鲜的综合特色，具有开胃消食、增强食欲的功能。四川的酸辣蹄筋，江苏民间的酸辣汤，山东的醋椒桂鱼和酸辣乌鱼蛋，广东的酸辣鱿鱼等都是典型的醋椒味代表菜。酸辣味中也有以醋和泡椒进行调配的，但应用的菜品实例并不是很多，只有酸辣海参、酸辣螺片等。

酸辣味的调配与其他味型一样，要掌握好各自的用量和比例。酸味与甜味和咸味相比，在浓度很低时就能感觉出来。多数酸味物质的浓度为0.1%的溶液时，就能感觉出酸味。但它和砂糖、鲜味调味品又不同，如超过一定的限度，味就变浓，而过酸会产生令人不愉快的感觉。胡椒粉过多，会使汤有极辣之口味，过浓的胡椒辣味还会使食者产生头疼等不适之感，所以一般主料是500克、醋30克、胡椒粉5克、香油30克、汤汁量为1000克。酸辣味的调料投放次序也有一定要求，醋属于挥发性的调味品，不宜在锅中久煮，这样会减少其酸味的程度和应有的香气，胡椒粉也不宜投放过早，否则同样出现醇香气味的走失。只辣不香，容易沉淀的现象也都是过早投放所造成的。其中最主要的辅助调味料是盐和麻油，盐一般是在烹饪过程中投入，使原料有一个基本味。麻油也是挥发性很强的调味品，也应该在成菜结束时投入。一般酸辣味的调配次序是先放盐入味，烧开后放入醋，胡椒粉和麻油可以直接放在容器中，将烧好的汤汁冲入搅匀即可。酸辣味型主要应用于汤羹类菜品，它可以使酸辣味更加滑润爽口、协调和完美。

（2）鱼香味　鱼香味是四川人首创的独特味型，也是四川人常用的味型之一。独具一格的调味方法来自四川民间独具特色度鱼的调味方法，因佐以四川农家烧鱼的调味料，成菜后其味似鱼香，故得名。其具有色泽红亮，咸鲜香辣，鱼香味浓，葱姜蒜味突出的特点。

鱼香味的形成主要是因为精盐用于原料腌渍码味，确定基础咸味；酱油具有提鲜增香的功能，辅助增加咸味；姜蒜米、葱花、泡红辣椒末、料酒等去除异味，增加香味，伴有解腻的作用，泡红辣椒末确定香辣味感和增加红色，辅助增鲜，并伴有浓郁的泡菜香味；白糖、醋起融合滋味的作用，并复合形成鱼香味；味精和鲜汤增加香味，鲜汤同时还能提供淀粉糊化所需的水分；淀粉糊化，调剂芡汁的稠度，使菜肴具有浓味感，油脂可以增加菜肴的滋润度和口感。

鱼香味是四川典型的味型之一，也是很受人们喜爱的一种特色味型。鱼香味在菜品中的应用分为冷菜和热菜两大类，在冷菜中用到的主要调味品有盐、酱油、泡椒、辣油、糖、醋、味精、葱姜等多种调料，但功能不尽相同。盐起定味作用，酱油提鲜并调节咸味，泡红辣椒决定辣味、除去异味，用量以鲜辣不燥为准；辣椒油有增色、增香的作用，使菜肴色泽红亮，并辅助泡红辣椒决定辣味，香油起增香滋润菜肴的作用，白糖决定甜味和增鲜，醋决定酸味，与糖配合后形成轻酸甜味感，姜、葱、蒜增香去异味，用量以突出其香味为好。味精提鲜和味，用量以略鲜味为度。调制的味汁应达到色泽红亮，咸、酸、辣、甜、香兼有，姜、葱、蒜味突出，互不压味，醇厚清爽，辣而不燥，香而不腻。

热菜的鱼香味中除冷菜的调料外，还要用到豆瓣，而且各种调料在菜品中的功能也有差异。豆瓣决定菜肴咸味和香辣味，是主要风味成分之一，酱油提鲜增色，并补充咸味，精盐起上浆起劲和码味作用，生姜、葱、蒜炝锅，有除异增香的作用，是热菜鱼香味重要的调制方法，醋、糖所形成的轻酸甜味与豆瓣味复合成浓郁的鲜香味，使菜品色泽红亮，味感醇厚。这种鱼香味一般适用于滑炒、烧、溜等烹调方法，如鱼香肉丝、鱼香鸡块、鱼香茄子等。但在调制过程中，一定要将豆瓣酱煸出香味，其他调味料的用量以食用时的明显的感觉为准。

技能训练

技能训练1 拼摆复合水果原料拼盘

（1）准备工作刀具 切出漂亮的水果少不了锋利的刀具，准备一把厨刀用来切大块的水果，再准备一把灵巧锋利的小刀用来做精细的雕琢。如果需要将水果片切成特定的造型，适当的模具很好用。例如利用花形的模具可以切出花朵形的蜜瓜片。可以使用薄片型的饼干模具，图案造型最好选择比较简单的，以免切割后水果断裂，使造型失败。挖球器可以为果盘增色不少，将蜜瓜、火龙果等果肉丰厚的水果挖成小球，装入容器中，显得非常可爱，也可以穿成水果糖葫芦。准备一些小雨伞、水果签等装饰品，让果盘呈现更加专业的造型。这些小道具可以在酒店用品商店购得，也可以在网店购买。

（2）基础刀法

1）西瓜船。将西瓜纵向切成船形，沿着瓜皮入刀将瓜肉与瓜皮分离，瓜肉切成厚度相同的小块，再将瓜肉前后交错地推开成错落有致的造型，如图2-1所示。

2）西瓜花。先把西瓜切成大块的三角形，然后从尖端向后部入刀将瓜肉取下，留2厘米厚的瓜肉作为底座。沿着瓜皮两侧从尖端向底部的方向入刀，划出两条窄条。再沿着刚划好的刀痕的根部，反向尖端的方向再划出两道刀痕，注意不要划到顶端。沿着瓜皮两侧从尖端向底部的方向入刀，划出两

图2-1 西瓜船

条窄条。再沿着刚划好的刀痕的根部，反向尖端的方向再划出两道刀痕，注意不要划到顶端。将瓜皮尖端向下卷至瓜肉处，用牙签固定，如图2-2所示。

a)

b)

图2-2 西瓜花

3）香蕉船。从香蕉的顶端向果柄处纵向划开果皮，共划4刀。把3条果皮向果柄处反折，然后用牙签或小雨伞固定。将香蕉果肉切成等分的小块。要注意的是香蕉皮切开后很容易变黑，所以最好切好后尽快上桌，以免影响效果，如图2-3所示。

4）苹果塔。取一个苹果切成船形块4瓣，将其中一个1/4苹果的果核部分切除，使这块苹果可以果皮向上平稳地放在盘中，用牙签标记好这块苹果的中心线，从距中心线0.4厘米处，倾斜45°角向中心方向入刀，再在对称的一侧切入，将中心的一小块苹果切下，再以同样的方式切出更多的苹果，按照相同的间隔和角度入刀，尽量切得均匀，将所有的苹果片按顺序叠放在一起，复原成1/4苹果的样子。顺着一个方向把苹果片依次推出，每层间隔1厘米，制成塔状，如图2-4所示。

图2-3 香蕉船

图2-4 苹果塔

5）哈密瓜。纵向切成适当的长条形。从一个尖端沿瓜皮片开瓜皮和瓜肉，厚度约为 0.4 厘米，尾部保留 3 厘米不切断，在切好的瓜皮上从尾端向尖端切出一条刀痕。将切出的窄条瓜皮向上卷起撑在瓜肉下方，如图 2-5 所示。

a)   b)

图 2-5　哈密瓜

（3）花式拼盘组合造型

1）独享小碟如图 2-6 所示。

用料：澳芒、薄荷、蓝莓、猕猴桃。

利用简单的切配方法，将少量水果拼摆成适当的造型，可使用薄荷、鲜奶油等作为装饰。单人份的果盘重点是摆放构图合理，突出精致的感觉。

2）分享果盘如图 2-7 所示。

用料：西瓜、芒果、苹果、网纹瓜、橙子、红提。

利用基础刀法分割适当的水果，在造型时注意高低错落的构图和整体的协调性，突出热烈的气氛。

图 2-6　独享小碟

图 2-7　分享果盘

3）花束果盘。

用料：菠萝、网纹瓜、哈密瓜、西瓜、橙子、红提。

将水果切成适当的造型，以简单的三角形和花形为主，以免造型过于复杂而显得杂乱。用竹签穿好后插入花瓶中，注意高低交错，最后形成花束一般的造型。

技能训练2　初加工鲜活贝类及其他软体类食物原料

贝类原料的加工主要是洗净原料的泥沙、去除不能食用的内脏和皮壳等。贝类原料种类众多，有带子、扇贝、蛤蜊、蛏子、象拔蚌、牡蛎等，宰杀整理、清洗的许多步骤相近，都要用清洁的海水，在清洁的环境养殖数日，使其吐净泥沙以后再加工食用。加工时要刷净壳表的泥沙，用刀具切断闭壳肌，去掉食袋，用清水从壳内冲洗干净备用。软体类原料种类也很多，加工鱿鱼、墨鱼、小章鱼时通常要把头和身板分别加工。加工的顺序是先取下头，摘除嘴和眼，摘除墨斗鱼的眼睛时要小心，弄破眼睛会使鱼肉颜色不洁。然后从身部上端破开，摘除内脏，剥离外皮及筋膜并清洗干净。

（1）田螺加工　先将田螺静养2~3日吐尽泥沙，静养时可在水中放少量植物油，便于泥沙排出，然后刷洗外壳泥垢，用铁钳夹断尾壳，便于吸食。如果需要直接取肉，可将外壳击碎，然后逐个选摘，切不可将碎壳带入肉中，然后去除残留的沙肠，用盐轻轻搓洗，再用清水冲洗即可，如图2-8所示。

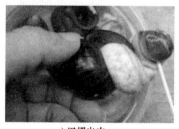

a) 田螺出肉　　　　　　　　　　　　b) 田螺肉

图2-8　田螺加工

（2）河蚌加工　用薄型小刀插入两壳相接的缝隙中，向两侧移动，割开前、后闭壳肌，然后再沿两侧壳壁将肉质取出，摘去鳃瓣和肠胃，用木棍轻轻将蚌足捶松，因蚌足肉质紧密，烹煮时不易酥烂，将蚌肉放入盆中加盐搓洗黏液，再用清水冲洗即可，加工干净后的蚌肉会渗出汁液，它鲜味很浓，应连同蚌肉一起烹调，如图2-9所示。

（3）蛏子、蛤蜊的加工　先将鲜活的蛏子、蛤蜊用清水冲去外壳的泥沙，然后浸入2%的食盐液中，静置40~80分钟，使其充分吐沙，体型较瘦的吐沙速度慢一些。烹调前用清水冲洗即可。既可带壳烹调（将闭壳肌割断），也可取净肉食肉，但外壳破裂或死蛏应剔除。其他海产瓣鳃动物的加工方法基本相似。

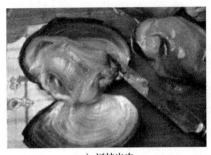

a) 河蚌出肉　　　　　　　　　b) 河蚌肉

图2-9　河蚌加工

（4）乌贼的加工　乌贼、枪乌贼（鱿鱼）、章鱼等的加工方法基本相同。对乌贼进行加工，除保留外套膜和足须外，其他皮膜、眼、吸盘、唾液腺、胃肠、墨囊、胰脏及腭片和齿舌都要去除，包埋于外膜内的内壳可保留作药用。在批量加工时要将体内的生殖腺保留，雄性生殖腺可干制成墨鱼穗，雌性产卵腺可干制成乌鱼蛋，两者都是著名的海味原料。鱿鱼与乌贼加工相同，章鱼的头足有8条腕，故称八爪鱼，其嘴、眼中有少量泥沙，加工时要挤尽并用水冲洗。

技能训练3　碱发干制食物原料

碱水发原料方法的本质是水发，之所以加碱，主要目的是加快原料涨发过程中吸水的速度，碱在水发原料过程的作用犹如化学实验中的催化剂，可以加快反应速度。碱水发原料的程序基本相同。下面以鱿鱼和莲子为例介绍干货原料的碱涨发加工的操作步骤。

（1）鱿鱼　首先取较大容器一只，放足量水（根据需要涨发的干货原料的多少确定水量），将干鱿鱼放置于容器内浸泡于水中，6~8小时后，待鱿鱼回软时转入下一涨发工序，如图2-10所示。

鱿鱼的碱水涨发有三种方法，分别是生碱涨发、熟碱涨发和火碱涨发。三种涨发程序相似，现以火碱涨发为例，首先是将鱿鱼用清水浸泡3小时左右使其回软，然后调制火碱溶液，将5千克水，加入火碱17克和匀，当碱水温度在20~30℃之间时，将已由清水泡软的鱿鱼浸入碱水内，一般在4~6小时内可发好，视鱿鱼体增厚约一倍，有透明感，指甲能捏进即好。涨发好的鱿鱼随时取出放入清水，没有涨发好的继续涨发，质地较老、色发暗、不明净的仍要继续加热至80~90℃进行涨发，离火，加盖保温焖发。1小时后仍按上述方法检查，挑出发好的鱿鱼，没有发好的仍按上法焖发，直至全部发好。

将焖好的鱿鱼重新换清水，浸泡在清水中，将碱液最大限度地漂净，减少食用时原料可能残留的碱味；另外，若碱液漂不净，碱液残留在原料中还会继续作用，不断地吸水，最后导致原料腐烂。食用时，以多量的温开水反复除去碱质，一般多用于热菜肴的烧、烩等。

a) 称碱　　　　　　　　　　　　b) 干鱿鱼

c) 鱿鱼清水回软　　　　　　　　d) 调碱水

图 2-10　鱿鱼的碱涨发加工步骤

（2）莲子　莲子表皮含有较多的果胶物质，果胶物质具有黏着力，因而使莲衣与果仁之间黏着得十分牢固，就是用水煮也不能脱去莲衣。如果在脱去莲衣的热水中加入适量的碱，热碱能使莲衣和果仁之间的黏合物果胶物质水解，生成无黏性的果胶酸钠盐而融于水中，莲衣就会与果仁分离而被去除，使莲子变得洁白。但在用碱水浸泡莲子时，动作要快，用力要均匀，否则莲子易破碎，同时由于莲子中存在的黄酮素遇碱会变色，影响感官质量，所以碱发时要尽量缩短时间。

技能训练 4　醋椒味、鱼香味等味型的调制

（1）鱼香味的调制　鱼香味的主要调味原料：精盐、味精、葱花、姜米、蒜泥、泡红辣椒、酱油、料酒、白糖、醋、麻油、鲜汤、水淀粉、调和油。

调制工艺：将精盐、酱油、料酒、白糖、醋、味精、鲜汤、麻油、水淀粉放在一起调制成兑汁芡；锅内放油，低温时放入泡红辣椒末炒香炒红，再放入姜米、蒜泥炒出香味，烹入粉汁，待淀粉受热糊化收汁亮油时放入葱花起锅即成。

鱼香味适用于多种原料，包括家禽、家畜、蔬菜、禽蛋等，特别适合制作炸、熘、炒等烹调方法加工的菜肴的调味。

（2）醋椒味的调制　醋椒味的调味原料：精盐、姜米、葱花、胡椒粉、酱

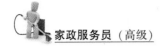

油、料酒、味精、醋、胡椒粉、鲜汤、水淀粉、麻油、调和油等。

调制工艺：调制时，先在锅内放入调和油，低油温时放入姜米炒出香味，加入鲜汤、精盐、胡椒粉、酱油、料酒、味精加热至汤汁沸腾，勾芡，待淀粉糊化呈二流芡时，放入醋、葱花、麻油搅匀起锅即成。

需要提醒的是，调制醋椒味时姜米、胡椒粉用料必须要大，否则醋椒味道不够突出。调制时盐的用量必须恰到好处，否则酸味不是很醇，部分菜肴在调制醋椒味时，会加入酸菜、泡菜、小米辣、野山椒、红油或郫县豆瓣等，风味也是别具一格。

 ## 第二节　烹制膳食

一、清汤、浓汤、素汤制作技术要求

1. 制汤的基本原理及注意事项

（1）汤色的形成原理　汤色一般分清汤、白汤两种，其形成的原因主要是火候和油脂。白汤实际是油脂乳化的结果，制汤的过程中原料脂肪融入汤中，一般情况下，由于汤的温度高，特别是在剧烈沸腾的情况下，汤向原料传递的热量多，原料温度升高快，一方面增大了呈味汤物质中原料里的溶鲜度；另一方面增大了呈味物质向原料表面的扩散速度。同时还能增大呈味物质在汤中的扩散系数，沸腾时对流引起的搅拌作用就能迅速使汤中呈味物质的浓度均匀化，使汤汁浓白黏稠。清汤则主要使用小火，在相对静止的状态下使原料的营养成分溶出。

（2）汤汁风味的形成原理　制汤的过程实质上是原料中呈味物质由固相（原料）向液相（水）的浸出过程。原料在刚入锅加热的时候，原料表层呈味物质的浓度大于水中的呈味物质浓度，这时呈味物质就会从原料表面通过液膜扩散到水中，当表面呈味物质进入水中之后，使表层的呈味浓度低于原料内层的呈味浓度，导致了原料内部液体中的呈味物质浓度不均匀，从而使呈味物质从内层向外层扩散，再从表层向汤汁中扩散。经过一段时间受热以后，逐渐使原料中的呈味物质转移到汤汁当中，并达到浸出相对平衡，这一原理的依据就是费克定律。汤汁的质量与原料中呈味物质向汤中转移的程度有关，转移得越彻底，则汤的味道越浓厚。此外，还与原料的形态、呈味物质的扩散系数、制汤的时间等有关系，原料越小，呈味物质的扩散系数越大，制汤所用的时间越长，呈味物质从原料向汤转移得越彻底。

（3）制汤的注意事项

1）要控制料水的比例。制汤开始的最佳料水比为1：2左右，水分过多，汤汁中可溶性固形物、氨基酸态氮、钙和铁的浓度降低，但绝对量升高。水分

过少，则不利于原料中的营养物质和风味成分浸出，绝对浸出量并不高。

2）制汤的火候。根据浓汤和清汤要求的不同，适度掌握火候的使用，火力过大，汤汁水分蒸发很快，原料中呈味物质不能充分浸入汤中，使汤汁黏性差、鲜味淡；火力过小，又会减慢浸出速度，同样会影响汤汁质量。

3）调味品的投放顺序和数量。盐是汤菜主要的调味品，若制汤时过早加盐，则会使汤汁溶液渗透压增大，原料中的水分就会渗透出来，盐也会向原料内部扩散，导致蛋白质凝固，原料中呈味物质难以融出，从而影响汤汁的滋味，所以盐应在成汤以后加入定味，葱、姜、黄酒可以提前投入，但数量也不宜多。

2. 汤的分类

1）按用途分有菜肴原汁汤和专用调味汤。菜肴原汁汤是指原料经炖、焖后形成的汤汁，它是菜肴的组成部分，一般以主料的原味为主体；专用调味汤，是用多种原料经加热而成，其作用是用于调味，按菜肴档次的高低分为顶汤、高汤、毛汤等。

2）按原料性质分有荤汤和素汤两大类。荤汤是用动物性原料制成的汤，荤汤中按原料品种不同分为鸡汤、鸭汤、鱼汤、海鲜汤等；素汤是用植物性原料制成的汤，素汤中有豆芽汤、香菇汤、鲜笋汤等，也有用花生、大豆、胡萝卜、红枣等制成的混合素汤。

3）按汤的味型分有单一味和复合味两种。单一味汤是指用一种原料制作而成的汤，如鲫鱼汤、排骨汤等；复合味汤是指用两种或两种以上的原料制作而成的汤，如双蹄汤、蘑菇鸡汤等。

4）按汤的色泽分有清汤和白汤两类。清汤的口味清纯，汤清见底，白汤口味浓厚，汤色乳白。白汤又分一般白汤和浓白汤，一般浓汤是用鸡骨架、猪骨等原料制成的，主要用于一般的烩菜和烧菜，浓白汤是用蹄膀、鱼等原料制成的，既可单独成菜，也可用于高档菜肴的辅助；清汤又可以分为一般清汤和高级清汤，一般清汤用小火加热形成，高级清汤是在一般清汤或毛汤的基础上再加入高蛋白的原料经过加热使蛋白质凝固，从而扫清汤中杂质形成的。

5）按制汤的工艺方法分有单吊汤、双吊汤、三吊汤等。单吊汤就是一次性制作完成的汤。双吊汤就是指在单吊汤的基础上进一步提纯，使汤汁变清，汤味变浓。三吊汤则是在双吊汤的基础上再次提纯，形成清汤见底、汤味纯美的高汤。

汤的品种虽然很多，但它们之间并不是孤立存在的，相互之间有一定的联系或重叠。

二、茸胶菜品制作技术要求

1. 茸泥的种类及特点

1）茸泥的种类依据类别不同，有多种分类方法。按原料的种类分，有动物性茸泥、植物性茸泥和混合性茸泥；按茸泥的形态分，有粗茸、细茸；按茸泥的色彩分，有单色茸、双色茸、多色茸；按茸泥的弹性分，有硬质茸泥、软质茸泥、嫩质茸泥、汤糊茸泥等。就某一具体茸泥而言，在实际应用过程中，有时容易将其划归于某一分类，有时却难以将其划归于某一分类，但各种茸泥并不都是独立的，它们之间有时是互为重叠和联系的。

2）茸泥的特点主要表现在：黏性大，可塑性强，易于菜肴的造型；既可单独成菜，也可作为其他菜肴定型的黏合剂，丰富了菜肴品种；易于成熟，缩短了烹调的时间；便于食用，利于消化，适合各年龄层的人食用。

2. 茸泥原料的选择

（1）动物性原料的选择　制茸泥的动物性原料一般以鸡、鱼、虾、猪、牛、羊等蛋白质含量较高的动物肌肉为主，而且以脂肪与结缔组织少的部位为佳。

（2）植物性原料的选择　制茸泥的植物性原料一般以山药、蚕豆、南瓜、豆腐等淀粉含量高或植物蛋白质含量较高的原料为主。大多数原料一般需要加热成熟后再加工成茸泥。对少数黏性较小的植物性茸泥，在菜肴制作时，往往还要添加适当的鸡蛋、淀粉或动物性茸泥，以增加其黏性而便于成形。

（3）淀粉的使用　在茸泥中添加适量的淀粉可使茸泥的黏性增大，持水性提高，稳定性增强。从而保证了茸泥菜肴的造型、嫩度和弹性，使茸泥菜肴在加热中不易破裂、松散。

（4）鸡蛋的使用　鸡蛋可以提高主料和淀粉之间的亲和力，增加茸泥的黏性。鸡蛋本身质感嫩滑，特别是鸡蛋清可使菜肴的色泽更加洁白、光亮。但使用时要分次加入，适量添加。使用过量，茸泥菜肴不易成形。

（5）肥膘的使用　多数茸泥在制作过程中需要加入适量的肥膘以使成品形态饱满，油润光亮，口感细嫩，气味芳香。但肥膘使用的量，要根据茸泥品种灵活掌握。如果茸泥中肥膘加得过少（特别是鸡肉和虾肉等脂质较少的原料），那么成菜质感就会粗老一些；如果茸泥中肥膘加得过多，那么多余的脂肪就会在加热的过程中析出，造成茸泥的松散。

3. 茸泥的制作方法

（1）动物性茸泥的制作方法　动物性茸泥的制作方法主要有两种：手工加工和机械加工。手工加工就是用刀将原料排斩和塌压成茸泥的一种方法，这种方法速度慢、效率低，但制好的茸泥中不会残留筋络和骨刺，因为排斩时能够将原料中的筋络和刺骨全部去掉，也可在取料的过程中去除杂物和骨刺；机械加工就是用粉碎机将原料加工成茸泥的一种方法，这种方法速度快、效率高，但制好的茸泥中有时会残留筋络和骨刺杂质。

以猪肉茸为例，猪肉茸分猪五花肉茸和猪瘦肉茸。猪五花肉茸的制作方法是：将去皮猪五花肉洗净，用绞肉机绞2～3遍成肉泥，也可先切后剁，制成肉泥。将猪五花肉泥放入大碗内，加鸡蛋、姜米、葱花、清水、绍酒、精盐、味精、湿淀粉等调味并搅拌上劲。猪瘦肉茸的制作方法是：将猪瘦肉洗净，剔除筋膜，切成小块，用绞肉机绞 3～5 遍成肉泥，放碗内，磕入鸡蛋，加姜、葱、绍酒、酱油、白糖、湿淀粉、清水搅拌均匀后，再加精盐、味精等调味并搅拌上劲即成，如图 2-11 所示。

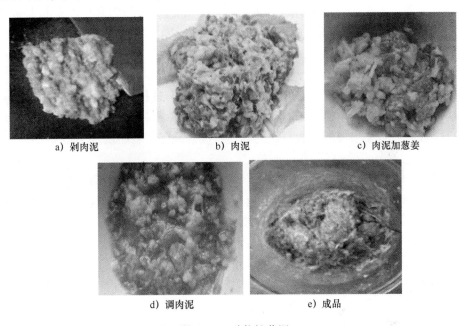

a) 剁肉泥　　　　　　　b) 肉泥　　　　　　　c) 肉泥加葱姜

d) 调肉泥　　　　　　　e) 成品

图 2-11　动物性茸泥

（2）植物性茸泥的制作方法　以常见的豆腐泥制作为例。将嫩豆腐塌成泥，用双层纱布包起，扎紧收口部位，用绳吊起，控尽水，放大碗内即成。可用于制作各式豆腐泥类的菜肴。豆腐泥的加工，宜细不宜粗，如图 2-12 所示。

a) 豆腐　　　　　　　b) 豆腐泥

图 2-12　豆腐

（3）混合性茸泥的制作方法　以蚕豆虾茸为例，将虾仁、猪肥膘洗净，分别剁成细茸。嫩蚕豆瓣入沸水锅内焯熟，捞出，控去水，放砧板上，用刀塌成泥，与虾茸、肥膘茸同放大碗内，加蛋清、姜葱酒汁、精盐、味精、干淀粉调味并搅拌上劲即成。

茸泥制作在烹饪中被广泛运用，且适用于不同档次的菜肴，既可以独立成菜，也可作为花色菜肴的辅料和黏合剂。茸泥的形成是对原料组织和风味进行优化与改良的产物。关于茸泥的定义目前有几种解释：一种是经刀刃斩剁而成的为茸，用刀面塌压而成的为泥；另一种是以荤料制成的为茸，以素料制成的为泥。从烹调工艺学的角度看，茸泥是将部分动、植物性原料经粉碎性加工，形成细小颗粒后，加入水、盐等调辅料并搅拌成有黏性的胶状物料。

4. 注意事项

制作茸泥的原料宜选用新鲜原料；在茸泥加工过程中，茸泥的粗细应视具体的菜肴品种而定，不宜一概而论；制作茸泥时，要根据季节变化、原料品质特点、成品质量要求灵活掌握茸泥的软硬程度，确保菜肴品质。

三、烤、熘、爆、扒、煨等烹饪技术要求

（1）烤　将经过加工处理后或腌制入味的原料，置于烤具内部，用明火、暗火等产生的热辐射进行加热的技法总称。

烤是最古老的烹饪方法。自从人类发明了火，知道熟食，最先使用的方法就是烤制食物。演变到现在，烤法已有了重大变化，除烤具、操作方法以外，更重要的是调料和调味方法的变化，使烤制菜肴品种得到了丰富，口味得到了改变。

目前，烤法的名称在各地有很大差异，大体有烤、烧、烘、焗、烧烤等几种名称。北方地区流行叫烤，南方地区通常称烧，行业里说的南烧北烤就是指的这个意思。有的地区把用低温（在100℃以下）烤制食物称之为烘或焐，有些地区把高温（在200℃以上）烤制食物称之为烘烤；还有的地区通称为烘烤。

除上述的烤法外，还有传统的泥烤、面烤，江浙一带的网油烤，少数民族地区的竹筒烤等烤法名称，这些大都是因为烤时所用的包裹材料不同。对行业公认的各种烤法，所用炉具和操作方法各不相同，风味质感既有脆香的共性，又有口味上的差异。

1）挂炉烤是将经过加工处理后的原料，吊挂在烤炉内，利用燃烧明火产生的辐射热把原料加热成菜的技法。挂炉烤制的成品色泽枣红，外皮松脆，内质外嫩，香气浓郁。挂炉烤鸭如图2-13所示。

2）焖炉烤是将加工处理好的原料，置于焖烤炉内，用炉壁产生的辐射热将原料烤制成菜的技法。焖炉烤主要是通过炉内壁和底火的辐射热，把原料焖烤成熟。

a)　　　　　　　　　　　　　　b)

图 2-13　挂炉烤鸭

3）烤盘烤是将加工好的原料放入烤盘内，将烤炉预热到指定温度后将烤盘入炉内，关闭炉门，用高温气体进行密封加热成菜的技法。烤盘烤本质属于焖炉烤的范畴，只是烤制的设备和前面所说的烤炉有不同而已，如图 2-14 所示。

4）串烤是将加工成块、片的小型原料，经过腌制，分别穿在细长的铁签上，在明火上转动，用短时间边加热边调味烤制成熟的方法，如图 2-15 所示。

图 2-14　烤盘烤　　　　　　　　　　图 2-15　串烤

5）面烤（泥烤）。面烤是泥烤法的演进。因泥烤法需准备特用的泥土，用时不仅要搅拌均匀，烤好后还要用工具砸透，十分不便，也较原始。面烤法就是将加工、腌味的原料，用高温玻璃纸和荷叶包裹后，再用面团包起，封严烤制成菜的方法。面烤法的用料有局限性，一般只用整鸡、整鱼等。

6）铁板烤又称铁板烧，是将加工、调味的原料放在特制的、烧热的铁板上，经用工具拨动、翻拌而成菜的方法；或是加工的原料经调味、上浆后，用竹签穿起来，先经热油炸制后，再放到烧热并加盖的铁板中而成菜的方法；或是原料先经爆制后，带有适量的稀汁，浇在烧热的铁板上，加盖保温而成菜的方法。

（2）熘　熘法由炸法演变而来。即将加工整理好的原料经初步熟处理，成为断生或全熟的料，再回到锅内包裹卤汁或直接浇汁成菜的方法。熘法以保持原料鲜味为目的，采用不同滋味的芡汁和多种熘汁方法进行短时间加热，使芡汁迅速裹匀原料成菜，因最后一道工序要熘汁，故称为熘法。

熘汁常用的方法有三类，一是烧汁熘，就是把制好的卤汁，浇在预制成熟的原料上，使原料吸收滋味并能保持原有的质感；二是淋汁熘，即把预制七八成熟的原料放入锅内，边加热，边淋入芡汁，在原料熟透的同时使芡汁黏稠，包住原料后出锅；三是卧汁熘（行业里又称拌汁或滚汁熘），即在预制原料的同时，把芡汁放入另一锅内加热，原料成熟时，芡汁也调制浓稠，再把原料放入芡汁锅内颠翻几下，挂汁均匀出锅。味型方面，除鲜咸、酸甜味外，还新增加了麻辣、酸辣、咸甜、微酸（醋熘）、糟香（糟熘）、鱼香、酱香等多种味型。

熘法属于旺火速成的技法，但由于初步熟处理的预制方法不同，菜肴的质感和口味有很大差异。熘法操作的关键在于火候的把握和味汁的制作。一般来说，熘法是经过两个步骤成菜的，一是预制步骤，浇汁熘的原料预制就要熟透；淋汁熘的原料预制七八成熟；卧汁熘的原料要求刚熟，还要与制汁同步进行。二是熘制步骤，选用恰当的熘法最为关键，大块整的熟料或者原料特别细嫩，一般都采用浇汁熘法；小型的原料，既需要适当加热，又需要调味的，可以采用卧汁熘法；如果菜肴要求滑润带汁，可选用淋汁熘法。

能够反映熘法实质特点的主要是软熘、滑熘、焦熘三种技法。焦熘属于高油温导热范畴，软熘属于水导热范畴，滑熘属于中油温导热范畴。

1）以水为介质成熟的熘法称为软熘。软熘是将加工处理好的原料（通常以鱼类水产品居多）用水煮或气蒸，经加热至断生，浇上味汁成菜的技法。成品滋味清鲜，质感极为软嫩，故取名软熘。

2）滑熘是将加工好的小型原料，经腌渍上浆后，用温油滑至断生，再包裹上足量芡汁成菜的技法。成品菜肴具有质感滑嫩、鲜醇清香的特点。

3）焦熘是将加工处理后的原料经过腌渍入味、上浆挂糊、滚粘干粉、旺火炸熟，最后采用熘汁调味成菜的技法。因成品外焦里嫩，故称焦熘，行业中有的地区有时也将焦熘称为炸熘、脆熘。

（3）爆　爆是指利用旺火中油温将切成小形的原料进行短时间加热，再加入有少许热油的锅里，加调味汁快速翻炒成菜的技法。

有些地区依据所用原料的不同，将油爆细分为葱爆、酱爆、芫爆、盐爆、姜爆等技法。其实只是调味方面有所差异，手法和过程是相同的。

油爆技法是旺火中温油（接近高温油）经过快速操作（时间一般为 10～20 秒），使原料在瞬间受高温作用，去除异味，增加香味，达到原料成熟、质感脆嫩的效果。此类菜肴是韧性原料进入中高油温锅中，因温差瞬时产生剧烈爆炸声，并使原料在这种加热条件下爆裂成花朵形状，故行业中称之为爆，北方有些地区也称其为抢火菜，意即快速使用火候使原料成菜。

（4）扒　扒有两种概念：一是将原料按需要进行加工处理，保持原形或切配造型整齐码放碗内，加较多的味汁，以没过原料为度，用中火蒸制至适度软烂入味，取出装盘，味汁回锅勾成芡汁，浇在原料上成菜的技法；二是选用无骨、扁薄的小型原料，将原料摆放整齐，烧时整翻，不使其形散。行业中有时将前者称为蒸扒，后者称为烧扒。

从加热方式上看，传统的扒与烧、烩一样，只是在加热过程中保持菜品原形，使其具有形态美观的特点，出锅时要大翻勺落盘。蒸扒这种技法，是采用中等火力的花色蒸制法加热，以保持菜肴的造型不变；这种平缓柔和的加热方式，能较好地保持原料的水分和鲜味；蒸后勾芡更使菜肴丰润可口。

从烹调目的上看，蒸扒与烧扒是完全一致的。但是在操作上，蒸扒比烧扒具有较多的优点：一是在加热过程中，不必担心破坏了美观的造型；二是不采用技术难度大的大翻勺装盘方法，也能做到使盘内菜形保持美观；三是若要菜肴软烂或使用不易造型的原料，用蒸扒的方法最为合适。

从烹调工序上看，蒸扒与烧扒略有不同：蒸扒是在加热后，把原料取出整齐装盘，控出汤汁回锅加热勾芡，芡汁变浓后浇在菜肴上；烧扒则是在锅中加热至最后阶段勾芡大翻，成菜装盘，保持形整不乱。两种扒法在菜肴外观上都很丰满，都能显出很高的档次。但两者的加热方法截然不同，蒸扒是用蒸汽加热，而烧扒是在锅内烧制水导热直接加热。

（5）煨　煨是将经过加工处理的原料经开水焯烫后，放入砂锅中，加足量的汤水和调料，用旺火烧开，改用小火长时间加热，直至汤汁浓稠、原料完全松软成菜的技法。

煨法既重菜也重汤，汤汁宽而浓白，这与用火有关。因为沸水的冲击力加大，会造成大颗粒的蛋白质溶于水中，随着量的积累和增加，阻碍了光线透过，形成浓白色。

煨法的原料通常都是老、硬、坚、韧的原料，这些原料的耐热性能好，都能经得起微火长时间加热，并能取得软熟酥烂、形体完整的效果。煨法既可用单一原料，也可用多种原料，在选择辅料时，应使用含水分较少的蔬菜，若使用豆芽类或不耐久煨的叶菜类原料，则要掌握好投料时间。煨法所用的主料料形一般都是大块料或整料，在煨制前，不用经过腌渍、挂糊等预调味处理，初步熟处理也比较简单，只是用开水焯烫一下即可。

四、中餐糕点的制作方法

"糕点"一词，原是食品工业的叫法，是指各种含油量大，含糖、蜜、奶、蛋、果料等原料多、含水量较少的食品。而中餐糕点则主要是指中式面点的内容。按中式面点所采用的主要原料进行分类，一般可以分为麦粉类制品、米及米粉制品、杂粮等其他原料制品，进一步按照调制介质及面团形成的特性细分，可分为水调面团、膨松面团、油酥面团、米粉面团等。

1. 中餐糕点面团的调制方法

（1）水调面团　水调面团是指面粉中掺水（有些也可加入少量辅料，如食盐、食碱等），经过揉搓形成的面团。由于水温的差异水调面团可再分为冷水面团、温水面团和热水面团，如图2-16所示。

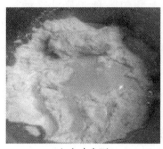 

a）加水和面　　　　　　　　　　b）水调面团

图2-16　水调面团

冷水面团就是用面粉和30℃以下水的调制形成的面团；温水面团就是用面粉和50~60℃的温水调制形成的面团；热水面团就是用面粉和80℃以上的热水调制形成的面团。

（2）膨松面团　膨松面团是指在面团调制过程中加入适当的辅助原料，或采用适当的调制方法，使面团发生生物、化学反应和物理作用，产生或包裹大量气体，通过加热气体膨胀使制品膨松。膨松面团按膨松方法可分为生物膨松面团、化学膨松面团和物理膨松面团三种。

生物膨松面团也称发酵面团，就是在面粉中加入了适当水温的水和酵母菌后，在适宜的温度条件下，酵母菌生长繁殖产生气体，使面团蓬松柔软；化学膨松面团就是在配料时加入化学膨松剂，经过调和形成具有受热膨松特性的面团；物理膨松面团是指利用鲜蛋或油脂作调和介质，经高速搅打打进和保持了气体，然后加入面粉等原料调制而成的面团。

（3）油酥面团　油酥面团是指以面粉和油脂作为主要原料，再配合一些水、辅料（如鸡蛋、白糖、化学膨松剂等）调制而成的面团。按照油酥性面团的调制、加工方法，又可分为层酥面团和单酥面团两大类，如图2-17所示。

层酥面团由两块面团构成，一块面团称为水油面，是用油、水和面粉拌和揉搓而成，另一块面团称为干油酥，是直接用油脂和面粉擦制而成，再用水油面包入干油酥经过擀卷叠形成层酥；单酥面团是以面粉为主料，加入适量的油、糖、蛋、乳、疏松剂、水等调制而成的面团。

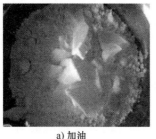

a) 加油　　　　　　　　　　　　b) 和面

图 2-17　和面

（4）米粉面团　米粉面团是由米粉与水及其他辅料调制而成的面团。常用的米粉有糯米粉、粳米粉和籼米粉三种。根据调制方法的不同，米粉面团大体分为糕类粉团、团类粉团和发酵粉团三种。

糕类粉团是由糯米粉、粳米粉加水、糖等拌制或加热揉搓而成的粉团，可分为黏质糕粉团、松质糕粉团和糯米粉粉团等。

黏质糕粉团一般是先成熟后成形，原料大都用细糯、粳米粉配镶，在蒸熟后要经过揉揿工序，使成熟糕粉黏合在一起。松质糕粉团一般是先成形后成熟，制作时将粉放入特制的模具内成形，再蒸熟。

团类粉团是指糯米粉和粳米粉按一定的比例掺和后加水，采用适当的调制方法制作而成的粉团。根据制品成形时坯料的生熟不同，可将团类粉团分成生粉团和熟粉团两种。

杂粮等其他面团是指除了用面粉和米粉为主料所调制的面团以外的其他原料为主料所调制的面团的总称。其他原料是指淀粉类（如澄粉、生粉）；粮食类原料（如杂粮粉，豆类）；蔬菜类原料（如根茎类）；果品类原料（如果仁类、果干、糖制品等）；鱼、虾类（如鱼、虾蓉类等）。

淀粉面团是用沸水将澄粉烫熟以后揉制而成的面团，在广式点心中用得较多。杂粮粉团是将杂粮如玉米、高粱、荞麦、莜面、小米等加工成粉，采用适当的调制方法调制而成的粉团。有的粉团直接用杂粮粉加水调制而成，有的则需用杂粮粉与面粉、豆粉或米粉等掺和再调制成粉团。豆类面团就是将各种豆（如豌豆、赤豆等）加工成粉或泥，经过调制而形成的面团。蔬菜类面团的蔬菜类原料主要是指蔬菜中的根类、茎类和果类蔬菜，如土豆、山药、山芋等。这些原料经过加工形成泥、蓉或磨成浆或制成粉，经过调制而形成的面团。制成成品后往往带有特殊的香味。果品类面团的原料主要是指果、干果仁和糖制果品类，如莲子、柿饼、栗子等。这些原料经过加工形成泥，再与面粉、糯米粉或澄粉等调制而成的面团叫果品类面团。鱼虾茸面团主要是指用净鱼肉、虾肉先加工成蓉，再与澄粉、面粉等调制而成的面团。

五、咖啡品种、特点与煮制方法

咖啡是咖啡豆提取的饮料，是世界三大饮料之一。咖啡树是热带植物，果实初生时显暗绿色，历经黄色、红色，最后成为深红色的成熟果实。正常的果实里含有一对豆粒，即咖啡豆。经过干燥、焙煎、研煮，再加上各种调味料，可配制成各种咖啡饮料。

咖啡的主要品种有：蓝山咖啡，产于加勒比海牙买加岛的蓝山上，其味甘香醇、微酸柔顺、口感细腻、香味清淡、品质优良，被誉为咖啡圣品，但因产量少而价格昂贵；哥伦比亚咖啡，产于南美洲，微酸醇香、柔软香甜，为咖啡中的上品，常被用来调配综合咖啡；巴西咖啡，产于南美洲，中性、味中苦、浓香、微酸、内敛，亦宜配合其他咖啡调制，其味更甘香；曼特宁咖啡，产于印度尼西亚的苏门答腊岛，浓香苦烈、醇度宜人，单品饮用尤佳；摩卡咖啡，产于衣索比亚高原，其味酸醇香，带润滑的甘酸品质，常用来辅助其他咖啡的香味；爪哇咖啡，产于印度尼西亚的爪哇岛，强苦弱香、无酸，常用于几种咖啡调配。

咖啡的加工技术主要是焙煎和研磨，其中焙煎技术是左右咖啡味道的关键性因素之一。咖啡焙煎技术性很强，简单说就是生炒咖啡豆，借助加热，使生豆受热均匀，达到去除水分使之膨胀的目的。经此环节，咖啡的颜色会发生变化并产生咖啡独特的香味和风味。一般来说，焙煎时间短，咖啡豆颜色会呈浅褐色，酸味强；若焙煎时间长，则咖啡豆颜色会变深，苦味增强。所以，咖啡豆的焙煎分为几种不同的程度：最淡的焙煎、浅焙煎、普通焙煎、比普通稍浓的焙煎、中等焙煎、稍强焙煎、强烈焙煎、最浓又强烈的焙煎。

咖啡的研磨就是将经过焙煎的咖啡豆碾碎。根据饮用时的冲泡法，碾成粗、中、细的咖啡粉，煮或蒸馏时用粗粒的，一般冲泡用中粒的，过滤式冲泡用细粉状的。碾碎之后最好尽早使用，选择刚研磨的新鲜咖啡，是保持咖啡美味可口的第一要诀。在粗、中、细三种不同粗度的咖啡粉中，细碾的咖啡粉比粗碾咖啡粉的味道更加香醇，而粗碾的咖啡粉有一种特别的芳香味。所以在冲调咖啡饮料时，粗细咖啡粉混合调制是比较理想的。另外，不同种类的咖啡粉也可相互掺杂，取长补短，不过这需要由味觉和嗅觉灵敏的专家来完成。例如，综合咖啡至少要混合三种以上的咖啡，而且各种咖啡要有严格的比例。

 技能训练

技能训练 1   汤的制作

1. 清汤

1）原料配比：原汤 1000 克、鸡骨架 300 克、去骨鸡腿肉 200 克、鸡脯肉 200 克。

2）操作程序：先用砂布或细网筛将原汤过滤一下；将鸡骨架洗净，用刀背砸碎成骨头渣，加清水搅拌成骨头渣血水（行业中习惯上称为骨臊或枯臊）；锅上火，将原汤倒入锅中，中火加热至沸腾，将骨头渣血水倒入，改小火，待骨头渣浮起时用漏勺轻轻捞起骨渣，洗去浮沫，用干净的纱布包好扎紧待用。此时的汤称为"一吊汤"。

将新鲜的去骨鸡腿肉斩茸后加葱、姜、酒和清水浸泡出血水（行业中称为红臊），然后将血水和鸡腿肉一起倒入一吊汤中，中火烧沸后再改成小火，等鸡茸浮起后捞出，洗净浮沫用干净的纱布包好扎紧待用。此时的汤行业中称为"二吊汤"。

将鸡脯肉斩茸后加葱、姜、酒和清水浸泡（行业中称为白臊），二吊汤烧沸，将鸡脯肉血水倒入汤汁，中火烧沸后改小火待鸡脯蓉浮起时，用漏勺轻轻捞起，洗去浮沫，用干净的纱布包好扎紧，此法称为"三吊汤"。

在上述三吊汤的过程中，因为经过短时间的加热，原料中的营养成分尚未全部溶出，因此再将上述三个纱布包放入经过三次吊过的汤中，用小火持续加热，使原料中的营养物质慢慢析出，并可以使汤汁进一步澄清，得到的汤更加清醇，如图2-18所示。

图2-18　清汤

2. 浓汤

1）原料配比：鸡500克、火腿300克、精猪蹄肉500克、排骨300克、鸡爪300克、干贝100克、花生（或黄豆）300克、葱姜酒各适量。

2）操作程序：将原料洗涤干净，放入水锅中焯水，用清水洗净后放入冷水锅中加热，水沸后除去汤面的血沫和浮污，然后加葱、姜、绍酒，用旺火烧至沸腾，改用中火继续加热，始终保持汤面沸腾状态，使原料中的蛋白质、脂肪、各种呈味物质逐步从原料中溶出。制汤时应以大火加热，汤面保持沸腾。如果火力过小，沸腾不够剧烈，将会导致汤色不白，且易澄清。但火力也不能太大，防止水分过快蒸发而导致原料内部营养物质来不及溶出，而影响汤的质量。浓汤炖制时间比较长，汤的浓度也比其他汤要浓厚。浓汤主要用于高档菜肴的制作，如鲍鱼、鱼翅、海参等。浓汤如图2-19所示。

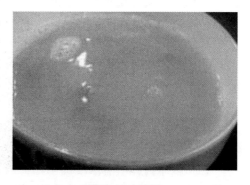

图2-19　浓汤

3. 素汤

素汤是用植物性原料制成的汤。素汤有豆芽汤、香菇汤、鲜笋汤等，也有用花生、大豆、胡萝卜、红枣等制成的混合素汤。素汤一般用于素食菜肴的制作，寺院中出家僧人饮食中常见素汤用于素食制作。下面介绍两种常见的素汤。

（1）豆芽汤的制作

原料： 新鲜黄豆芽、豆油。

操作： 将原料洗净，锅中加豆油烧至160℃时，将黄豆芽倒入锅中煸炒至断生，加开水加盖加热30分钟左右至汤色乳白、汤浓味鲜时，捞去豆芽即得到豆芽奶汤，若水烧开后改小火加热，则最后得到的是豆芽清汤。一般来说，豆芽与水的比例为1∶3，制成的汤约为1∶2～1∶2.5。

（2）香菇汤的制作

原料： 香菇

操作： 将干香菇先用常温水涨发，涨发香菇的原水沉淀后取清水部分留用。将香菇取出，用剪刀将菌盖和菌柄分开，原汤加热至70℃左右时将菌盖放进去浸泡2小时，再取出，待汤沉淀后即得到香菇汤，制作时菌盖与水的比例一般为1∶5左右；另将菌柄入水中加热2～3小时后，舀出汤水沉淀去除泥沙，再经纱布过滤，一般菌柄与水的比例在1∶3左右。最后将菌盖汤和菌柄汤混合即可。

技能训练2 茸胶菜品的制作

1. 鱼肉茸胶

（1）软质类

操作程序：选料→浸泡→粉碎→打成茸胶→成形→成熟。

实例：鱼圆的调配。

鱼肉经漂洗后粉碎成很细的颗粒，然后加入葱姜酒汁调匀，加盐搅拌上劲，根据茸胶的厚度再用水调节，可加入油脂和少量淀粉，也可不加，调和好的茸胶放冷藏箱静置，加热前再调匀，挤成直径约为1.5厘米的圆球，下冷水锅中小火加热养熟，加热时温度在60℃左右，停留的时间要短，否则影响成品的弹性。水还不能沸腾，如沸腾会使鱼圆失水、无弹性、口感粗糙，成熟的鱼圆放在清水中备用。

（2）嫩质类

操作程序：选料→浸泡→粉碎→打成茸胶→加发蛋→成形→成熟。

实例：芙蓉鱼片的调配。

白鱼取净肉，用清水浸漂至白，放入粉碎机中粉碎成细茸，加入盐、葱姜酒汁搅拌成鱼茸胶。鸡蛋取蛋清，用打蛋器打成发蛋状，然后分次加入鱼茸胶中，搅拌均匀后放入冰箱中保鲜。将锅置小火上烧热，放入油，将鱼茸胶用手勺舀成片形，逐片地放入油锅中，烧至 90～100℃ 左右，养制成熟即可。

2. 虾肉茸胶

（1）硬质类

操作程序：虾仁清洗→粉碎→加剁碎的肥膘、马蹄→打成茸胶→成形→成熟。

实例：水晶虾球的调制。

首先将虾仁洗净挤干、粉碎，在制作此菜时一般不宜将虾仁粉碎得过细，否则影响口感，马蹄拍散后和熟肥膘斩成粗茸；然后调配虾茸胶，调配时一般不加水，将蛋清、马蹄、肥膘等辅料与虾茸一起混合，并加盐、葱姜酒汁搅拌上劲；蛋清起黏合作用，马蹄茸可增加茸胶的口感，肥膘使茸胶更加油嫩，但肥膘应以熟肥膘为主，如果加入生肥膘，在加热过程中就会有大量脂肪溢出，造成成品外形干瘪，表面和内部会产生孔洞，口感粗糙。而熟肥膘经水煮后，网状纤维膜和结茸胶组织膜变性收缩，溢出部分脂肪后形状较为固定，与虾茸混合搅拌，这样制成的成品在加热过程中就不会变形，而且光洁软嫩。一般虾茸中需要加入生肥膘 10%，熟肥膘 25%。调配好的蓉胶挤成球，下温油锅中养熟，油温不能太高，否则虾球膨大，出锅后干瘪起孔，而且色泽变黄。虾肉茸胶如图 2-20 所示。

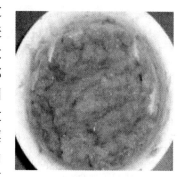

图 2-20　虾肉茸胶

（2）软质类

操作程序：选料→浸泡→粉碎→吸干水分→打成茸胶→成形→成熟。

实例：虾饼的调配。

虾仁洗净后吸干水分，然后粉碎成泥。生肥膘也洗净，切成丁状，再将它们混合在一起，加蛋清、葱姜酒汁，淀粉搅拌上劲，锅上火放油，将虾茸挤成圆球放入锅中，用手勺轻轻压扁成饼状，翻身后煎至两面金黄即可。

3. 鸡肉蓉胶

（1）软质类

操作程序：选料→浸泡→粉碎→加肥膘→起打成茸胶→成形→成熟。

实例：滑炒鸡线的调配。

鸡脯肉洗净后用粉碎机粉碎成茸泥，肥膘洗净后也粉碎，与鸡肉泥混合在一起，加葱姜酒汁、水调匀，再加盐搅打上劲，加入调散的蛋清、湿淀粉搅拌均匀。另将锅上火，放入水，把鸡肉茸泥放入裱花的布袋中，慢慢地挤入锅中成线状，慢慢小火加热待鸡线浮起并成熟后捞出即可。

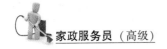

（2）汤糊类

操作程序：选料→浸泡→粉碎→打成茸胶→调味→成熟。

实例：鸡粥的调配。

鸡脯或鸡里脊肉粉碎成细茸，制作此茸胶的肉茸越细越好，有时可用过筛法将粗颗粒去除。生肥膘也粉碎成茸，然后加调料和汤调制，一般150克鸡茸，可掺入50克生肥膘、3只蛋清、20克淀粉、350克汤汁。调茸胶时蛋清不需打发，茸胶也不需要搅拌上劲，搅拌均匀即可。蛋清、淀粉的用量不宜过多，过多会使汤汁过早稠浓；如用量过少，稠浓时间长，质感会变老。

技能训练3　烤、熘、爆、扒、煨等技法烹制菜肴

1. 烤法

（1）挂炉烤菜肴实例：北京烤鸭

原料：光净填鸭、荷叶饼（或空心烧饼）、黄瓜条（或萝卜条）、饴糖水（用饴糖加水调制而成）、净葱白段、甜面酱。

操作：将光净填鸭洗净放在案板上，切去双掌和翅尖，用刀割断喉部的食管和气管，从嘴里取出鸭舌后，进行打气。从喉部刀口处拉出食管，用左手拇指顺着食道向外胸脯推入，使食管与周围的膜分开，再将食管放进胸腔，不要弄断。然后用打气工具从喉部刀口处插进颈腔，慢慢把气打入鸭体皮下组织与结缔组织之间，气体逐渐充满鸭的全身各部位，使鸭体鼓起（充入气体以八成满为宜）。打气以后不能用手接触鸭体。然后掏膛。用刀尖从左腋处开一刀长约5厘米的月牙刀形口，然后用中指和食指伸出，将内脏全部掏出，用高粱秆一节（长10厘米左右，一头削成三角形、一头削成叉形），顶在三叉骨上，撑紧鸭皮。完成后进行洗腔、挂钩，将鸭体放入清盆水中，从左腋刀口处灌水，并使水从肛门流出，灌洗两次。洗净内腔，然后将铁钩放在离鸭肩3厘米的鸭颈处，从颈骨左面皮下传入、右面穿出（不能让钩子穿过胫骨），再将鸭用铁钩托住。接着烫皮、挂浆，将挂好钩的鸭，用开水淋浇全身，使鸭皮毛孔紧缩，表层蛋白质凝固，皮下气膨胀，皮肤致密绷起，然后用饴糖水第一次刷遍鸭的全身，晾皮，挂糖水后，将鸭身吊挂风口处出晾干。临烤前灌水，先用高粱秆一节将肛门塞住，然后用开水从左腋刀口处灌入，灌水量一般以八成满为准。最后，将加工处理好的鸭子，吊挂在炉温200～250℃的烤炉内，烤制至成熟。烤鸭成熟上桌，通常由厨师现场片制，葱白段盘、甜面酱碟、荷叶饼（或空心烧饼）以及清口佐料黄瓜条等做跟碟。片鸭分两种方法：一种是皮肉不分，片片皮肉相间，片的形状既可是片，也可是条；另一种是皮肉分开，先片皮、后片肉。

（2）焖炉烤菜肴实例：烤全羊

原料：光净羊羔、鸡蛋、胡椒粉、盐、孜然粉、姜末、面粉。

操作：将羊羔去掉头、蹄、皮及内脏，清水冲洗干净，用洁布擦干羊体的水分，然后用一根一头装有铁杆的木棍（铁杆与木棍垂直，起到阻止原料下滑的作用），从羊的颈部穿进，穿到尾部，让羊的脖子横卡在木棍上。鸡蛋磕开，将蛋黄放入碗内（蛋清另作他用），搅散搅匀，加盐、姜末、胡椒粉、孜然粉、面粉和适量清水，调匀成为蛋黄厚糊，然后将蛋黄糊均匀涂抹在羊体上。将炉底部燃料烧至红热，炉温在250℃左右时，堵住风口，即将羔羊吊挂炉内烤制。（烤制时间根据羊体大小而定，一般在两三个小时。）待羊烤好后揭开炉口，取出，改到切块装盘，以盐做跟碟一起上桌食用。

（3）烤盘烤菜肴实例：烤鹿肉串

原料：生鹿嫩肉、洋葱、青椒、胡萝卜、精盐、生抽、绍酒、姜汁、葱油、辣椒油、甜辣酱、五香粉、胡椒粉、熟芝麻粉、茄汁、鸡蛋、白糖、味精、麻油、泡打粉、湿粉、蒜茸、二汤、茅台酒。

操作：鹿肉切成厚片，用所有调料拌匀，腌渍约2小时。洋葱、青椒、胡萝卜均修切成小圆片；胡萝卜片需用滚水略烫一下。用钢签依次穿一片洋葱、一片胡萝卜、一片青椒，再穿两片鹿肉；然后再穿洋葱片、胡萝卜片、青椒片，每支钢签穿6~8片鹿肉。将烤盘中垫些生葱叶，将穿好的鹿肉串担在烤盘上，并在鹿肉上涂一层麻油，遂放入烘热的烤箱内烤约5~6分钟即成，上桌时随配自制酱料做跟碟。

（4）串烤菜肴实例：烤羊肉串

原料：羊肉（以里脊肉、后腿肉为佳）、酱油、花椒粉、辣椒粉、孜然粉、盐、味精、香油。

操作：将羊肉洗净，切成约1.5~2厘米见方的大丁，取不锈钢扦子，每根串上肉4~5块。将盐、味精、油等加水搅拌均匀，成为味汁；另将花椒粉、辣椒粉、孜然粉、盐、味精，放在碗内拌匀，即成为椒盐料。把串好的羊肉串扦子，排架放在炉内烧红的炭火或煤火的长方形火炉上烤制，不能冒起火苗。随烤随刷味汁（入味兼保水），并勤转动。边转动边撒上一些椒盐料，烤约5分钟左右至两面熟透即可食用。

（5）面烤菜肴实例：叫化童鸡

原料：童子鸡、枚肉、虾仁、熟火腿、水发香菇、山奈、八角、胡椒粉、绍酒、生抽、味精、绵白糖、精盐、葱丝、姜丝、麻油、猪网油、鲜荷叶、植物油。

操作：光鸡洗净（需从腑下取内脏），再取出翅主骨和腿骨，在鸡腿内侧竖划一刀，便于调味料渗入；再用刀背轻剁翅尖、颈根，将颈骨折断（不要弄破鸡皮）。枚肉、虾仁、熟火腿、水发香菇均切细丁；枚肉、虾仁分别上浆；香菇用滚水烫一下。将山奈、八角、绍酒、生抽、绵白糖、精盐、葱丝、姜丝放入鸡中拌匀，腌约半小时。肉丁、虾丁分别拉油至熟后，再同熟火腿丁、香菇丁加底油煸炒，并加入绍酒、生抽、胡椒粉、味精和少许汤炒成馅料，再使其冷却。冷却的馅料从鸡腋下塞入腹中，并灌入腌鸡的余汁，整理好鸡头、鸡腿、两翅，使之叠于胸腿间。先用猪网油包裹鸡身，再用荷叶包裹（荷叶先要烫一下，浸凉）；然后用玻璃纸包裹，再包一层荷叶，用细绳扎住；面团擀开，将其包严（厚约3厘米），最后用锡纸包严。包好的鸡放高温烤箱中烤约半小时（使鸡身迅速烤熟，以防原料变味），再用中温烤一个半小时，然后用低温烤一小时。至鸡熟时取出，剥下锡纸，敲去硬面团，解去细绳，揭去荷叶、玻璃纸，淋上少许麻油即成。

（6）铁板烤菜肴实例：铁板串烧三鲜

原料：中上等鲜虾、大鲜带子、鸡脯肉、洋葱、鲜青椒、鸡蛋白、湿粉、干生粉、绍酒、精盐、胡椒粉、味精、麻油适量。

操作：虾剥皮去尾取肉，鸡脯肉切成较大的片，鲜带子分别用适量精盐、绍酒、鸡蛋白、湿粉上浆；洋葱、鲜青椒修切成圆形。上浆的鸡片、虾肉、鲜带子分别拍匀一层干生粉，然后用10支竹签，将洋葱片、青椒片一起，按量穿插为10串"三鲜"。锅置火上烧热，加入植物油，热至160℃时，下入"三鲜串"，炸熟至表皮微脆后，捞出沥净油。在炸"三鲜串"时，铁板需先烤热，涂上一层麻油，垫上洋葱圈，再将炸好的"三鲜串"放在上面，加盖，并随配极品酱上桌即可。

2. 熘法

（1）滑熘菜肴实例：糟溜鱼片

原料：鳜鱼、鸡蛋、水发木耳、白糖、姜汁、湿淀粉、香糟卤、味精、精盐、熟鸡油、清汤、植物油。

操作：将鳜鱼洗净，剔下肉，将头、尾蒸熟，摆在腰盘内；鱼肉切成4厘米×2.5厘米×0.5厘米的片，用蛋清、湿淀粉、精盐、味精、料酒上浆；水发木耳洗净用开水余一下，挤净水待用。炒锅上火，放入植物油烧到150℃时，把浆好的鱼片逐片下入油里滑透，倒在漏勺里沥去油；勺内下入清汤，调入香糟卤、白糖、精盐、味精、姜汁，烧开后撇去浮沫，用水淀粉勾琉璃芡，下入滑好的鱼片、水发木耳推匀后盛装在放有鱼头鱼尾的盘中即可。

综合运用：滑熘鸡丁、滑熘山鸡片等。

（2）软熘法实例：西湖醋鱼

原料：草鱼、黄酒、酱油、姜末、白糖、湿淀粉、米醋、胡椒粉适量。

操作：将草鱼饿养两天，促其排尽草料及泥土味，使鱼肉结实，宰杀去掉鳞、鳃、内脏，洗净。把鱼身劈成雌雄两片（连背脊骨一边称雄片，另一边为雌片），斩去牙齿，在雄片上，从颌下4.5厘米处开始，每隔4.5厘米斜片一刀（刀深至骨），刀口斜向头部（共片5刀），片第3刀时，在腰鳍后处切断，使鱼分成两段。再在雌片脊部厚肉处向腹部斜剖一长刀（深约 4～5 厘米），不要损伤鱼皮。将炒锅置旺火上，舀入清水 1000 克，烧沸后将雄片、雌片并排放入，鱼头对齐，皮朝上（水不能淹没鱼头，胸鳍翘起）盖上锅盖。待锅水再沸时，揭开盖，撇去浮沫，转动炒锅，继续用旺火烧煮，前后共烧约 3 分钟，用筷子轻轻地扎鱼的雄片颌下部，如能扎入，即熟。炒锅内留下 250 克清水（余汤撇去），放入酱油、绍酒和姜末调味后，即将鱼捞出，装在盘中（要鱼皮朝下，两片鱼的背脊拼连，鱼尾段拼接在雄片的切断处）。把炒锅内的汤汁，加入白糖、湿淀粉和醋，用手勺推搅成浓汁，见滚沸起泡，立即起锅，徐徐浇在鱼身上，即成。

（3）焦熘菜肴实例：松鼠桂鱼

原料： 桂鱼、番茄酱、盐、糖、白醋、葱姜蒜、料酒、油。

操作： 将桂鱼洗净，切去头，取下颌部位做成松鼠头状，鱼身去龙骨、腹骨，尾部相连不断，在肉面剖上松鼠花刀，成生坯。葱姜洗净分别切成葱段、姜片，和松鼠鱼生坯放一起，加盐、料酒、味精腌渍 15 分钟后控净水分。锅上火，油加热至 160℃，烧油的同时将松鼠鱼生坯拍粉，抖干多余的粉后做成松鼠形状下入 160℃的油锅初炸定型后捞出，鱼头同时炸熟放入盘中，油温升高至 200℃时将桂鱼再次入油锅中炸至金黄色捞出装于有鱼头的盘中。另取葱蒜分别加工成葱段和蒜头一起拍松，锅上火加少许油将葱蒜用小火炒至香味出，捞出葱蒜，加番茄酱、白糖炒至颜色加深后加水、盐、白醋烧开后用水淀粉勾芡，舀入热油啸汁（行业术语，是指高温油加入卤汁使卤汁瞬间融入热油形成气泡翻滚，增加卤汁的亮度，也称跑滋或跑汁），在松鼠鱼身上浇上调好的番茄酱汁即可。

3. 爆法

油爆菜肴实例：油爆双脆

原料： 生猪肚头、鸡肫、葱姜蒜末、精盐、味精、清汤、绍酒、湿淀粉、精炼油、食碱。

操作： 将肚头去外皮和里筋，两面剖上直刀（兰花刀），切成 1 厘米×2.5 厘米的块，将食碱用温水按照 2%的浓度融化，将剖刀后的肚头进碱水浸泡 30 分钟，取出漂水漂净碱水。鸡肫去青筋和里皮剖十字花刀切成和肚头大小一致的块。取一个碗加入清汤、湿淀粉、精盐、味精、绍酒调成碗芡（兑汁芡）待用。将肚头、鸡肫入 150℃热的油锅内过油断生，倒入漏勺控油。锅中留底油用葱姜蒜末炝锅，倒入肚头、鸡肫，碗芡翻炒均匀出锅装盘即成。

4. 扒法

扒法实例：雪菜小黄鱼

原料： 小黄鱼、雪菜、盐、味精、酱油、黄酒、葱段、姜片、蒜片、白糖、

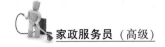

鲜汤、干辣椒段、调和油。

操作：将小黄鱼洗净，去除内脏、鱼鳃。雪菜洗净切成 0.5 厘米长的碎粒，泡水 30 分钟后捞出挤干水分。锅中加油烧至 150℃ 时加入干辣椒段、葱段、姜片、蒜片炒香，将小黄鱼逐条有序摆放在锅中，稍煎后加黄酒、酱油和鲜汤，烧沸后加雪菜和其他调味料，大火烧开后改中小火加热，至汤汁浓稠时大翻锅，然后装盘即可。

5. 煨法

煨法菜肴实例：白煨脐门

原料：熟鳝鱼腹肉、虾籽、盐、酒、白胡椒粉、葱、姜、味精、油、蒜、鲜汤、蒜油。

操作：将鳝鱼腹肉洗净切段，入沸水中稍烫以去腥味，控净水分待用；锅中加油加热至 180℃ 时将鳝鱼肉入锅炸酥倒出沥油；原锅放火上，加油炒香葱、姜、蒜、虾籽，加入鲜汤、鳝肉、酒，用大火加热至沸，改中火加盖加热约 30 分钟，调味淋入蒜油，撒白胡椒粉即可。

技能训练 4　制作 5 种中餐糕点

（1）糕点实例一　葱肉锅贴（以 30 只计）

原料：中筋面粉 250 克，沸水 100 毫升，冷水 25 毫升；猪前夹心肉 350 克，葱末 75 克，姜末 10 克，绍酒 15 毫升，盐 8 克，酱油 25 毫升，白糖 25 克，味精 3 克，清水 75 毫升，调和油 100 毫升。

操作：馅心调制：将猪肉剁成肉泥，加姜末、绍酒、酱油和精盐搅拌入味，然后分两次加入清水，搅拌至发黏上劲后再放入白糖、味精、葱末拌匀成馅。面团调制：将面粉放于案板上，中间扒一塘，加沸水调成雪花面，再淋冷水和成热水面团，饧制。生坯成形：将面团揉光，搓条，摘成 30 只小剂。逐只按扁后用双饺杆擀成直径 9 厘米的圆皮。用左手托住圆皮，右手挑入馅心，然后像捏月牙蒸饺一样捏成生坯。生坯熟制：将平底锅上火，烧热后放入色拉油滑锅，锅离火，将生坯排好，盖好锅盖上火，稍加热，开盖倒入少量热水，盖严后中小火加热，待水烧干时，再加少许热水，煎 5 分钟左右，煎至饺子表皮鼓起、光亮，底呈金黄色，香味四溢时出锅装盘。

（2）糕点实例二　双麻酥饼（以 30 只计）

原料：低筋面粉 120 克，熟猪油 60 克；中筋面粉 120 克，微温水 65 毫升，熟猪油 15 克；香肠 150 克，葱花 75 克，板油丁 75 克，精盐 2 克，味精 1 克；脱壳白芝麻 150 克；蛋液 50 毫升。

操作：馅心调制：把香肠煮熟，切成丁，与葱花、板油丁、精盐、味精拌匀成馅。面团调制：取低筋面粉、熟猪油，擦成干油酥；取中筋面粉、微温水、熟猪油，揉擦成水油面。生坯成形：将水油面按成中间厚周边薄的皮，包入干油酥，收口捏紧向上，揿扁，擀成长方形面皮，横叠 3 层，再擀成长方形，顺长边切齐，由外向里卷起，卷成 3 厘米直径的圆柱体，用蛋清封口。卷紧后搓成长条，摘成 30 只剂子。将每只剂子侧按，擀成圆皮，周边抹上蛋清，包入馅心，然后将收口捏紧朝下放，制成圆饼状。在每只饼的正反表面抹上蛋清，再粘上芝麻成生坯（收口朝下放）。生坯熟制：将生坯放入刷过油的烤盘中，放入底火 200℃，面火 220℃ 的烤箱中烘烤 15 分钟呈淡黄色即可装盘。

（3）糕点实例三 干菜包子（以 35 只计）

原料：中筋面粉 500 克，干酵母 7.5 克，泡打粉 7.5 克，白糖 25 克，微温水 275 毫升；梅干菜 250 克，猪前夹心肉 200 克，鲜冬笋 100 克，香葱 15 克，生姜 15 克，虾籽 1 克，料酒 20 毫升，酱油 25 毫升，精盐 5 克，白糖 30 克，熟猪油 80 克，味精 3 克，淀粉 5 克。

操作：馅心调制：将猪前夹肉洗净、焯水，入水锅加葱（10 克）、姜片（10 克）、料酒（10 毫升）煮至七成熟捞起晾凉，切成 0.3 厘米见方的肉丁；将鲜冬笋焯水后也切成 0.3 厘米见方的笋丁；梅干菜用热水泡开、洗净、切碎，再煮 0.5 小时，晾凉挤干待用。炒锅上火，放入熟猪油烧热，放入葱末（5 克）、姜末（5 克）、肉丁煸炒，加料酒（10 毫升）、虾籽、酱油、精盐、白糖、少许肉汤，烧沸入味，倒入冬笋同煮，煮至卤汁稠浓，再倒入梅干菜略焖，汁收干后勾芡，加入味精冷却即成馅。面团调制：将面粉倒在案板上与泡打粉拌匀，中间扒一塘，放入干酵母、白糖，再放入微温水调成面团，揉匀揉透。用干净湿布盖好醒发 15 分钟。生坯成形：将发好的面团揉匀揉光，搓成长条，摘成 40 只面剂，用手掌拍扁，擀成 8 厘米直径中间厚、周边薄的圆皮。包捏时左手掌托住皮子，掌心略凹，用竹刮子上馅，馅心在皮子正中。左手将包皮平托于胸前，右手拇指和食指捏，自右向左依次捏出 28 个皱褶，同时用右手的中指紧顶住拇指的边缘，让起过皱褶以后的包皮边缘从中间通过，夹出一道包子的"嘴边"。每次捏褶子时，拇指与食指略微向外拉一拉，以使包子最后形成"颈项"，最后收口成"鲫鱼嘴"，用右手两指将其捏拢即成生坯，放入刷过油的蒸笼中，饧发 20 分钟。生坯熟制：将装有生坯的蒸笼放在蒸锅上，蒸约 7 分钟，待皮子不粘手、有光泽、按一下能弹回即可出笼，装盘。

（4）糕点实例四 粢毛团（以 20 只计）

原料：细糯米粉 225 克，细粳米粉 150 克，沸水 125 毫升，凉水 25 毫升；鲜肉馅心 200 克；糯米 125 克。

操作：馅心调制：用鲜肉泥、调味品和水调制成鲜肉馅。糯米浸泡：将长糯米淘净，静置四五个小时即可沥干待用，使用前用沸水烫热。粉团调制：将细糯、粳米粉放入盆内拌和，中间扒一塘，加沸水调成雪花状，续略加冷水揉制成团坯。生坯成形：将粉团揉匀、搓条、下剂，把剂子按扁捏成窝状，放入

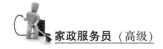
鲜肉馅心，捏拢收口，投入烫过的糯米中滚动，使团面粘附上糯米，再整齐排放在蒸笼内。生坯熟制：将装有生坯的蒸笼放上蒸锅蒸约10分钟至米粒饱满成熟即可下笼，装盘。

（5）糕点实例五　香炸土豆饼（以40只计）

原料： 土豆泥250克，水磨糯米粉150克，绵白糖150克，澄粉50克，沸水75毫升；豆沙馅300克；面包糠150克；蛋清40毫升，色拉油2升（实耗50毫升）。

操作： 馅心调制：豆沙馅。粉团调制：将土豆去皮、切片、蒸熟、塌成泥；将清水倒入锅中烧沸，加入澄粉迅速拌匀，然后倒在案板上揉成光滑的面团；将土豆泥、绵白糖、澄粉团、糯米粉揉匀成光滑的粉团。生坯成形：将粉团揉光、搓条、下成40只剂子，把剂子搓成团，捏成窝，包上馅心，收口成球形，用拇指按成中间凹的圆饼形，抹上蛋清，沾上面包糠即成。生坯熟制：炒锅上火，放入色拉油，待油温升至90℃时，将生坯放入漏勺中下锅，逐渐升温，炸至金黄色时捞出沥油，装盘。

技能训练5　研磨咖啡豆并煮制咖啡

常见的方法是选用专门的煮咖啡机。将咖啡豆放入咖啡机后启动程序，咖啡机会自动完成研磨并煮制。下面介绍两种常见的咖啡冲调方法，如图2-21、图2-22所示。

图2-21　咖啡研磨机　　　　　图2-22　煮咖啡机

（1）蒸馏式冲调法　此法也称虹吸式冲调法，如图2-23所示。

用具：上层提炼杯、滤布网、下层烧杯、台架、酒精灯，规格有1、3、5人份三种。

用量：1人份的咖啡约需咖啡粉15克，水125～138毫升。

煮制时，先将上层提炼杯底部装上过滤网，将弹簧链钩套牢，使之固定好，倒入咖啡粉。另将温开水倒入下层烧杯中，以酒精灯加热，等水沸腾时，直接插入装好咖啡粉的上层提炼杯，因蒸汽的压力，沸水经导管上升至提炼杯，待水完全上升后，将火转小，并以竹片轻轻搅拌咖啡粉 2~3 圈，力量不要太大，也不要碰到过滤布，然后移开火源，用湿纸巾擦拭下层烧杯底部，使其内部压力骤减，提炼杯中的咖啡因重力关系就流入下层烧杯内，除去上层的提炼杯，此时下层烧杯中的咖啡就可以倒出饮用。咖啡与水的混合时间依据咖啡的品种不同而定，一般在 1~2 分钟不等。

（2）咖啡壶式冲泡法

用具：开水壶、网架过滤网袋、瓷或玻璃的咖啡壶，如图 2-24 所示。

用量：应根据客人对咖啡味道的需求来确定咖啡与水的比例，一般而言，每 50 克咖啡可以加 100 克水。

冲泡时，按量烧沸开水，并烫温咖啡壶，同时将研磨好的咖啡粉轻轻放入过滤网袋，支好网架，咖啡壶置于袋下，然后开始冲泡。第一次冲泡以 90℃热水由内往外浇圆圈淋入 1/3 量的热水；20~30 秒后，以 95℃的热水，由外往内浇小圆圈淋入 1/3 热水；30 秒后，第三次以 85℃的热水由低慢慢拉高往正中央淋入剩余热水。滤尽后，用细火将咖啡壶温热，温度保持在 96℃左右，然后再注入咖啡杯中饮用。

图 2-23　虹吸式冲调法

图 2-24　咖啡壶式冲泡法

复习思考题

1. 制作水果拼盘需要注意哪些问题？
2. 软体类动物原料的加工要注意什么问题？
3. 常见碱水涨发原料的方法分类及操作要领有哪些？
4. 常见的复合味型及调制方法有哪些？
5. 汤的形成原理及制汤需要注意哪些事项？
6. 茸胶的种类及特点有哪些？
7. 中餐糕点面团的种类及调制方法有哪些？
8. 咖啡的主要种类及特征有哪些？

第三章

美 化 家 居

培训学习目标

1. 掌握美化居室中插花作品的保鲜和养护。
2. 花卉造型品类，家具、饰品空间布置的方法和注意事项。
3. 掌握美化庭院中花木生长特点与养护。
4. 熟悉草坪机使用的方法与注意事项。

第一节　美化居室

一、插花作品的保鲜和养护方法

1. 插花保鲜

花卉是一种有生命的物质，在生长过程中依靠根系从土壤里吸收水分和无机盐等，又通过茎叶受阳光的照射，进行光合作用，吸取和制造养分，满足植物体各个生长阶段的需要。当花卉的枝叶被剪下后，原来叶面水分蒸腾与根系吸水之间所建立的水分平衡和养分吸收关系遭到了破坏。此时的切花，自然是难以维持生机，势必导致衰老枯萎。所以要求掌握正确的取花时间和处理方法，控制水中微生物的增长，及时供给养料和控制切花的呼吸强度。具体可以从以下几个方面考虑：

（1）选择和采剪　要想有一件好的鲜花插花作品，必须选择新鲜的花材。鲜花美是因为新鲜，选择新鲜的花材是制作插花的第一步。通常鲜花出口大国，尤其是荷兰的鲜花在采摘后都会进行物理和化学的保鲜处理，使鲜花的寿命延长。目前，国内鲜花保鲜处理水平尚低，生产商也未充分认识到这一问题的重要性，故大多数花材未做保鲜处理，寿命相对较短。选购花材时应注意：花朵

充实、饱满、无伤、色彩鲜明；叶绿、无病害、新鲜；茎秆粗壮、挺直、较长；切口整齐、干净、颜色正常、无腐败变色现象、手摸切口干净、无滑腻感。

为了让花能长时间绽放，在切取花枝时，切口最好削成45度的斜面，这样可以扩大吸水面积，也可以把花茎基部敲裂，来帮助吸水。另外，在用于插花的水中，加入少量食糖，可以使花所需要的养分得到补充。加入少量食盐可防止细菌滋生，若加入少量维生素C，对花的保护作用就更大了。花插好后，应放在空气流通、光线适宜的地方。要经常换水，防止花、叶掉入水中，污染水源。换水时，要将基部已不新鲜的切口剪去一部分，再插入水中。

剪取切花要用锋利的刀，以清晨或傍晚为宜。浸液用20℃的凉开水。插入水中的叶片要剪掉。室内温度以15～20℃为佳。若在插花液中加入少量的砂糖或一两片阿司匹林药片，可利于保鲜，其花色更艳。在挑选不同的鲜花时要有不同的判别标准，具体见表3-1。

表3-1　鲜花选择要点

花　材	选　择　要　点
玫瑰	宜选尚未开放的花梁。花朵充实有弹性。花瓣微外卷，花蕾呈桶形
剑兰	露色花苞较多，下部有1～2朵花开放，花穗无干尖、发黄、弯曲现象
菊花	叶厚实、挺直。花果半开，花心仍有部分花瓣未张开
康乃馨	花半开，花苞充实，花瓣挺实无焦边，花萼不开裂
扶郎花	花瓣挺实、平展、不反卷、无焦边，无落瓣、发霉现象
安祖花	苞片挺实有光泽，无伤痕，花心新鲜、色嫩，无变色、不变干
兰花	花色正，花朵无脱落、变色、变透明、蔫软现象，切口干净、无腐败变质现象
百合花	茎挺直有力，仅有1～2朵花半开或开放（因花头多少而定），开放花朵新鲜饱满，无干边
郁金香	花钟形，饱满鲜润，叶绿而挺
满天星	花朵纯白、饱满，不变黄，分枝多、盲枝少，茎干鲜绿、柔软有弹性
勿忘我	花多色正，成熟度好、不过嫩，叶片浓绿不发黄，枝秆挺实分枝多、无盲枝，如有白色小花更佳

（2）物理保鲜法　插花中使用的花材早萎的原因主要是水分供应不上，花材保鲜的关键在于必须有足够的水分。要保持植物的新鲜需要采用多种方法，见表3-2。

表3-2　鲜花选择技巧

方　法	技　巧
末端击碎法	将花梗末端（1寸左右）击碎，使吸水面积扩大。一般木本花枝如玉兰、绣球、丁香、牡丹、紫藤等，可多多使用此法

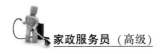

（续）

方　　法		技　　巧
浸烫法		将草本花卉基部浸于沸水中约10秒钟，或在热水中浸2分钟，取出后再浸入冷水中，可起到梗塞切口，防止花卉组织液汁外溢的作用。多用于草本花卉热水浸泡法
茶水法		插在花瓶里的无根鲜花容易凋谢，一般清水插花花期超过三四天就会逐渐枯萎。如果用茶水（也可用新泡的茶水，但必须待茶水完全冷却后才能用）来代替清水，可延迟插花凋谢的时间，鲜花在7天内一般不会凋谢
急救法		鲜花垂头时，可剪去花枝末端一小段，再把它放在盛满冷水的容器中，仅留花头露于水面，经1～2小时，花枝就会苏醒过来，草、木本花卉均适用
啤酒法		在插着鲜花的瓶子里加进一点啤酒，或将花插入剩有泡沫的啤酒瓶里，再添加适量的清水，结果会发现，这些鲜花的保鲜期延长了。这是因为，啤酒中含有乙醇，能为花枝切口消毒防腐，又含有糖及其他营养物质，能为枝叶提供养分
冰箱保鲜法		全家外出时，把瓶养插花取出用塑料袋装好放在冰箱中保存，可保持数日不凋，回来后取出插在花瓶中，又可栩栩如生
灼焦法		把花枝末端放在蜡烛火焰上烧焦后，立即放入酒精溶液中浸1分钟，再用清水漂洗
水处理法	浸泡法	鲜花易因高温而萎软，可将其连茎叶浸在水中，增加吸水面积
	注水法	鲜花花梗中空易失水，可以用水枪或针筒将水分灌入梗中，再以棉花塞住，可延长花期
	逆水法	将花材倒拿，用喷壶逆向浇灌，水分逆向流入花茎并流过梗及叶片，增大吸水面积
热处理法	热水法	将花朵以报纸包妥，仅露出茎末浸于热水中约30秒，可杀死部分细菌，延长花期
	烧灼法	有些花材会分泌黏液阻塞切口，造成吸水不良，可以火烧其切口处，直到切口变黑不会分泌黏液

　　（3）鲜花保鲜剂　花卉，尤其是鲜切花，采后为了保持最好的品质，延迟衰老，抵抗外界环境的变化，常常采用花卉保鲜剂予以处理。花卉保鲜剂包括一般保鲜液、水合液、脉冲液、花蕾开放液和瓶插保持液等。在采后处理的各个环节，从栽培到批发、零售、消费，都可以使用花卉保鲜剂。许多切花经保鲜处理后，可延长花卉寿命2～3倍。花卉保鲜剂能使花朵增大，保持叶片和花瓣的色泽，从而提高花卉品质。大部分商业性保鲜剂都含有碳水化合物、杀菌剂、乙烯抑制剂、生长调节剂和矿质营养成分。

　　瓶插保鲜液的种类繁多，不同的种类有不同的保鲜液配方。由于一些切花丛茎端和淹在水中的叶片分泌出有害物质，会伤害它们自身和同一瓶中的其他花卉，因此每隔一段时间，应给花瓶调换新鲜的保鲜液。

插花作品可以用市场上的保鲜剂，也可以用自己配制的保鲜剂。例如，无菌水溶液：用100毫升凉开水，加入大约2毫升纯酒精和2克食糖调匀。花枝插入深度以3～4厘米为宜，每隔2天更换一次溶液。此法对菊花、樱花、香石竹等都有保鲜作用。营养保鲜剂：在1升凉开水中放入40～50克的蔗糖、0.15～0.2克的硼酸（用柠檬酸亦可）和0.1克的维生素C，再加入少许食盐。保鲜剂溶液每隔3～5天更换一次，它对于丁香、水仙及香石竹等花的保鲜效果极佳。洗洁精保鲜剂：取洗洁精少许，使它溶解在温水中，配成2%～4%浓度的溶液，将斜切好的鲜花枝迅速浸入溶液中，最好保持水深在5厘米左右，这样可延长鲜花寿命2～3倍以上。阿司匹林溶液：阿司匹林具有使叶片气孔关闭和杀菌防腐的作用，用1/3000倍的阿司匹林溶液插花，一般能延长各种鲜花的花期7～10天。

（4）一些花卉的特殊处理方法

蔷薇花：在其剪口处用火炙一下再插入瓶中。

菊花：在养菊花的清水中加入微量的尿素或土壤浸出液，可使瓶插菊花长达30天才凋谢，比用一般清水可延长10多天。

白兰花：晚上用湿布包裹，白天揭开，可使花的凋谢时间推迟2～3天。

芙蓉花：先插入热水中1～2分钟，再插入凉水中。

大丽花：剪口浸入热水中片刻，再插入冷水中。

牡丹花：先用热水浸切口，然后再插入冷水中。

山茶花：插入淡盐水中。

百合花：插入糖水中。

梅花：剪口切成十字型，浸入水中。

杜鹃花：切口用锤击扁，先在水中浸2个小时，可保鲜相当长时间。

郁金香：数枝扎束，外卷报纸再插入瓶中。

莲花：折下后用泥塞住气孔，再插入淡盐水中。

水仙花：插养在千分之一的淡盐水中。

2. 养护方法

对于鲜花作品来讲，插制完成后，有一个良好的陈设环境固然重要，但经常的养护管理也是不可忽视的。加强对鲜花花材水养管理是延长鲜花作品的观赏期、表现作品最佳艺术的基础条件。选购的插花花艺作品，有的可以直接放入容器中水养，有的可以插在花泥中固定。插花容器最好使用陶制品，年代越古老越好，瓷器、玻璃容器次之，塑料容器最差。插花用水首选的是井水，清澈的河水、湖水、泉水也可以，如果在没有条件的情况下，可使用自来水，但必须经过一段时间的放置，以便自来水中的消毒剂挥发完后方可使用。插花用水要经常更换，换水时，顺便将腐烂的花枝清除，对切口进行回剪。切忌将花枝的叶子浸没在水中，这样叶子极易腐烂。另外，插花作品应当摆放在整洁、明亮的环境中，切忌将插花作品放在直射的阳光下，或在冬天靠近热源处。室内更不宜有烟味，必须保持室内空气新鲜而流通。对于部分鲜切花如桃花、梅花、牡丹等木本花卉，将切口放在火源（酒精灯、煤气炉、蜡烛灯）上烧灼至焦黑；大丽花、百合、康乃馨等草本花卉，将切口放入酒精中消毒，然后再插入花瓶，可延长插花的寿命。在插花用水中可放入3%的阿司匹林药片，2%的高锰酸钾或少量烧酒，可以延长插花寿命，在插花的水中放少许的洗洁精或白糖也可以达到延长寿命的效果。插花作品陈设后的养护管理至关重要，管理及时，措施得当，可以保证插花作品保持新鲜、整洁、优美的外貌，大大延长其观赏期。插花作品的养护要点如下：

（1）温度 插花作品不要放在温度过低（不低于5℃）或过高（不高于25℃）的地方，尽可能保持温度稳定。夏季远离空调，冬季远离暖气。尤其是不能在出风口的位置。

（2）水分 为保持插花作品中花材的新鲜，要及时加水或换水，水质要清洁，可用井水或凉开水，不可直接使用自来水，如果只能使用自来水，必须事先把自来水放在容器中放置1~2天，让氯气挥发后再使用。加水或换水后要使水深浸没切口。对于盘类容器，水深以浸过花插为宜。瓶类容器的水深应在瓶身最宽处，使水面与空气的接触面最大，以利于通气，减少细菌感染，延长观赏寿命。

（3）空气湿度 环境空气湿润有利于保持花材的新鲜，如有条件，可使用加湿器，以增加插花作品周围的空气湿度。也可用喷雾器在花材周围喷水，以增加环境的湿度，保持花材的新鲜。对于比较复杂的插花作品，如果不方便更换容器中的水，只能经常向花材周围喷水，喷水次数因季节而不同。

（4）光照 插花作品最好放在居家的半阴处，千万不能长时间在阳光下暴晒，这样会加速花材的萎蔫。

（5）风 插花作品最好放置在开窗通风的室内，避免有害气体的侵害，但不宜放在风大处。如果室外的风力过大（3级以上）必须关上门窗，防止插花作品倒伏或被强风伤害。另外，插花作品也不能放在空调或暖气的出风口较近的位置，这样也极易加速花材萎蔫。

（6）清洁 在插花前要洗涮干净容器，使用过程中还要结合换水，加以清洗。

（7）气体 插花作品的附近不宜放置水果。水果会释放出大量的乙烯，它是一种对鲜切花有害的气体，能引起鲜切花过早凋萎。对于鲜切花而言，只要一点点乙烯就能诱发其过早凋萎。而水果产生和释放的乙烯量，远大于鲜切花所能承受的量，因此鲜切花不能和水果放在一起。

总之，鲜切花作品首先要选择没有阳光直射、空气流通、温度较低、湿度较大的地方，背景和放置插花作品的台面要求洁净浅淡，不宜华丽浓艳而喧宾夺主，要求单向受光，插花作品背面不可有光射入，以免影响欣赏效果，也不宜放在风大、暖气口以及水果附近，否则会大大缩短欣赏期。

二、花卉造型品类与造型技术方法

1. 造型的基本原理

插花的造型取决于它的题材、内容和花卉、器皿等的形状、大小，以及插花所处的环境等诸方面因素。插花的造型千变万化，有着各种不同的形态，但又有一些规律可循。一般可将造型结构分成两类，即对称的构图法和不对称的构图法。

对称的插花是在假定的中轴线两侧或上下均齐布置，为同形同量，呈完全相等的状态。欧美插花中较多地采用对称形式。它的特点倾向于统一，条理性强，但须防止单调和呆板。经常使用对称插花的有餐桌上的台花、送礼的花篮、迎宾花束、新娘捧花和花环等。

对称的插花不太讲究花体与花器之间的比例关系，以稳固为度；也不太讲究疏密变化，主要是匀称排列。常见的造型有球形、半球形、扇面形、金字塔形、瀑布形等。插花时花体位置的确定比较容易，可以通过插入五支或三支花来确定。四面观赏的花体可以用五支花定位，其方法是将第一支花插在顶部，确定花体的高度，另外四支花插在花体的前后左右，以确定花体的宽度，其他的花在限定的范围里插入。单面观赏的花体用三支花定位，其方法是将第一支花插在顶部，确定花体的高度，另外两支插在左右两侧，限定宽度。

不对称的插花通常以不等边三角形的构图方法来确定造型，充分发挥线条的变化。其特点是以不对称的均衡为原则，富于变化，可以得到活泼自然的艺术效果。这种插花使用的范围广泛，能够表现作者的思想，意境深邃。

不对称插花不易掌握，刚开始学习插花可以先按照一定的比例关系进行配置。插花前，先大致上构思出一个图案来，然后挑选三支花材作为主枝，按照一定的比例插入。一般插花形式按三主枝高度计算法：

第一主枝长 =（花器高 + 宽）×1.5，

第二主枝长 = 第一主枝长 ×2/3，

第三主枝长 = 第二主枝长 ×2/3。

三主枝长度比例关系确定之后，还要运用一个不等边三角形轮廓的定位方法。这种方法的造型变化比较大，只要掌握住比例关系，把三支花的位置、角度略微变化一下，就能够产生各种不同形状的图案来。

不对称的插花造型恰似一杆秤，两边的距离虽有长短，但重心位置始终在

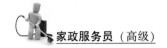

插花器皿中心，因此能够保持重心的平衡。在平衡的关系上，对花材的布局又有所要求。一般来说，插花配置要掌握六法，即高低错落、疏密有致、虚实结合、仰俯呼应、上轻下重、上散下聚。

2. 造型的基本形式

不论是在古代还是在现代，插花的造型都有一定规律可循。中国古代的插花形式，对现代插花影响很大。对于插花的方法，明朝文学家袁宏道曾作过这样的归纳："一枝二枝正，三枝四枝斜；宜直不宜曲，斗清不斗奢。""插花不可太繁，亦不可太瘦。多不过二种三种，高低疏密，如画苑布置方妙。"张谦德曾说："假如瓶高一尺，花出瓶口一尺三四寸；瓶高六七寸，花出瓶口八九寸乃佳。忌太高，瓶易仆，忌太低，雅趣失。"清朝陈淏子也有"若二枝须高下合宜"之说。按照插花主枝在花器中装饰的位置，大致可以归纳出四种基本样式，即直立式、倾斜式、悬崖式和平卧式。每种形式都有一定的变化范围。

（1）直立式插花　直立式插花是以第一主枝基本呈直立状为基准的，所有插入的花卉，都呈自然向上的势头，趋势也保持向着一个地方。整个作品充满了蒸蒸向上的勃发生机。每一支花卉的插入，都要有艺术构思，突出主题，力求层次分明，高低错落有致。第一主枝在花器内必须插成直立状。第二主枝插在第一主枝的一侧略有倾斜。第三主枝插在第一主枝的另一侧也可略作倾斜，后两支花要求与第一支花相呼应，形成一个整体。

在直立式插花的变化范围内，有一个位置呈垂直状，我们称其为直上的直立式。有人单独地把它列为一型。直上的插花，第一主枝必须插成垂直状态，不能出现弯曲和倾斜，第二、三主枝基本上也呈垂直状，不能有大的弯曲度。

（2）倾斜式插花　倾斜式插花是以第一主枝倾斜于花器一侧为标志。这种样式的插花具有一定的自然状态，如同风雨过后那些被吹压弯曲的枝条，重又伸腰向上生长，蕴含着不屈不挠的顽强精神；又有临水之花木那种"疏影横斜"的韵味。姿态清秀雅致，耐人寻味。

第一主枝表现的位置是在垂直线左右各30度之外，至水平线以下30度为止的两个90度的范围内。倾斜式插花的第一主枝变化范围最大，可以在左右两个90度内确定花体位置。但在确定第一主枝的位置时，应尽可能避开与花器口水平线相交的位置，更忌讳三主枝插在同一水平层次上。

第二、三主枝都围绕第一主枝进行变化，但不受第一主枝摆设范围的限制，可以成直立状，也可以是下悬状，总之是与第一主枝形成最佳呼应态势为原则，保持统一的趋势。这就好比是自由省长的花木，都朝着一个方向，竞相取得阳光的照射一般。

（3）悬崖式插花　悬崖式插花是以第一主枝在花器上悬挂下垂，作为主要造型特征。形如高山流水、瀑布倾泻，又似悬崖上的葛藤垂挂。花枝要求柔枝蔓条，清疏流畅，使其线条简洁而又夸张，这样方能使期显得格调高逸。垂挂式的插花，较多运用于高花器中，对使用花材的长度没有明确的规定，可以长些，也可以短些，主要是根据花器情况和摆设位置来决定。为了便于说明垂挂式插花，仍然按原定的标准比例介绍。

第一主枝插入花器的位置，是由上向下弯曲在平行线以下 30 度外的 120 度范围里。花卉枝条可以适当保持弯曲度，使作品充满曲线变化的美感。例如用常春藤，可以除去部分叶片，减轻枝的重量，让其自然下悬；也可以用金属丝对常春藤做机械弯曲，同样能够收效。如果使用的是花枝，花头的朝向应与视角一致。视角高的，花头向下；视角低的，花头朝下。花的观赏面要对着人的视觉点，以保持最佳观赏角度。

第二、三主枝的插入，主要是起到稳定重心和完善作品的作用。插入的位置可以有所变化，但同样需要保持趋势的一致性，不能各有所向。

（4）平卧式插花 平卧式插花是以全部花卉在一个平面上表现出的样式。造型如同地被植物匍匐生长的姿态，花枝间没有明显的高低层次变化，只有向左右平行方向做长短的伸缩，同样具有装饰性。平卧式比较适合于餐桌布置，避免挡住就餐人的视线，又适合于俯视的装饰环境和受到环境因素限制的地方摆设。

插花中三主枝虽然都在一个平面上，但每一支花的插入也是有长有短，有远有近，也能形成动势。一般是将第一主枝插在花器的一侧，第二主枝插在另一侧，第三主技根据作品重心平衡情况插入。当然造型决非仅此一种，可以有许多变式。例如当花器摆放在一侧靠壁的地方时，第一、二主枝可以在同一侧出现，平衡关系由第三主枝解决。

在插花中，很少会出现平角度的造题，即没有绝对水平造型的插花，平卧只是相对的。一般情况下，花枝在水平线上下各 15 度范围内进行变化。平卧式插花的协调性较难掌握，但不能因此而放弃协调，应该尽量使花枝之间达成一定的平衡关系。

以上四种插花形式是表现插花的基础，包含了插花造型 360 度的所有位置。但有一些特殊的形式不包括其中。

（5）造型的特殊形式 在插花中有些造型的个性较强，具有一定的特殊性，久而久之被固定了下来。这些形式，有的是基本形中的特殊角，有的并不完全按照基本的插花比例关系。一个形式的位置可以改变，而总体造型却是固定的。常见的造型有：

L 形构图：这种形式的插花多运用在水盆插花上，花枝插入点以花器的一侧为宜，左右均可。以左为例，花插座置于盆心的左边，让第一主枝呈直立状，第二主枝微斜插于左侧，第三主枝在右侧横插于贴近盆面。

　　圆弧形构图：此构图一般采用不封闭的圆弧状或半圆形的造型手法，似圆非圆，线条流畅。圆弧形插花是将花叶综合利用的艺术形式，以花朵为主体，大花或花朵密集的部分为中心，圆弧状向外发展，最外部可以用细长的叶片钩形，创造延伸效果。

　　S形构图：S形插花是以花体曲线安排似S形而得名，与悬挂式插花有相似之处。一般用高身的花瓶或在高位插花采用此法。花材的选择以具有曲线的花枝为主，也可选用穗状花序的花枝，再配上其他的花朵做陪衬。

　　放射形构图：放射状的插花方法是以花器的某一点作为中心，花枝向外伸展。花枝的插入可以是对称的，也可以做不对称状，但都应是呈花枝四散状态。花材的择取多用剑状花叶，如唐菖蒲、银柳、棕榈叶等。

　　塔形构图：所谓塔形构图是以主体花呈直立状，上尖，向下渐宽，似宝塔状。花材以草本花木为主，使用的量较大。

3. 插花固定技巧

　　（1）折枝固定法　有些花卉枝条比较硬直，不易弯曲，如枇杷、枫、松和贴梗海棠等；有些花卉形态有缺陷或固定时有困难，又不宜用金属丝绑扎，可采用折枝的方法处理。折枝固定造型，就是将花枝的某个部位折裂，但不能过分，以不断裂、稍有弹性为好。方法是用双手握枝，两拇指抵于折口处，双手用力弯曲枝条。如果枝条的韧性较强，弯枝后依然反弹回原位。可以在折口弯曲时嵌入小石子或小木块，防止折枝复位。

　　（2）夹枝固定法　花枝插入花瓶时，常会出现移动和不入位的现象，令插花作者伤脑筋。为了能使花枝牢固地插在花瓶里，应根据花材的具体情况，分两种方法解决。一种方法是采用横枝夹缚固定。在需要插入的木本花枝尾部，做纵向剪切一豁口，夹上一段小枝。花枝与小枝呈十字交叉状，然后插入瓶中，使花枝与花瓶有三个支撑点，达到固定目的。另一种方法是采用直枝夹缚固定。其夹缚的枝条呈纵向，附枝长度根据花瓶深度确定。附枝上部伸出较短，能绑住花枝即可，另一头较长，一直伸到花瓶的底部。这种方法最适宜在长花瓶和剑筒中使用。

　　（3）瓶口插架固定法　瓶口插架的形状很多，主要是为了解决花瓶口大，不易固定花枝的难题。在大口花瓶中表现倾斜度较大的花枝时，可以采用十字形固定架，让花枝靠在插架十字交叉的夹角处。这样花枝就不会有大的移位了。如瓶口面积不太大，可以安置Y形固定架，枝基支撑在瓶内壁上，枝腰靠在插架的凹口上。

　　（4）切口固定法　在使用插座插花时，有些木本花卉较粗硬，难以插入花桶座。为了便于固定，一般采用基部切口的方法，就是根据花材造型需要截取后，在切口处纵向切上几刀，形成若干个小豁口，让花技能顺利地插入花瓶座。

这样既方便了花枝的固定，又扩大了创面，有利于花枝吸收水分。

（5）斜面切口固定法　插花材料处理，除了对粗硬的木本花卉枝条用切碎枝梗的办法外，一般的木本花卉和较硬的草本花丹，都采用斜面切口的办法。例如银柳、蜡梅和菖兰等花枝均宜用斜面切口插入花插。若插直立的枝条，只需将花梗向下用力插就能插入花插。若要插成倾斜的形状，可先把花枝插成直立状，然后再将花枝向需要倾斜的方向推去。

（6）附枝固定法　有些草本花卉质地松软，也有花梗细弱的，如扶郎花、香石竹和金盏菊等，难以固定在花插座上，对此只有采取附枝的办法加以固定。其方法是取一短枝用绳子或金属丝捆扎在花枝的基部，扩大花枝与花插座的接触面，花枝插入花插座就不易倒伏。如果有中空或较疏松的植物，如马蹄莲、卢苇等，也可作附枝处理。方法是截取一段小校插在花插座上，然后把花枝中空的部位对准小枝插入，同样见效。

（7）集团捆扎法　有些野生草花，花色艳丽动人，但花却很小，一两枝花卉体现不出美，好的效果往往要把花集中起来才能显露。因此，在插花时可将花卉握成一团，用绳子或金属丝扎住，然后插入。

（8）花插座连体法　花插座的大小是有限的，有时为了制作大型的插花，单靠一只花插座是不够的。为了多插花，可以把几只花插放在一起，并用几段小树枝横连钉牢。

（9）花插倒扣法　在使用木本花卉插花时，难免会遇到花枝重，花插座轻，造成倒伏现象。此时，可以在花插座的一边再倒扣上一只花插座，以增加重力。

4. 花材处理技巧

（1）金属丝缠绕法　为了支撑某些花枝和克服花卉形态上的缺陷，可以对花卉进行螺旋状攀扎造型。用硬度足以使枝条弯曲成形的金属丝缠绕枝上，按照自己的构思进行弯曲，但金属丝不能太粗，也不能影响插花的观赏效果。有必要时，可以在金属丝上包一层绿棉纸，或者涂上绿色油漆。用这种方法可以使花枝的弯曲变化自如，随心所欲。此法适用于对柔软的花枝做处理。

（2）金属丝穿心法　有些花的花柄中心是空的，如金盏菊、芹菜花和扶郎花等，可以选择粗细适中的金属丝，从切口处插进去，也可以从花蕊的中心插入。这种方法不会影响花枝的外观，又能使花枝弯曲自如，但非中空的花枝，如香石竹、菊花等，不能采用此法。在金属丝穿心过程中，如果碰到花枝上部、近花朵的部分很难穿过时，应根据具体情况，或适可而止，不完全穿透花枝，或做部分穿心和部分缠绕处理。

（3）镶楔造型法　对于粗硬的木本花卉，为了达到自然弯曲的美感，又不露人工的痕迹，可用三角形楔木，镶进要造型的枝体切口内。楔木要求采用同种植物材料，粗细大小也要基本相同。这样制成的花枝造型优美，随合人意，一般很难看出破绽，而且还不会影响枝体吸收水分。

（4）切口弯枝法　木本花枝所需弯曲角度不大，也可用剪刀做斜向切割花茎，切口深度不宜超过花茎直径的2/3，然后用双手紧握切口两侧，慢慢弯曲枝条。如果枝条的韧性较强，可以在切口内镶入小木片。

（5）卷叶法　有一些花卉，如箬叶、书带草等，通过卷曲可以改变原形。其方法是取一张叶片摊平，用一根细棍将叶片由叶尖处向叶梗卷去，抽出细棍，用于反复搓揉，直到放开手，叶片仍具有一定的卷曲为止。假如要表现螺旋状，可以将叶片斜向卷，定型后就呈螺旋状。

（6）圈叶法　叶柄和叶面柔软的叶子，如箬叶、姜花等叶，可以取一张叶片做弯曲，并在叶尖处扎一小孔，然后将叶柄穿入其间。圆圈的大小可以根据需要扩大或缩小。处理时需要防止叶片的撕裂。

（7）支撑定形法　此法是借助外力来改变花形。首先要准备一些金属丝和透明胶，再取需要处理的叶片，叶面朝下放平。找到中央叶脉，将金属丝附在中央叶脉边，并用透明胶粘住。这样需要花枝有多少弯曲都可以随意调节。但切勿将处理的部位暴露在正面。

（8）修叶变形法　植物的叶具有自然的美，有时为了插花造型的需要，对叶形来个再创造，改变原来的形体，使其更符合插花艺术的需要。这类叶片要求展面宽大，质地硬实，如棕榈叶、铁树叶、八角金盘叶等可塑性比较强的植物叶。例如棕榈叶，叶面十分宽阔，掌状深裂构成放射状叶脉，可以修剪成圆形、扇面形，或其他形状。

（9）叶片拉丝法　具有平行叶脉的植物叶，如箬叶等，对其做纵向撕裂，会产生纵向裂痕。若不完全撕透，按叶脉多拉几条丝，能产生纺锤状弧线叶。

（10）叶片翻翘法　长剑形的叶片做翻翘处理时，先在叶的中部纵向切一口子，然后把叶的前部弯曲，从裂口处穿入，当叶片拉出后，翻翘造型即告完成。

（11）枝叶打结法　植物枝条的打结处理能够改变插花造型，但并非任何花枝都能打结，要选择枝条柔软的花材，如结香、垂柳、银柳、迎春、黄馨等花枝。

植物细长的叶片，如书带草、丝兰、鸢尾等叶片，也能做打结处理。打结的紧松根据插花造型的需要确定。

（12）枝叶弯折法　在插花中，为了表现自然，往往会对完整的枝叶，做适当的"破坏"处理。例如为了表现河塘景色，将水盆中插入的菖蒲叶做弯折处理，枝条也是如此。

（13）叶片破损法　一片好好的叶子受到损坏，未免太可惜了，但作为艺术插花的创作，也有用处。例如荷花叶片，若想表现有食叶的动物侵犯过，就可以将叶片边缘剪出一些凹缺，在叶的表面剪出几个洞。若想表现河塘的旧貌，就可以将其中一片叶子撕破，呈现斑刹残损的景象。

（14）枝叶双向下插入法 在艺术插花中，有时为了达到某种艺术效果，可以采用双向插入的方法。例如紫藤、凌霄的藤，柳树、桑树的枝条，甚至马蹄莲的花茎等都可以采用此法。有些比较硬实的叶片，如凤尾兰、铁树等叶，也可采用此法。

（15）树枝倒插法 插花艺术是一种对自然景物再创造的艺术形式，为了达到某种艺术效果，可以打破一般规律，如一些木本的枝条，即便是干枯了，也不会萎缩，所以可以把树枝倒过来插在花器里。有时为了达到某种装饰效果，还可以不插入花器。

三、家具、饰品空间布置方法与注意事项

1. 家具

家具既有实用功能，又能像艺术品一样供人欣赏，因此，在陈设设计中具有十分重要的地位。家具的种类很多，按原料来划分，凡主体是木制的通称木家具；主体是金属的通称金属家具（包括铝合金家具）；凡塑料制成的通称为塑料家具；竹藤制成的通称竹藤家具等。若按用途划分，一般分民用家具，宾馆、饭店家具，办公家具等。若按用料细分，目前市场上家具的种类主要包括：实木（全木）家具、人造板家具（也称板式家具）、弯曲木家具、软体家具、金属家具、聚氨酯发泡家具、玻璃钢家具等。

中国传统家具历史可以一直追溯到我们文化的源头。中国传统家具从新石器时期开始，经过三代到春秋战国以致先秦两汉、魏晋南北朝、隋唐五代和宋元，一直到明代才发展到中国古典家具的顶峰；之后的"清三代"还能承其遗韵，再后就"江河日下"。在民国及新中国成立初期，传统家具虽有所发展，但缺乏足够的影响。中国传统家具在当代能够发展起来，是改革开放20多年来的成果之一。室内设计、装饰行业的不断发展，使家居设计与居室文化的关系越来越密切，也越来越引起行家的重视。

欧式家具以其浓郁的风情、华丽的装饰、精美的造型，带给我们强烈的视觉享受。一讲到欧式家具，很多人都能想到"金碧辉煌"。其实，欧式家具的美丽不仅仅在于它的外表，更重要的是它厚重的历史和经久不衰的传奇。而对于细节的精致处理，大概才是其魅力真正所在。研究的材质、精湛的工艺，加上设计师独具匠心的设计，使得欧式家具向大家展现出特有的贵族气质。

北欧风格以简洁著称于世，并影响到后来的"简约主义""后现代"等风格。北欧家具被普遍认为是最有人情味的现代家居。他们很在意人坐怎样的椅子不会累。被称为"丹麦家具设计之父"的克林特，为研究座椅的实用功能，他会在设计之前画出各种各样的人体素描，在比例与尺寸上精益求精，并运用

技巧将材料的特性发挥到极致。

家具是室内陈设的主体。一件家具首先要满足人们的使用功能，在此基础上才能对其造型、色彩等进行艺术设计，给人们带来美的享受。对家具的定位，首先需要考虑家具的风格样式与室内空间的性质及室内设计的风格样式相统一；其次，在家具的安排上要与室内的空间定位相联系，既可以通过空间界面选择合理的地方放置家具，又可以通过家具的安排来弥补空间功能的不足，使家具与室内环境完美地融为一体。饰品对室内环境细节的调整也起着不可低估的作用，同时，它们在室内空间中跳跃性的点缀，增强了室内生动与活泼的气氛，对于它们的定位同样不可疏忽，可以尽可能地选择一些艺术价值高的陈设品，坚持少而精的原则。

2. 饰品

室内饰品主要作用是打破室内单调呆板的感觉，给室内增添动感和节奏感，加强室内空间的视觉效果，饰品之间的大小比例、高低、疏密、色彩对比等都会使居室中的整体装饰产生节奏和韵律变化，在室内环境中，饰品往往起着画龙点睛的作用，饰品的最大功效是增进生活环境的性格品质和艺术品位（图3-1），不仅具有观赏作用还可以起到陶冶情操的作用。

图3-1　饰品的装饰

 技能训练

技能训练1　识别并选择插花材料

1）线形花材——外形呈细长的条状或线形的花材。

例如：唐菖蒲、竹子、蛇鞭菊、洋地黄、金鱼草等。

作用：骨架、构图作用。

2）面形花材——外形呈较整齐的团形、块形或近似圆形的花材。

例如：非洲菊、百合、康乃馨、菊花等。

作用：焦点花、主要花材。

3）散形花材——外形由整个花序的小花朵构成星点状蓬松轻盈状态的花材。

例如：满天星（霞草）、勿忘我（补血草）、天门冬等。

作用：填充花材，有一种朦胧感。

4）异形花材——外形不规整、结构奇特别致的花材。

例如：红掌、鹤望兰。

作用：焦点作用。往往起到画龙点睛的作用。

技能训练2 依据家居环境插摆三种花卉造型

1. 直立式

第一主枝基本呈直立状，第二主枝插在第一主枝的一侧略有倾斜，第三主枝插在第一主枝的另一侧也略有倾斜，但是两枝要与第一主枝相呼应，形成一个整体，如图3-2所示。所有插入的花材都呈自然向上的势头，整个作品充满了蒸蒸向上的勃勃生机。

2. 倾斜式

第一主枝倾斜于花器一侧为标志。第二、三主枝较灵活，但要与第一主枝形成最佳呼应状态，保持统一的趋势，如图3-3所示。这种形式的插花具有一

图3-2 直立式

定的自然状态，即利用一些自然弯曲或倾斜生长的枝条，表现其生动活泼、富有动态的美感。

图3-3 倾斜式

3. 倒T形

倒T形是单面观对称式花型，造型犹如英文字母T倒过来。插制时竖线须保持垂直状态，左右两侧的横线呈水平状或略下垂，左右水平线的长度一般是中央垂直线长的2/3，插发与三角形相似，但腰部较瘦，即花材集中在焦点附近，两侧花一般不超过焦点花高度，倒T形突出线性构图，宜使用有强烈线条

感的花材，如图 3-4 所示。

技能训练 3　依据居室使用功能摆放家具和饰品

　　家庭餐厅中的家具陈设主要是餐桌与餐椅。餐桌的大小要与餐厅面积和形状相配。餐桌椅的高度配合须适当，应避免过高或过矮。餐厅的陈设既要美观，又要实用。设置在厨房中的餐厅的装饰，应注意与厨房内的设施相协调。设置在客厅中的餐厅的装饰，应注意与客厅的功能和格调相统一。餐厅其他的软装饰品，如字画、瓷盘、壁挂等，可根据餐厅的具体情况灵活安排，以点缀环境，但要注意不可因此喧宾夺主，以免餐厅显得杂乱无章。

　　起居室的家具应该根据该室的活动和功能性质来布置，其中最根本也是最低限度的要求就是设计包括茶几在内的一组供休息、谈话使用的座以及相应的诸如电视、音响、书报、饮料等设备和用品，其他要求则要根据起居室的单一或复杂程度，增添相应的家具设备，多功能组合家具，能存放多种多

图 3-4　倒 T 形

样的物品，常为起居室所采用，整个起居室的家具布置应做到简洁大方，突出以谈话区为中心的目的，弃用与起居室无关的一切家具，这样才能体现起居室的特点。在一些起居室中还可以根据主人的需要设置小型的吧台，这样既丰富了起居室的空间，又提高了主人的文化品位。

　　卧室中以床位为中心的家具陈设应尽可能简洁实用。床在卧室里面是最主要的家具。一般来说，双人床的高床头应靠墙，床要三面临空；床不应正对着门放置，否则会产生房间狭小的感觉，而且开门见床也不太方便；床的位置应远离窗口。卧室中其他的家具，如书桌、书架、电视架，完全可以根据实际情况来添加。卧室绿化陈设的原则是柔和、舒适、宁静。一般以观叶植物为主，并随四季更换。

　　书房中主要的家具陈设是写字台、书架、书柜、座椅或沙发。书架的放置并没有一定的准则。非固定式的书架只要是拿书方便的场所都可以放置；入墙式或吊柜式书架，对于空间的利用较好，也可以和音响装置、唱片架等组合运用；半身的书架靠墙放置时，空出的上半部分墙壁可以配合壁画等饰品；落地式的大书架摆满书后的隔音性并不亚于一般砖墙，摆放一些大型的工具书，看起来比较壮观，放置于和邻家相邻的那面墙上，隔音效果更添一层。书橱一般都是选择有整面墙的空间放置，不过也有窗户小或空间特殊的书房，书桌可沿窗或背窗设立，也可与组合书橱成垂直式布置。有的书房还兼作会客室，家具

的陈设还必须增加休息椅或沙发。在休息和会客时，沙发宜软宜低些，使双腿可以自由伸展，力求高度舒适，消除久坐后的疲劳感。

第二节 美化庭院

一、花木生长特点与养护方法

1. 生长特点

不同花木生命周期的长短和生长成型速度的快慢差异很大，但在园林绿化过程中选择应用花木时，二者均有重要的参考价值。花木的生长发育并非以一个稳定的速率进行，而是随着季节和昼夜的变化而发生着节奏性和周期性的变化，并表现出一定的间歇性。

（1）一年生观赏植物 一年生观赏植物在播种的当年形成产品并开花结实完成生育周期，如茄果类、瓜类、豆类，绿叶蔬菜中的苋菜、蕹菜、落葵、番杏，以及许多一年生花卉植物，如鸡冠花、凤仙花（图3-5）、一串红、万寿菊、百日草等。

（2）两年生观赏植物 两年生观赏植物一般播种当年为营养生长，越冬后翌年春夏季抽薹、开花、结实。这类观赏植物以蔬菜居多，也包括部分草本花卉，如白菜类、甘蓝类、根菜类、葱蒜类、菠菜、芹菜、莴苣及大花三色堇、桂竹香、虞美人（图3-6）等。两年生观赏植物多耐寒或半耐寒，营养生长过渡到生殖生长需要一段低温过程，通过春化阶段和较长的日照完成光照阶段而抽薹开花。

（3）多年生观赏植物 多年生观赏植物按植物种类不同可分为多年生木本植物和多年生草本植物；按繁殖方式不同可分为有性繁殖类型和无性繁殖类型。

图3-5 凤仙花

图3-6 虞美人

1）多年生木本植物：有性繁殖的多年生木本植物是指由胚珠受精产生的种子萌发而长成的个体，其生命周期一般分为三个阶段。

第一阶段为童期，是指从种子播种后萌发开始，到实生苗具有分化花芽潜力和开花结实能力为止所经历的时期。处于童期的果树，主要是营养生长，其间无论采取何种措施都不能使其开花结果，它是有性繁殖木本植物个体发育中必须经过的一个阶段。童期长短因树种而异，桃、杏、枣、葡萄等童期较短，为 3～4 年；山核桃、荔枝、银杏等实生树开花则需 9～10 年或更长时间。

第二阶段为成年期，是指从植株具有稳定持续开花果能力时起，到开始出现衰老特征时结束，依结果状况又分为结果初期、结果盛期和结果后期。成年期应加强肥水管理，合理修剪，适当疏花疏果，最大限度地延长盛果年限，延缓树体衰老，争取丰产优质。

第三阶段为衰老期，是指从树势明显衰退开始到树体最终死亡为止。实际生产中树体寿命并不采用自然寿命，而是根据其经济效益状况，提前或延后经济寿命。

2）多年生草本植物：多年生草本植物是指一次播种或栽植以后，可以采收多年，不需每年繁殖，如草莓、香蕉、韭菜、黄花菜、菊花、芍药和草坪植物等。它们播种或栽植后一般当年即可开花、结果或形成产品，当冬季来临时，地上部枯死，完成一个生长周期。这一点与一年生植物相似，但由于其地下部能以休眠形式越冬，次年春暖时重新发芽生长，进行下一个周期的生命活动，这样不断重复，年复一年，类似多年生木本植物。观赏植物的生命周期并非一成不变，随着环境条件、栽培技术等改变，会有较大变化，如白菜和萝卜等，秋播时是典型的两年生植物，早春播种时，受低温影响，营养器官未充分膨大即抽薹开花，成为一年生植物；又如两年生植物甘蓝在温室条件下未经低温春化，可始终停留在营养生长状态，成为多年生植物。此外，金鱼草、瓜叶菊、一串红、石竹等花卉原本为多年生植物，而在北方地区常作一二年生栽培。

2. 花木与生态因子

植物对环境条件有一定的要求和适应能力，凡是对植物的生长有影响的生态因子，如温度、水分、光照、空气、土壤等都称作生态因子。这些生态因子对植物生长发育的影响是综合性的，也就是说植物总是生活在一个综合生态因子有机组合的环境之中的，缺少任何一个因素植物均不可能正常生长。

环境中多种因素又是相互联系、相互制约的，并不是孤立的，如温度的高低、相对温度的高低受光照条件的影响，而光照强度同样受到大气温度、云雾等影响。尽管组成环境的所有生态因子都是植物生长发育所必需的，缺一不可的，但对某一种植物，甚至植物的某一个生长发育阶段的影响，有时是 1～2 个因子起决定性作用。这种起决定作用的因素成为"主导因子"。

（1）温度与植物生长　温度是植物生长最重要的因素之一，温度的变化直接影响植物的光合作用、呼吸作用、蒸腾作用等生理过程，从而影响植物的生长。每种植物都有最适、最低、最高温度，如椰子、橡胶、槟榔等热带植物要在日平均温度18℃以上才开始生长；柑橘、香樟、竹类等亚热带植物变化日平均温度15℃以上才开始生长；槐树、海棠、紫叶李等暖温带植物在平均温度10℃时生长；冷杉、云杉、落叶松等温带植物在日平均温度5℃时开始生长。一般在0～35℃温度范围内，随着温度上升，生长加速，随温度降低而减缓。热带干旱地区的植物能忍受50～60℃的最高极限温度，长白山顶的牛皮杜鹃、毛毡杜鹃等能在雪地上开花。

（2）水分与植物生长　水分是决定植物生存，影响植物分布与生长发育的重要的条件，水不仅直接影响植物的生长发育，在园林中水与众多水生植物一起构成多种特殊的植物景观。水在自然界中可以以多种状态存在，但是某一地区的年降水量、降水的季节性分配是直接影响植物生长的重要因素。

（3）光照与植物生长

1）光合作用：是指绿色植物吸收太阳的光能，利用光能将水分解，放出氧气，并将二氧化碳还原为有机物的过程。

2）同化作用：常用作光合作用的同义词，但是同化作用是指整个植物体固定二氧化碳或积累干物质的过程而不专指光合组织的过程。光合作用是植物与光最本质的联系。

3）光补偿点：在某一光强下，呼吸作用释放的二氧化碳体积恰好等于光合作用所消耗的二氧化碳的体积。氧的吸收和释放量复相等（收支平衡）。补偿点时净光合速率等于零。植物只有在高于其补偿点的光强下，才能积累干物质。阳性植物的光补偿点比阴性植物高，通常为全日照强度的3%～5%，而阴性植物的光补偿点则不超过全日照的1%。光补偿点的高低除与物种有关外，还受温度水分和矿质营养等环境因子的影响。

4）光饱和点：在补偿点以上，随着光照的增强，光合强度逐渐提高，当光合强度超过呼吸强度时植物便开始在体内积累干物质，达到一定的值后，即使增加光照强度，光合强度也不再增加，这时的光照强度就称为光饱和点。

5）短日照植物：在每天的24小时中，日照少于某一确定时数或黑夜长于一定时数的条件下才能开花的植物。如日照时间超过其临界时数则不能开花。不同种植物的短日照临界时数各不相同，如菊花即为短日照植物。在北京，菊花要在少于12小时日照的情况下才能开花，这个时间大概在10月底前后，要让菊花提前在10月1日开花（提前一个月），就要在8月份时就通过遮光缩短其日照时数。

6）长日照植物：在每天的24小时中，日照少于某一确定时数或长于一定时数的条件下才能开花的植物，不同种的长日照植物各有其临界时数。例如，某长日照植物临界时数为 11 小时，则每天日照时数多于 11 小时，或每天黑夜少于 13 小时的条件下方能开花。

开花数与光照强度的大小是一致的，在一定范围内光照强度愈大，则光合强度愈强，有利于有机物质的积累，故生长量大，开花多；相反，光合强度小，甚至只有呼吸作用，消耗体内有机质，处于饥饿状态，则开不了花，生长极端衰弱，最终导致死亡。综上所述，毛白杜鹃一般要求光照强度超过全日照 20% 的情况下，才能正常生长发育，所以在观赏植物应用时宜配置在林缘，孤立树的树冠正投影边缘或上层乔木枝下高较高，枝叶稀疏，密度不大的情况下，生长才能较好。

（4）空气与植物生长　空气中的二氧化碳和氧都是植物光合作用的主要原料和物质条件，这两种气体的浓度直接影响到植物的生长发育，植物有机体主要由碳、氢、氧、氮组成，在其干重中碳占 45%、氧占 42.1%、氢占 6.5%、氮占 1.5%，其他占 5%。其碳、氧都来自二氧化碳。如空气中的二氧化碳含量由 0.03% 上升到 0.1%，植物的光合作用效率可大大提高，因此观赏植物养护栽培中有的就应用了二氧化碳发生器。

（5）土壤与植物生长　土壤是植物生长的基础（基质），虽然现在关于植物生长的基质已趋于多样（无土栽培），但对绿化而言，多数植物都是直接栽在土壤中的，植物的生长发育离不开土壤。土壤提供了植物生长所需的水分、养分等，土壤中的氮、磷、钾是基本要素，此外还有 10 多种微量元素。植物每生产一份干物质，约需要 500 ~ 700 份水。根据我国土壤的酸碱度情况，土壤酸碱度可分为 5 级：pH 值 <5 为强酸性；pH 值 5 ~ 6.5 为酸性；pH 值 6.5 ~ 7.5 为中性；pH 值 7.5 ~ 8.5 为碱性；pH 值 >8.5 为强碱性。适宜植物生长的土壤不应过酸、过碱，含过量的盐碱或被污染的土壤，对植物生长十分有害，好的土壤应是有机质含量丰富，保肥保水能力强，pH 值显中性和微酸性。

3. 养护方法

（1）浇水

1）不同的树种、不同的栽植年限对灌排水的要求不同。各种植物对水分的需要是不同的，"旱不死的蜡梅，淹不死的柑橘"的俗话就说明了这个道理。一般阴性植物要求较高的空气湿度和土壤湿度，阳性植物对水分要求相应较少。有些植物很耐旱，如国槐、刺槐、侧柏、柽柳等；有些则耐水淹，如杨、柳。

观花树种，特别是花灌木的灌水量和灌水次数均比一般的树种要多。樟子松、锦鸡儿等耐干旱树种灌水量和次数要少，而水曲柳、枫杨、垂柳、赤杨、水松、水杉等喜欢湿润土壤的树种则应注意灌水。值得注意的是，耐干旱的不一定常干，喜湿者也不一定常湿，应根据四季气候不同，注意经常相应变更。

同时对于不同树种相反方面的抗性情况也应掌握，如最抗旱的紫穗槐，其耐水力也很强，而刺槐同样耐旱，但却不耐水湿。总之，应根据树种的习性而浇水。

2）根据不同的土壤情况进行灌排水。灌水和排水应根据土壤种类、质地、结构以及肥力等而有所区别。盐碱地要"明水大浇""灌榜结合"，最好用河水灌溉。沙地容易漏水，保水力差，灌水次数应当增加，也可小水勤浇，并施有机肥增加保水保肥性。低洼地也要"小水勤浇"，注意不要积水，并应注意排水防碱。较黏重的土壤保水力强，灌水次数和灌水量应当减少，并施入有机肥和河沙，增加通透性。

（2）植物的排水　排水的方法主要有以下几种：

1）地表径流。地面坡度一般掌握在0.1%～0.3%，不要留下坑洼死角。

2）明沟排水。在地表挖明沟将低洼处的积水引到出水处。此法适用于大雨后抢排积水；或地势高低不平不易实现地表径流的绿地。明沟宽窄视水情而定，沟底坡度一般以0.2%～0.5%为宜。

3）暗沟排水。在地下埋设管道或砌筑暗沟将低洼处的积水引出。此法可保持地势整齐，便利交通，节约用地，但造价较高。

（3）园林观赏植物的施肥　植物定植后，在栽植地点生长多年甚至上千年，主要靠根系从土壤中吸收水分与无机养料，以供正常生长的需要。由于树根所能伸及范围内，土壤中所含的营养元素（如氮、磷、钾以及一些微量元素）是有限的，吸收时间长了，土壤的养分就会减低，不能满足植物继续生长的需要。若不能及时得到补充，势必造成植物营养不良，影响正常生长发育，甚至衰弱死亡。栽培植物在定植后的一生中，都要不断给予养分的补充，提高土壤肥力，以满足其生活的需要。

1）掌握植物在不同物候期内需肥的特性。一年内植物要历经不同的物候期，如根系活动、萌芽、抽梢长叶、开花结果、落叶休眠等。每个物候期来临时，这个物候期就是植物当时的生长中心。树体内营养物质的分配，也是以当时的生长中心为重心的。因此在每个物候期即将到来之前，及时施入当时生长所需要的营养元素，才能使植物正常生长发育。

早春和秋末是根系的生长盛期，需要吸收一定数量的磷素，根系才能发达，伸入深层土壤。抽枝发叶期，细胞分裂迅速，叶量很快增加，植物体量不断扩大。此时需要从土壤中吸收大量的氮素肥料，建造细胞和组织。花芽分化时期，如氮肥过多，枝叶旺长促使叶芽形成，不利于花芽分化。此时应施以磷为主的肥料，创造花芽分化形成的条件，为开花打基础。开花期与结果期，需要吸收多量的磷、钾肥，植物才能开花鲜艳夺目，果实充分发育。

同一种肥料，因施用时期与植物年生育节奏和养料分配中心不一致时，则有不同的反映。在养分以开花坐果期为分配中心时，即使大量地超过常规施肥的水平施入氮肥量，仍能提高开花坐果的效果。但施氮肥期晚于这个分配中心时，即使少量施入，也会加剧生理落果，这说明适期施肥的重要性。

乔灌木根系在土壤温度较低时即开始活动，要求的温度比地上部分低。早春在地上部分萌发之前，根系已进入生长期，因此早春施肥应在根系开始生长之前进行，才能赶上植物此时的营养物质分配中心，使根系向深、广发展。故冬季施有机基肥，对根的生长极为有利。早春施速效性肥料时，不应过早施用，以免肥分在树根吸收利用之前流失。

2）掌握植物需肥期因树种而不同。园林绿地栽植的植物种类很多，它们对营养元素的种类要求和施用时期各不相同。行道树、庭荫树等，为了使它们春季迅速抽梢发叶，增大体量，在冬季落叶后至春季萌芽前，施用堆肥、厩肥等有机肥料，使其冬季熟化，分解成可吸收利用的状态，供春季植物生长时利用，这对于高生长属于前期生长类型的植物，如油松、黑松、银杏等特别重要。全期生长型的植物、枝条的生长在整个生长季节内持续进行，如榆树、雪松、刺槐、悬铃木等，休眠期施基肥，对春季枝叶萌发生长有良好的影响。如春季施肥不足，生长期内还可用追肥形式继续促进高生长量，在一定程度上可弥补春肥不足造成的影响。由此可知，休眠期施用基肥对植物生长有良好的影响，特别是对前期生长型植物的生长有着更为重要的作用。

早春开花的乔灌木，如碧桃、海棠、迎春、连翘等，休眠期施肥对花芽的萌发、花朵绽放无疑有重要的作用。花后是枝叶生长盛期，及时施入以氮为主的肥料可促使花灌木枝叶形成，为开花结果打下基础。在枝叶生长缓慢，花芽形成期，则改施以磷为主的肥料。即观花植物应施花前肥和花后肥，可收到事半功倍的效果。

一年中可多次抽梢、多次开花的灌木，如紫薇、木槿、月季等，每次开花后及时补充因抽梢、开花而消耗的养料，才能使植物长期保持不断抽枝和开花，避免因消耗太大而早衰。这类植物一年内应多次施肥。花后立即施入含氮、磷为主的肥料，既促枝叶，又促花芽形成和开花。若只施氮肥则枝叶茂密，梢顶不易开花。

3）掌握植物吸肥与外界环境的关系。植物吸肥不仅决定于植物的生物学特性，还受外界环境条件（光、热、气、水、土壤溶液的浓度）的影响。光照充足、温度适宜、光合作用强，根系吸肥量就多；如果光合作用减弱，由叶输导到根系的合成物质减少了，则植物从土壤中吸收营养元素的速度也变慢。而当土壤通气不良时或温度不适宜时，同样也会发生类似的现象。

土壤水分含量与发挥肥效有密切关系。土壤水分亏缺，施肥有害无利，由于肥分浓度过高，植物不能吸收利用而遭毒害。积水或多雨地区肥分易淋失，降低肥料利用率。因此，施肥应根据当地土壤水分变化规律或结合灌水施肥。

土壤的酸碱度对植物吸肥的影响较大，在酸性反应的条件下，有利于阴离子的吸收，如硝态氮的吸收；碱性反应的条件下，有利于阳离子的吸收，如铵态氮的吸收。

土壤的酸碱反应除了对吸肥有直接的作用外，还能影响某些物质的溶解度，如在酸性条件下，提高磷酸钙和磷酸镁的溶解度，在碱性条件下，降低铁、硼和铝等化合物的溶解度，因而也间接地影响植物对营养物质的吸收。

4）掌握肥料的性质。肥料的性质不同，施肥的时期也不同。易流失和易挥发的速效性或施后易被土壤固定的肥料，如碳酸氢铵、过磷酸钙等宜在植物需肥前施入；迟效性肥料如有机肥料，因需腐烂分解，矿质化后才能被植物吸收利用，故应提前施用。同一肥料因施用时期不同而效果不一样。氮肥能促进细胞分裂和延长，促枝叶快长，并利于叶绿素的形成，使植物青翠挺拔；故氮肥或含氮为主的肥料，应在春季植物发叶、长梢、扩大树冠之际大量施入。秋季为了使植物能按时结束生长，准备越冬，应及早停施氮肥，加施磷钾肥。

植物的根系和花果的生长，要求吸收较多的磷素肥料。在早春根系开始活动直至春夏之交，植物由营养生长转向生殖生长阶段多施入磷肥与钾肥，保证根系、花果的正常生长和增加开花量。同时磷、钾肥能增强枝干的坚实度，提高抗寒抗病的能力。在植物生长后期多施磷钾肥，利于植物越冬。

（4）修剪

1）修剪时期。对园林观赏植物的修剪工作随时都可进行，如抹芽、摘心、除蘖、剪枝等。有些植物因伤流等原因，需要在伤流最少的时期内进行，绝大多数植物以冬季和夏季修剪为最好。

① 冬季修剪（休眠期修剪）。冬季修剪对观赏树种树冠的构成，枝梢的生长，花果枝的形成等有重要影响，因此进行修剪时要考虑到树龄。通常对幼树的修剪以整形为主；对于观叶树以控制侧枝生长、促进主枝生长为目的；对花果树则着重于培养构成树形的主干、主枝等骨干枝，以早日成形，提前观花观果。

冬季严寒的地区，修剪后伤口易受冻害，以早春修剪为宜，但不应过晚。早春修剪应在植物根系旺盛活动之前，营养物质尚未由根部向上输送时进行，可减少养分的损失，对花芽、叶芽的萌发影响不大。有伤流现象的树种，如核桃、槭类、四照花、葡萄等，在萌发后有伤流发生，伤流使植物体内的养分与水分流失过多，造成树势衰弱，甚至枝条枯死。因此应在春季伤流期前修剪。如核桃在落叶后11月中旬开始发生伤流，故应在果实采收后、叶片枯黄之前进行修剪。

② 夏季修剪（生长期修剪）。夏季修剪在生长季节进行，故也称为生长期修剪。生长期修剪，若剪去大量枝叶，对植物，尤其对花果树的外形有一定影响，

故宜尽量从轻。对于发枝力强的树，如在冬剪基础上培养直立主干，就必须对主干顶端剪口附近的大量新梢进行短截，目的是控制它们生长，调整并辅助主干的长势和方向。花果树及行道树的修剪，主要控制竞争枝、内膛枝、直立枝、徒长枝的发生和长势，以集中营养供骨干枝旺盛生长之需。而绿篱的夏季修剪，主要保持整齐美观，同时剪下的嫩枝可作插穗。

2）修剪技法。修剪的技法归纳起来基本是截、疏、伤、变、除蘖等，可根据修剪的目的灵活采用。

① 截。又称短截，即把一年生枝条的一部分剪去。其主要目的是刺激侧芽萌发，抽发新梢，增加枝条数量，多发叶多开花。短剪程度影响到枝条的生长，短剪程度越重，对单枝的生长量刺激越大。

② 疏。又称疏剪或疏删。将枝条自分生处（枝条基部）剪去。疏剪可调节枝条均匀分布，加大空间，改善通风透光条件，有利于树冠内部枝条生长发育，有利于花芽分化。疏剪的对象主要是病虫枝、伤残枝、内膛密生枝、干枯枝、并生枝、过密的交叉枝、衰弱的下垂枝等。疏剪强度可分为轻疏（疏枝占全树枝条的10%）、中疏（疏枝占全树枝条的10%～20%）、重疏（疏枝占全树枝条的20%以上）。疏剪强度依树种、长势、树龄而定。萌芽力强、成枝力弱，或萌芽力、成枝力都弱的树种，少疏枝。马尾松、雪松等枝条轮生，每年发枝数有限，尽量不疏枝。萌芽力、成枝力都强的树种可多疏，如法国梧桐。幼树宜轻疏，以促进树冠迅速扩大，对于花灌木类则可提早形成花芽开花。成年树生长与开花进入盛期，枝条多，为调节生长与生殖关系，促进年年有花或结果，适当中疏。衰老期植物，发枝力弱，为保持有足够的枝条组成树冠，疏剪时要小心，只能疏去必须疏除的枝条。疏剪工作贯穿全年，可在休眠期、生长期进行。

③ 伤。用各种方法破伤枝条，以达到缓和树势，削弱受伤枝条的生长势的目的叫伤，如环割、刻伤、扭梢等。

④ 变。改变枝条生长方向，缓和枝条生长势的方法称为变，如曲枝、拉枝、抬枝等，其目的是改变枝条的生长方向和角度，使顶端优势转位、加强或削弱。将直立生长的背上枝向下曲成拱形时，顶端优势减弱，枝条生长转缓。下垂枝因向地生长，顶端优势弱，枝条生长不良，为了使枝势转旺，可抬高枝条，使枝顶向上。

⑤ 其他。

摘心。在生长季节随新梢伸长，随时剪去其嫩梢顶尖的技术措施称为摘心。具体进行的时间依树种、目的要求而异。通常在梢长至适当长度时，摘去先端4～8厘米，可使摘心处1～2个腋芽受到刺激发生二次枝，根据需要二次枝还可再进行摘心。

剪梢。在生长季节，由于某些植物新梢未及时摘心，使枝条生长过旺，伸展过长，且又木质化。为调节观赏植物主侧枝的平衡关系以及调整观花观果植物营养生长和生殖生长关系，采取剪掉一段已木质化的新梢先端，即为剪梢。

除芽。为培养通直的主干，或防止主枝顶端竞争枝的发生，在修剪时将无用或有碍于骨干枝生长的芽除去，即为除芽。

除萌蘖。主干基部及大伤口附近经常长出嫩枝，有碍树形，影响生长。剪除最好在木质化前进行，也可用手掰掉。此外碧桃、榆叶梅等易长根蘖也应除掉。

疏花、疏果。花蕾或幼果过多，影响开花质量和坐果率，如月季、牡丹等，为促使花朵硕大，常需摘除过多的花蕾。易落花的花灌木，一株上不宜保持较多的花朵，应及时疏花。

（5）整形

1）杯状形。树形无中心主干，仅有相当一段高度的树干，自主干上部分生3个主枝，均匀向四周排开，3个主枝各自再分生2个枝而成6个枝，再以6枝各分生2枝即成12枝，即所谓"三股、六杈、十二枝"的树形。这种几何状的规整分枝不仅整齐美观，而且冠内不允许有直立枝、内向枝的存在，一经出现必须剪除，此种树形在城市行道树中较为常见。

2）开心形。这是将上法改良的一种形式，适用于轴性弱、枝条开展的树种。整形的方法亦是不留中央领导干而留多数主枝配列四方，分枝较低。在主枝上每年留有主枝延长枝，并于侧方留有副主枝处于主枝间的空隙处。整个树冠呈扁圆形，可在观花小乔木及苹果、桃等喜光果树上应用。

3）多领导干形。留2~4个中央领导干，于其上分层配列侧生主枝，形成匀称的树冠。本形适用于生长较旺盛的种类，可造成优美的树冠，提早开花年龄，延长小枝寿命，最宜做观花乔木、庭荫树的整形。

4）中央领导干形。留一强大的中央领导干，在其上配列疏散的主枝。本形式是对自然树形加工较少的形式之一。本形式适用于轴性强的树种，能形成高大的树冠，最宜做庭荫树、独赏树及松柏类乔木的整形。

5）圆球形。此形具一段极短的主干，在主干上分生多数主枝，主枝分生侧枝，各级主侧枝均相互错落排开，利于通风透光，叶幕层较厚，园林中广泛应用，如黄杨、小叶女贞、球形龙柏等常修剪成此形。

6）灌丛形。主干不明显，每丛自基部留主枝10个，其中保留1~3年生主枝3~4个，每年剪掉3~4个老主枝，更新复壮。

7）棚架形。主要应用于园林绿地中的蔓生植物。凡是有卷须或具有缠绕特性的植物均可自行依支架攀缘生长，如葡萄、紫藤等；不具备这些特性的藤蔓植物，如木香、爬蔓月季等则靠人工搭架引缚，便于它们延长扩展，又可形成一定遮阴面积，而形状由架形而定。

二、草坪与绿篱修剪注意事项

1. 草坪

草坪的修剪，也称刈剪、剪草，它是草坪养护中最重要和最基本的项目之一。修剪主要是定期去掉草坪草枝条的顶端部分。狭义的草坪是必须通过人工修剪，使之经常保持平整美观，不修剪的草坪会长短参差不齐，十分难看，只能叫草地而已。

草坪长到一定高度后，为了保持美观，应及时进行修剪。对长得较高的草坪不能 1 次剪至所需高度，每次剪去 1/3 叶片，保留叶片光合作用，为根系补充同化产物。若 1 次修剪过度，会阻碍根系生长，草坪会因养分缺乏而死亡。草坪长到足够高时，下部叶片长时间被遮蔽，见不着阳光，已适应了荫蔽环境，当剪去上部叶片时，下部叶片暴露在阳光下，会由于过量的光照而造成叶片灼伤。草坪生长过于旺盛时应调高修剪高度，三四天后再按正常修剪高度进行修剪，以免成熟叶片被过量剪去，造成阳光灼伤和杂草滋生。

暖季型草修剪次数要求最少的为假俭草，其余依次为沟叶结缕草、细叶结缕草、日本结缕草；狗牙根和地毯草要求修剪次数较多。冷季型草中细叶羊茅和紫羊茅要求修剪次数较少，其他草种修剪次数较为频繁。施用氮肥对草坪的生长快慢影响较大，用量越高草坪的生长速度越快，修剪的频率就越高。

修剪频率还与草坪的生长季节有关。冷季型草坪在春秋季生长较快，修剪次数较多，而在夏季则生长变慢，修剪频率降低。暖季型草坪在夏季生长较快，春秋季生长缓慢，修剪频率降低。不管是冷季型草还是暖季型草，在较冷的气候下根系生长缓慢，活性降低，不能为地上部提供必需的营养，因此，在修剪时应取其适宜修剪高度的下限，以减少地上部对养分的消耗。

在一定范围内灌水量与草坪草的生长量有关，灌水量越大，草坪的修剪次数越多。相反，在干旱条件下，植物生长缓慢，生长量小，修剪次数也少。在刚灌过水或土壤比较潮湿的情况下不要修剪，此时修剪的草坪显得不平整，且修剪后的草屑易聚集成团，覆盖在草坪上，会使坪草因光照、通气不足而影响生长。

修剪后的草屑应及时清理，否则不仅使草坪不美观，而且会使下部坪草光照、通气不足。草屑腐烂后会产生一些有毒的小分子有机酸，抑制草坪根系活性，使草坪长势变弱。留下的草屑还利于杂草滋生，容易造成病虫害流行。但在高温条件下，若草坪本身生长健康，没有病害发生，也可以把草屑留在草坪表面，以减少土壤水分蒸发。

2. 绿篱

绿篱是萌芽力、成枝力强、耐修剪的树种，密集呈带状栽植而成，起防范、美化、组织交通和分隔功能区的作用。适宜作绿篱的植物很多，如女贞、大叶黄杨、锦熟黄杨、桧柏、侧柏、石楠、冬青、火棘、野蔷薇等。

高度不同的绿篱，采用不同的整形方式，一般有下列两种：

（1）自然式 绿墙、高篱和花篱采用较多。适当控制高度，并疏剪病虫枝、干枯枝，任枝条生长，使其枝叶相接紧密成片，以提高阻隔效果。用于防范的枸骨、火棘等绿篱和玫瑰、蔷薇、木香等花篱，也以自然式修剪为主。开花后略加修剪使之继续开花，冬季修去枯枝、病虫枝。对蔷薇等萌发力强的树种，盛花后进行重剪，新枝粗壮，篱体高大美观。

（2）整形式 中篱和矮篱常用于草地、花坛镶边，或组织人流的走向。这类绿篱低矮，为了美观和丰富园景，多采用几何图案式的修剪整形，如矩形、梯形、倒梯形、篱面波浪形等。绿篱种植后剪去高度的 1/3～1/2，修去平侧枝，统一高度和侧面，促使下部侧芽萌发生成枝条，形成紧枝密叶的矮墙，显示立体美。绿篱每年最好修剪 2～4 次，使新枝不断发生，更新和替换老枝。整形绿篱修剪时，顶面与侧面兼顾，不应只修顶面不修侧面，这样会造成顶部枝条旺长，侧枝斜出生长。从篱体横断而看，以矩形和基大上小的梯形较好，下面和侧面枝叶采光充足，通风良好，生长茂盛，不易产生枯枝和空秃现象。

组字、图式绿篱，一般用长方形整形方式，要求边缘棱角分明，界限清楚，篱带宽窄一致，每年修剪次数应比一般镶边、防范的绿篱为多。枝条的替换、更新时间应短，不能出现空秃，以保持文字和图案的清晰。用植物修制成的鸟兽、牌楼、亭阁等立体造型，为保持其形象逼真，不能任枝条随意生长而破坏造型，应每年多次修剪。

三、草坪机使用方法与注意事项

1. 剪草前的准备工作

1）彻底检查剪草机将要工作的区域，除去所有石头、树枝、电线等杂物，以防剪草机工作时将其甩出伤及工作人员或他人。

2）在剪草机工作时，或者调整和修理时，必须戴防护眼镜，以防伤及眼睛。

3）穿戴合体的工作装，避免穿宽松和带饰物的衣服。

4）在汽油机起动前必须灭掉所有火源，再检查燃油量。因汽油为易燃物，在汽油机运转过程及停机两分钟内，均不得添加汽油。加油后，应擦净溅出的汽油，然后再起动发动机，以防起火或爆炸。

5）剪草前，应设定好剪草高度。剪草过程中不允许调节剪草高度。

6）剪草前，应挂上集草袋或排草导向罩。发动机运转过程中，不允许摘挂集、排草装置。

7）剪草时，双手扶稳上推把，脚步踏稳。

8）坡度大于15度，则不得在该坡地上进行修剪作业。

2. 起动

1）将油门控制手柄置于风门关闭的位置，即将油门手柄拉至最后。如使用的是带加泵的汽油机，则需先按动泵油器三次。

2）握住起动手把，缓慢地向后拉动起动绳至感觉有阻力时，即快速地拉起动绳。如未起动，则重复上述动作，直至看到消音器充分冒烟，汽油机运转正常为止。

3）起动绳拉出后，无论起动与否，均不准松开起动手柄使其自动缩回，这样会损坏起动器。应手握起动手把，让起动绳随机内的自绕机构缓慢地卷回原位。

4）将油门推到合适的位置，即可开始工作。

3. 停机

1）将油门控制手柄推至慢速位置，运转两分钟后，再推到停止位置让发动机熄火。

2）拔下火花塞线，以防止剪草机误起动。

4. 刀片的保养

应定期检查刀片和联轴器的连接情况，使用中，当刀片撞击到其他物体时，应及时检查。刀片磨损严重时应及时拆下刃磨或更换。

5. 汽油机的保养

1）在正常情况下，每隔25小时应清洗一次，在非常脏的环境中使用时，则需要每隔几小时清洗一次。当汽油机的转速总也上不去或经常熄火时，通常是因为空气滤清器被堵塞，此时必须清洗粗滤芯，更换细滤芯。

2）火花塞需要在每个季节过后进行清理，并重新调整火花塞的间隙。建议每个使用季节到来时重新更换火花塞，但必须根据汽油机手册中型号和火花塞间隙核对和调整，防止有误差而影响整机性能。

3）汽油机外表应经常用布刷子擦干净，保证清洁和通风，这是保证汽油机性能和使用寿命所必需的。

6. 自行式剪草机的额外保养

（1）皮带的更换

1）拔下火花塞帽。

2）排尽燃油箱中的汽油。

3）将草坪机朝向排气消音器方向倾斜，拆下皮带护板和连接螺钉。

4）转动大皮带轮，将皮带从带轮上脱开。

5）将新皮带按照上述相反程序装上。

（2）前后轮轴承每个季节至少应用轻质润滑油润滑一次。

（3）行走部分的传动机构，在工厂装配时已加注润滑油，平时不需加润滑油，但在使用 100 小时以后应加注适量的润滑油。

（4）贮存

1）长期不使用时，应放尽机内汽油，以免汽油变质而堵塞化油器等部件。

2）彻底清洗机器内外表面尘土和草屑，并在转动部件和刀片表面涂油防锈。

（5）机器应放入包装箱内储存

1）包装后应放在干燥、清洁的地方。不要靠近腐蚀性的物品以防生锈。

2）注意事项：不要自行改变汽油机的调速机构，以免使汽油机超速，而损坏汽油机；机器工作时，不得将手和脚靠近旋转部位，也不得靠近消音器，以防烫伤；在草坪外的其他地面行走时，禁止运转发动机；在草机的挡板损坏或没有安装时，不得操作；剪草机在存放或工作时应远离汽油、干草等易燃物。

四、绿植的家庭养护方法

由于室内环境条件的特殊性，因此养护管理也相应地较为独特。

1. 室内植物的"光适应"

室内光照低，植物突然由高光照移入低光照下生长，常因适应不了，导致死亡。因而最好在移入室内之前，先行一段时间"光适应"。置于比原来生长条件光照略低，但高于将来室内的生长环境。这段时间内，植物由于光照低，受到生理压力会引起光合速率降低，利用体内贮存物质。同时，努力增加叶绿素含量，调整叶绿体的排列，降低呼吸速率等变化来提高对低光照的利用率。适应顺利者，叶绿素增加了，叶绿体基本进行重新排列。可能掉了不少老叶，而产生了一些新叶，植株存活了下来。一些阴生观叶植物，如从开始繁殖到完成生长期间都处在遮阴条件下是最好的光适应方式，所获得的植株光补偿点低，能有效利用室内的低光照，而且寿命长，一些耐荫的木本植物，如垂叶榕需在全日照下培育，以获得健壮的树体。但在移入室内之前，必须先在比原来光照较低处进行适应，以后移到室内环境后，仍将进一步加深适应，直至每一片叶都在新的生长环境条件下产生后才算完成。植物对低光照条件的适应程度与时间长短及本身体量、年龄有关，也受到施肥、温度等外部因素的影响。通常需 6 周至 6 个月，甚至更长时间。大型的垂叶榕，至少要 3 个月，而小型的盆栽植物则所需的时间短得多。正确的营养对帮助植物适应低光照环境是很重要的，当植物处于光适应阶段时，应减少施肥量。温度的升高会引起呼吸率和光补偿点的升高，因此，在移入室内前，低温栽培环境对光适应来讲较为理想。有些植物虽然对光量需求不大，但由于生长环境光线太低，生长不良，需要适时将它们重新放回到高光照下去复壮。由于植株在低光照下产生的叶已适应了低光照的环境，若突然光照过强，叶片会受伤、变竭，而发生严重的伤害。因此，最好将它们移入比原先生长环境高不到 5 ~ 10 倍的光强下。

2. 栽培容器

室内绿化所用的植物材料，除直接地栽外，绝大部分植于各式的盆、钵、箱、盒、篮、槽等容器中。由于容器的外形、色彩、质地各异，常成为室内陈设艺术的一部分。容器首先要满足植物生长要求，有足够体量容纳根系正常生长发育，要有良好的透气性和排水性，坚固耐用。固定的容器要在建筑施工期间安排好排水系统。移动的容器，常垫以托盘，以免玷污室内地面。容器的外形、体量、色彩、质感应与所栽植物协调，不宜对比强烈，或喧宾夺主。同时要考虑到与墙面、地面、家具、天花板等装潢陈设相协调。容器的材料有黏土、木、藤、竹、陶质、石质、砖、水泥、塑料、玻璃纤维及金属等。黏土容器保水透气性好，外观简朴，易与植物搭，但在装饰气氛浓厚处不相宜，需在外面再套以其他材料的容器。木、藤、竹等天然材料制作的容器，取材普通，具朴实自然之趣，易于灵活布置，但坚固、耐久性较差。陶制容器有多种样式，色彩吸引人，装饰性强，目前仍应用较广，但重量大、易打碎。石、砖、混凝土等容器表面质感坚硬、粗糙，不同的砌筑形式会产生质感上有趣的变化。因它们重量大，设计时常与建筑部件结合考虑而做成固定容器，其造型应与室内平面和空间构图统一构思，如可以与墙面、柱面、台阶、栏杆、隔断、座椅、雕塑等结合。塑料及玻璃纤维容器轻便，色彩、样式很多，还可仿制多种质感，但透气性差。金属容器光滑、明亮，装饰性强、轮廓简洁，多套在栽植盆外，适用于现代感强的空间。

3. 栽培方式

（1）土培　主要用园土、泥炭土、腐叶土、砂等混合成轻松、肥沃的盆土。优质盆土的自制方法是，黏土：泥炭土：砂：蛭石 = 1：2：1：1。每盆栽植一种植物，则便于管理。如在一大栽植盆中栽植多种植物，形成组合栽植，则管理较为复杂，但观赏效果大大提高。组合栽植要选择对光照、温度、水分、湿度要求差别较小的植物种类配植在一起，高低错落，各展其姿，也可在其中插以水管，插上几朵应时花卉。例如将孔雀木、吊竹梅、紫叶秋海棠、变叶木、银边常春藤、蔓生喜林芋、白斑粗肋草等可配植在一起。

（2）介质培和水培　以泥土为基质的盆栽虽历史悠久，但因卫生差，作为室内栽培方式已不太相宜，尤其是不宜用于病房，以免土中某些真菌有碍病人健康。但介质培和水培可以克服此缺点。作为介质的材料有陶砾、珍珠岩、蛭石、浮石、锯末、花生壳、泥炭、砂等。常用的比例是：泥炭：珍珠岩：沙 = 2：2：1；

泥炭：浮石：沙＝2∶2∶1；泥炭：沙＝1∶1；泥炭：沙＝3∶1等。加入营养液后，可给植物提供氧、水、养分并对根部具有固定和支持作用。适宜作为无土栽培的植物，常见的有鸭脚木、八角金盘、熊掌木、散尾葵、金山葵、袖珍椰子、龙血树类、垂叶榕、橡皮树、南洋杉、变叶木、龟背竹、绿萝、铁线蕨、肾蕨、巢蕨、朱蕉、海芋、洋常春藤、孔雀木等。

（3）附生栽培 在热带地区雨林中有众多的附生植物，它们不需泥土，常附生在其他植株上、朽木上。利用被附生植株上的植物纤维或本身基部枯死的根、叶等植物体做附生的基质。附生植物景观非常美丽，常为展览温室中重点景观的主要栽培方式。作为附生栽培的支持物可用树蕨、朽木、棕榈干、木板、岩石等，附生的介质可采用蕨类的根、水、苔、木屑、树皮、椰子或棕榈的叶鞘纤维、椰壳纤维等。将植物根部包上介质，再捆扎，附在支持物上。日常管理中要注意喷水，提高空气湿度即可。常见附生栽培植物有兰科植物、凤梨科植物、蕨类植物中铁线蕨、水龙骨属、鹿角蕨、骨补碎属，肾蕨、巢蕨等。

4. 瓶栽

需要高温高湿的小型植物可采用瓶栽的栽培方式。利用无色透明的广口瓶玻璃器皿，选择植株矮小、生长缓慢的植物，如虎耳草、豆瓣绿、网纹草、冷水花、吊兰及仙人掌类等植于瓶内，配植得当，饶有趣味，瓶栽植物可置于案头，也可悬吊。室内植物由于光照低、生理活动较缓慢，浇水量大大低于室外植物。故宁可少浇水，不可浇过量。一般每3～7天浇水一次，春、夏生长季适当多浇，目前很多国家室内栽培采用介质培和水培，容器都备有半自动浇灌系统，植物所需的养分也从液体肥料中获得。容器低层设有水箱，一边有注水孔，一边有水位指示器显示最高水位及最低水位。容器中填充的介质，利用毛细管作用或纱布条渗水作用将容器底部的水和液体肥料吸收到植株的根部。通常对室内植物施肥前，先浇水使盆土潮湿，然后用液体肥料来施肥。观叶和夏季开花的植物在夏季和初秋施肥；冬季开花植物在秋末和春季施肥。用温水定时、细心地擦洗大的叶片，叶面会更加光洁美丽，清除尘埃后的叶面也可更多地利用二氧化碳，对于叶片小的室内植物，定期喷水也有同样效果。

 技能训练

技能训练1 给花卉施肥、浇水

1. 施肥

（1）施肥 土壤施肥深度由根系分布层的深浅而定，根系分布的深浅又因树种而异。一般土壤施肥深度应在20～50厘米左右。施肥的深度与范围还应随植物的年龄增加而加大。肥料种类与施肥深度有关，如氮素在土壤中移动性较强，在浅层施肥时可随灌溉或雨水渗入深层，易被土壤吸附固定。而移动困难的磷、钾元素，应施在吸收根分布层内，供根系吸收利用，减少土壤的吸附，充分发挥肥效。

基肥一般采用迟效性的有机肥，需较长时期的腐熟分解，并要求一定的土壤湿度，应深施。追肥一般以速效性化肥为主，易流失，宜深施。

施基肥的常用方法有：

1）环状沟施肥法。秋冬季植物休眠期，在树冠投影的外缘，挖30~40厘米宽的环状沟，沟深依树种、树龄、根系分布深度及土壤质地而定。一般沟深为20~50厘米，将肥料均匀撒在沟内，然后填土平沟。此法施肥的优点是，肥料与植物的吸收根接近，易被根系吸收利用；缺点是受肥面积小，挖沟时会损伤部分根系。

2）放射状沟施肥法。以树干为中心，向外挖4~6条渐远渐深的沟，沟长稍超出树冠正投影线外缘，将肥料施入沟内覆土踏实。这种方法伤根少，树冠投影圈内的内膛根也能着肥。

3）穴施。在树冠正投影线的外缘，挖掘单个的洞穴，将肥施入后上面覆土踏实与地面平。此法操作简便省工。

（2）追肥　在施肥时，将肥料配成溶液状喷洒在植物的枝叶上，营养元素由气孔和皮孔进入植株，供植物利用，此方法称为根外追肥。园林观赏植物施追肥，因卫生及观瞻的原因，一般都用化肥或菌肥，不用粪稀等有机肥。施追肥常采用以下两种方法。

1）根施法。按规定的施肥量用穴施法把肥料埋于地表下10厘米处，或结合灌水将肥料施于灌水堰内，由树根呼吸利用。

2）根外施肥。按规定的稀释比例，将肥料兑水稀释后用喷雾器喷施于树叶上，由地上部分直接吸收利用，也可以结合除虫打药混合喷施。

（3）注意事项

1）有机肥料要充分发酵、腐熟；化肥必须完全粉碎成粉状。

2）施肥后（尤其是追肥）必须及时适量灌水，使肥料渗透，否则土壤溶液浓度过大对树根不利。

3）根外追肥最好于傍晚喷施，以免气温高，溶液很快浓缩，影响追肥效果或导致药害。

2. 浇水

浇水时期由植物在一年中各个物候期对水分的要求、气候特点和土壤水分的变化规律等决定。灌水方法和要求正确的灌水方式可使水分均匀分布，节约用水，减少土壤冲刷，保持土壤的良好结构，并充分发挥水效。

（1）方法　利用河水、井水、塘水等，可灌溉大面积植物。地面灌水又分为畦灌、沟灌、漫灌等。畦灌时先在树盘外做好畦埂，灌水应使水面与畦埂相齐，待水渗入后及时中耕松土，这个方式普遍应用，能保持土壤的良好结构；沟灌是用高畦低沟的方式，引水沿沟底流动浸润土壤，待水分充分渗入周围土壤后，不致破坏其结构，并且便于实行机械化；漫灌是大面积的表面灌水方式，因用水极不经济，很少采用。

（2）顺序 新栽的植物、小苗、灌木、阔叶树要优先灌水。长期定植的植物、大树、针叶树可后灌。因为新植植物、小苗、灌木的树根较浅，抗旱能力较差，阔叶树蒸发量大，需水多，所以要优先。

（3）质量要求

1）灌水堰应开在树冠投影的垂直线下，不要开得太深以免伤根。堰壁培土要紧实以免伤根及被水冲坏，堰底地面要平坦，保证吃水均匀。

2）水量足、灌得匀是最基本的质量要求，若发现漏水现象应及时用土填严，再进行补灌。

3）水渗透后及时封堰中耕，通过中耕、封堰可以切断土壤的毛细管，否则水分很快就会蒸发掉。

4）夏季早晚进行灌溉，冬季可于中午前后进行。

技能训练 2　修剪庭院草坪与绿篱

1. 修剪庭院草坪

（1）修剪时间和频率 草坪修剪的时间和次数不仅与草坪的生长发育有关，还跟草坪的种类有关，同时跟肥料的供给有关，特别是氮肥的供给，对修剪的次数影响较大。一般说来冷季型草坪草有春秋两个生长高峰期，因此在两个高峰期应加强修剪，但为了使草坪草有足够的营养物质越冬，在晚秋修剪时应逐渐减少次数。在夏季冷季型草坪草也有休眠现象，也应根据情况减少修剪次数。暖季型草坪草由于只有夏季的生长高峰期，因此在夏季应多修剪。在生长正常的草坪中，供给的肥料多，就会促进草坪草的生长，从而增加草坪的修剪次数。

草坪的修剪次数是用频度来描述的，即一定时间内草坪的修剪次数。频度越高则修剪次数就越多。在夏季，冷季型草坪草进入休眠，一般7~10天一次，但在秋、春两季生长茂盛，冷季型草需要经常修剪，至少一周一次。暖季型草冬季休眠，在春秋生长缓慢，减少修剪次数，在夏季天气较热，暖季型草生长茂盛，应进行多次刈割。例如，对普通狗牙根来讲可一周一次，而对杂交狗牙根来讲可10~15天一次。

（2）修剪高度 修剪高度是指草坪修剪后留在地面上的高度，也叫"留茬"。草坪的"留茬"常与草坪的类型、用途及草坪草的品种和种有关。一般说来越精细的草坪，"留茬"高度越低。几种常见草坪草的留茬高度见表3-3。

表3-3　草坪修剪留茬高度

草　种	留茬高度/厘米	草　种	留茬高度/厘米
冷季型草坪草		暖季型草坪草	
高羊茅	5～7	结缕草	2.5～4
草地早熟禾	4～6	普通狗牙根	2～3
一年生黑麦草	4～5	杂交狗牙根	2
多年生黑麦草	4～5	马尼拉结缕草	1.5～3.5
匍匐剪股颖	0.5～2		

（3）修剪质量　草坪的修剪质量由所使用的剪草机类型和修剪时草坪的状况所决定。从剪草机的类型来讲，有旋刀式和滚刀式两种，滚刀式的修剪机其修剪质量较高，但价格贵，要求的保养程度较高。而旋刀式的草坪机是目前常用的机型，只要草坪状况好，刀片锋利，就能修剪出好的质量。在实际操作中，草坪坪床不平整、刀片钝会严重影响草坪的修剪质量。进行修剪时，同一块草坪，每次修剪避免以同一方式进行，要防止永远在同一地点、同一方向的多次重复修剪，否则草坪就会退化和发生草叶趋于同一方向的定向生长。值得注意的是，一般情况下，应把草屑（修剪物）清除草坪外，否则在草坪中形成草堆将引起其下面草坪的死亡或发生病害，害虫也容易在此产卵。生长在阴面的草坪，无论是暖季型还是冷季型，修剪高度应比正常情况下高1.5～2.0厘米，使叶面积增大，以利于光合产物的形成。

2. 修剪庭院绿篱

（1）修剪的原则　对整形式植篱应尽可能使下部枝叶多见阳光，以免因过分荫蔽而枯萎，因而要使树冠下部宽阔，越向顶部越狭，通常以采用正梯形或馒头形为佳。从小到大，多次修剪，线条流畅，按需成形。一般的绿篱设计高度为60～150厘米，超过150厘米的为高大绿篱（也称绿墙），起隔离视线用。

（2）修剪的技术要求　绿篱生长至30厘米高时开始修剪。按设计类型3～5次修剪成雏形。

（3）修剪的时间　当次修剪后，清除剪下的枝叶，加强肥水管理，待新的枝叶长至4～6厘米时进行下一次修剪，前后修剪间隔时间过长，绿篱会失形，必须进行修剪。中午、雨天、强风、雾天不宜修剪。

（4）修剪的操作　目前多采用大篱剪手工操作，要求刀口锋利紧贴篱面，不漏剪少重剪，旺长突出部分多剪，弱长凹陷部分少剪，直线平面处可拉线修剪，造型（圆形、蘑菇形、扇形、长城形等）绿篱按形修剪，顶部多剪，周围少剪。

（5）定型修剪　当绿篱生长达到设计要求定型以后的修剪，每次把新长的枝叶全部剪去，保持设计规格形态。多数绿篱是按一定形状修剪的，但对生长缓慢的树种，以及高式竹篱和以观花为目的的花篱，多不作修剪，或只作高部枝条的调整。对于需要修剪的绿篱，可营建成以下几种形式：一是修剪成同一高度的单层式绿篱；二是由不同高度的两层组合而成的二层式绿篱；三是二层以上的多层式绿篱。从遮蔽效果来讲，以二层式及多层式为佳，多层式在空间效果上更富于变化。通过刻意修剪，能使绿篱的图案美与线条美结合，还能使绿篱不断更新，长久保持生命活力及观赏价值。

技能训练3 摆放庭院绿植

私家庭园中的植物功能应该是多样化的，不仅有观赏娱乐的目的，还应有让人参与的功能。参与会使人获得满足感和充实感。设计花园和园艺设施，自己动手在家中的小花园里种上芳香保健的草木花卉，体验 DIY 乐趣。庭院的形状有多种，正方形、长方形、宽扁或窄长，想好你要在院子里做些什么，停留坐卧或是只需穿行往来，依此来确定硬地铺装和绿化的结合方式。绿化的部分要注重层次，注意高矮搭配和色彩搭配。如果是盲目种植只会显得杂乱，千万不要让院子沦落为花草仓库。

（1）入口处的植物 大门对庭园设计有着非同寻常的意义。植物配置设计应该使人获得稳定感和安全感。常见的绿色屏障既起到与其他庭院的分隔作用，对于家庭成员来说又起到暗示安全感的作用，通过绿色屏障实现了家庭各自区域的空间限制，从而使人获得了相关的领域性。通过组合一定数量的树木勾画入口处的主体特征。

（2）主庭中的植物 新手布置庭院时，植物品种不宜太多，以一两种植物为主景植物，再选种一两种作为搭配。植物的选择要与整体庭院风格相配，使植物的层次清晰、形式简洁。常绿植物比较适合北方地区。在处理这种组合时，绿色深浅程度的细微差别可作为安排植物位置的一个标准。深绿色的大戟属植物成为浅绿且发白色的蕨类植物的陪衬，同时也将颜色介于两者之间或深或浅的八仙花属植物的叶片突出出来。

此外，叶形、叶片大小、纹落图案的差别也是安排此类组合的重要依据。而且每当庭园被划分成若干部分，或者在园地上制作几何图形，高大的树木和园地的灌木都会成为非常重要的设计因素。小径边的植物应该给散步的人一种祥和安逸的感觉。有些小径的设计单纯朴素，而有些小径的处理则颇费心思：路边簇拥着灌木丛，或伴随着花坛。对于某些设计者，庭园小径的设计清晰地体现了主人的性情。这种植物组合的核心就是充分利用差别做文章。将两种或者更多种颜色相同的观花植物栽种在一起时，要通过株型和叶形上的差异来确保组合的景观效果。将浅粉色的金花菊与福禄考栽种在一起，营造较强烈的粉色浪漫氛围。当然，金花菊与福禄考花朵的形状还是有较大的差别的。金花菊一个花梗上盛开一朵成串的粉色小花这一差别成为该组合的一个亮点。小庭里的植物垂直的线条在花园侧边或露台等小空间的景观中，被设计得淋漓尽致。

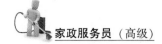

毛竹更多地用在较小的庭院空间，通常自然的落叶类植物因具有俊美挺拔的树干而备受青睐。这类空间多采用单株植物，它的形体、色彩、质地、季相变化等被充分发挥；丛植、群植的植物通过形状、线条、色彩、质地等要素的组合以及合理的尺度，加上不同绿地的背景元素（铺地、地形、建筑物、小品等）的搭配，为景观增色，能让人在潜意识的审美感觉中调节情绪。

复习思考题

1. 草坪施肥时，应注意哪些事项？
2. 简述插花造型的原则。

第四章

照护孕产妇与新生儿

培训学习目标

1. 熟练掌握孕产妇与新生儿的基本照护技能。
2. 熟悉孕产妇与新生儿的生理、病理状态。
3. 了解孕产妇与新生儿的生理、病理状态的基本原理。

第一节　照护孕妇

一、孕妇忧虑、焦虑、抑郁等不良情绪的疏导方法

1. 孕妇忧虑、焦虑、抑郁等不良情绪概述

妊娠期妇女的情绪变化对胎儿身心发育有直接影响。如果孕妇心情舒畅，宫内的胎儿活动便正常而有规律；孕妇若在整个孕期情绪稳定，无过大的精神刺激（病理状态除外），分娩一般都较顺利，胎儿也较健壮。反之，当孕妇情绪不稳定，或大怒、大悲，胎动均会明显增强，严重的甚至会引起宫内胎儿畸形、死亡或早产；如果孕妇在整个孕期精神欠佳，情绪低落，呱呱坠地的婴儿不仅体重较轻，而且体质较弱。因此，妇女在怀孕期保持良好的心态和情绪十分重要。

受孕早期，女性身体发生了一系列的变化，体内的激素水平与非孕时期有很大的改变，致使情绪活动会有许多改变，有时好像变了一个人似的，平时温柔、善解人意的变得脾气暴躁、易怒、不通人情。此外女性优美的身材和美丽的容貌都有些改变，难免会感到不安。怀孕对多数女性来说是第一次，生理及心理上的不适导致工作或者生活中会有许多意想不到的困难。此时是孕育的关键时期，胎儿的大部分组织器官在此阶段形成，也是孕妇全孕期心理状态最差

的时期，此阶段孕妇的心理状态对分娩结局有着重要的影响，尤其是与产后抑郁症的发生有着密切的相关性。相关研究也表示胎儿出生缺陷的发生与孕早期心理状况密切相关。

妊娠中期，孕妇逐渐适应了妊娠引起的各种变化，妊娠反应也减轻或消失了，孕妇情绪相对稳定，对事物反应的敏感性有所下降，这是一种正常的对外防御能力，使孕妇免遭外界不良刺激对其身心的影响。孕中期时孕妇的心理问题发生率也很高，因此此阶段也是关系妊娠和分娩能否顺利进行的重要时期。孕中期孕妇的心理负面情绪可以使产程延长，产时和产后 24 小时的出血量增加，并且会降低新生儿出生 1 分钟时的阿氏评分，妊娠中期时孕妇出现的心理障碍对其产程和新生儿的健康均会产生一定的影响。

妊娠晚期，由于胎儿的生长发育，孕妇各器官的负担加重，甚至接近高峰，孕妇的心理会越来越紧张焦虑，担心能否顺利分娩，会不会发生难产等，表现为情绪不稳定，精神压抑等。还会担心生下来的孩子是否健康，会不会有畸形，尤其是妊娠期间患病的孕妇，怕自己的病影响孩子，或自己服过药会不会影响孩子的发育，孩子会不会长相丑陋，不漂亮等。在这个时期，孕妇普遍担心自己是否能够承受分娩时的阵痛，要不要剖宫产，生产时会不会有危险，产后体形能否恢复。相关研究也发现抑郁组孕妇第一产程和第二产程时间均明显延长，并且产后 2 小时的出血量也增加，可能是因为负面情绪会引起神经递质的大量分泌，去甲肾上腺素的减少，使得子宫收缩无力，进而发生滞产或者产程延长，增加产时和产后的出血量，同时子宫血液的减少有可能引起胎儿宫内缺氧。

2. 孕妇忧虑、焦虑、抑郁等不良情绪的疏导方法

妊娠期间，孕妇的这些不良情绪经常出现，我们要告诉和帮助孕妇做好自我调节，使其认识到妊娠、分娩、哺乳都是一种正常的生理现象，自己一定能够顺利度过，分娩一个健康、活泼、聪明、可爱的孩子。应帮助孕妇保持心态的平稳，正确对待生活和工作中的问题，保持乐观的情绪，调整心情，做好物质准备来分散紧张心情。视孕妇工作情况及身体状态可以选择产前提前两周休假，离开紧张的工作环境，以平稳的心态迎接宝宝的诞生。

1）应了解一些简单的心理学知识。当孕妇遇到问题时，特别是知、情、意的转变时，运用心理学知识就可以合理调节。人的情绪会像大海一样潮起潮落，大多数抑郁都是正常的情绪反应，轻度抑郁会随着时间的推延而缓解，但中度、重度的抑郁如不及时调整和疏导，会埋下隐患。这时，应到专业机构请心理辅导人员帮助调整和治疗。

2）疏导不良情绪，并合理宣泄。不良情绪需要疏导，否则积压成疾，会产生心理疾病。适当发脾气也是缓解压力的一种方式，也不要怕自己哭出来，哭也是一种很好的宣泄。

3）接纳自我情绪。有些孕妇认为抑郁、焦虑、担忧、恐惧是不健康的表现，出现后总想马上驱除，结果却是剪不断理还乱。事物都有一定的规律，情绪也有它自身的消长规律，让自身享受一下痛苦的过程，才能有反省后深刻的宁静。

4）以情制情，特意转移。孕妇遇到问题时，应用积极情绪去协调消极情绪，有意地去用其他事情去调整不良情绪，遇到问题冷静思考，来缓解紧张焦虑。

5）用脱敏的方法，循序渐进进行调整。此时，孕妇可听一些放松音乐，使自身投入到喜欢的环境中，如森林、大海、山谷等，进行有节奏的深呼吸，将放松逐步地渗透全身，同时也会增强孕妇的自身免疫力。

6）把自身的想法说出来，和家人或朋友一起缓解。常言说：痛苦和别人分担就变成半个痛苦，快乐和别人分享就变成双倍的快乐。

7）请家人配合。在调节情绪上，孕妇家人的配合非常重要。孕妇的抑郁与社会的支持不足有密切的关系。孕妇的抱怨、发脾气只是一种宣泄，家人的耐心倾听会使孕妇感到自律，增强自控能力。孕妇遇到心理问题时，不要回避，应主动地把自身想法说出来，和家人或朋友一起缓解。

二、胎教的基本方法与注意事项

1. 良好胎教的基础

（1）避免刺激　孕妇应尽量不看惊险刺激或恐怖的影视，不参加紧张的活动。孕妇在精神过度紧张或遭受刺激时，会致使中枢神经功能紊乱，容易引发妊娠期高血压。孕期中的准妈妈可以多欣赏优美的音乐，阅读些趣味的、活泼健康的文学作品与娱乐节目，到风景秀丽的地方去散步，保持正常的生活规律，避免懒散的生活方式。

（2）稳定情绪　孕妇要精神愉快，情绪安定，遇事要自我控制，不要大喜、大悲、大怒，排除有害信息对情绪的干扰。如果孕妇的压抑情绪延续几个星期，那么胎儿的超量活动就可能贯穿整个胎儿期，从而影响胎儿的发育。美国心理学家克雷奇等人的实验还证明：怀孕期间的情绪激动会影响后代的情绪特征。

2. 孕期胎教基本方法与注意事项

（1）音乐胎教　通过音乐给予胎儿适当的听觉刺激，促进胎儿发育，这种胎教方法叫作音乐胎教。

音乐胎教能刺激胎儿的听觉器官，最佳的胎教时间从怀孕的 16 周开始，便应有计划地去实施。每天 1～2 次，每次 5～10 分钟，在有胎动的时候进行。一般在晚上临睡前会比较合适，胎教音乐应选择节奏平缓、流畅、温柔、不带歌词的乐曲。

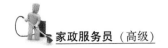
音乐胎教需要注意以下事项：

1）要选择一些符合听觉需要的胎教音乐，才会真正达到提高胎儿智力和促进胎儿发育的目的，并非是优美的音乐就都可以作为胎教音乐。频率过高的声音会伤害胎儿内耳螺旋器基底膜，使胎儿出生后可能听不到高音频的声音；节奏过快或力度太重的音乐，则会损害胎儿听力。经抽样调查，市场上出售的某些胎教音乐并不合格，有的音频高达5000赫兹以上，所以选择胎教录音带最好请教专业人员。为了避免高频声音对胎儿造成伤害，应该把高达2000赫兹以上的胎教音乐调至2000赫兹以下，这样对胎儿才会安全。

2）不要使用传声器，降低噪声。

3）胎教音乐不宜过长，一般情况下以每次5～10分钟为宜，最好每天进行3次。

4）胎教音乐中不可突然大声，因为这可能对胎儿产生惊吓，影响胎教效果，甚至会影响胎儿将来的生长发育。

5）音乐胎教应选在胎儿清醒时进行（胎动时或轻推腹部让宝宝醒来）。

6）胎儿最适宜听中、低频调的声音，而男性的说话及唱歌声音一般是以中低频为主。所以，父亲是音乐胎教中的最佳教师。

（2）语言胎教　语言胎教是指在妊娠期孕妇自己或家人有感情、有目的地对胎儿说话。这么做可以在宝宝的大脑中留下人类社会最初的语言印记，为孩子将来的学习和生活的打下基础。

在怀孕20周时，胎儿的听觉功能已完全建立了。母亲的说话声不但能传递给胎儿，说话时的胸腔振动对胎儿也有一定影响。这时孕妇要特别注意自己说话的音调、语气、用词，要给胎儿一个良好的刺激。对话胎教也是非常重要的，要求夫妻双方参与，要把胎儿当作一个懂事的孩子，和他说话、聊天，唱歌给他听。例如，母亲对胎儿喃喃自语地讲述一天的生活，早上起床的第一句话是："早上好，我最可爱的小宝贝！"打开窗户时说："啊！太阳升起来了……"妊娠18周开始数胎动时，通过母亲对胎儿的高度注意，对胎儿体态的丰富想象及胎动的生动描述，开始进行对话胎教，这样既增进了母子之间的感情交流，又监护了胎动。

和胎儿对话，就像日常普通人的交谈一样，没有固定死板的内容与形式，问候、聊天都可以。当然，也可以讲故事、唱儿歌、背诵诗歌等，内容多样。要以简单、轻松为主。

一开始，准父母可以不断对胎儿重复一些单字，如水、饭、奶、人、手、口等。之后，除了不断复习上述的内容外，还要进行诱导性的语言训练：比如起床时，准妈妈可以轻抚腹部，对胎儿轻声说："早安，我的小宝宝。"洗澡时，对宝宝说："听见这流水的声音吗？妈妈洗澡了！这样才会干净！"洗脸、吃饭、看报纸时，都可做类似的问候或叙述。散步时，还可以说"宝宝看，天多么蓝，云儿像雪一样白。花儿多香，多鲜艳啊！"诸如此类的话语，让宝宝了解他即将面对的这个世界。

在语言胎教中，父亲的作用很重要。睡觉前，准爸爸可以通过轻抚孕妇的腹部来抚摸胎儿，非常慈爱而温和地说："宝宝，我是你的爸爸。爸爸一直在等着你，盼着你，想看看你的样子，你的小脸蛋，你的小手，小脚丫。爸爸爱你！"听到爸爸非常有亲和力的声音，宝宝会十分愉悦的。现代心理学研究证明，这样的语言交流应该更多地让准爸爸来实施，这样不仅会让夫妻更加恩爱，而且可以让胎儿体会到父母之间的深厚感情，有利于宝宝今后的情感发育。

语言胎教需要注意以下事项：

1）在怀孕 4~5 个月，准父母就可以对宝宝开展诸如上述的对话了。切记每天的对话要按时进行，时间不要太长，一般 1~3 分钟就足够了，而且别太复杂。在对宝宝说话时，最好每天开头和结尾都使用同样的词语，这样可以强化宝宝的记忆。长期进行，效果显著。

2）进行胎教时，准妈妈需要保持心境平和，精力集中。只有这样，母子（女）之间才可能通过语言和思维进行更充分的交流。

3）先将要讲的故事在自己的脑海中形成一个"可视"的影像，再讲给宝宝听。这样的讲述会更加生动。即使时间不允许，也要选择一页图画，将上面的文字、图片等在自己的脑海中进行"视觉化"，然后再开讲。这样的"视觉化"过程，可以更好地将信息传递给胎儿。

（3）抚摸胎教　抚摸胎教是指有意识、有规律、有计划地抚摸胎儿，以刺激胎儿的感官。抚摸胎教可以锻炼胎宝宝皮肤的触觉，并通过触觉神经感受体外的刺激，从而促进胎宝宝大脑细胞的发育，加快胎宝宝的智力发展。

抚摸胎教还能激发起胎宝宝活动的积极性，促进运动神经的发育。经常受到抚摸的胎宝宝，对外界环境的反应也比较机敏，出生后翻身、抓握、爬行、坐立、行走等大运动发育都能明显提前。

在进行抚摸胎教的过程中，不仅让胎宝宝感受到父母的关爱，还能使准妈妈身心放松、精神愉快，也加深了一家人的感情。

抚摸胎教方法：每晚睡前先排尿，平卧在床上，放松，然后用双手由上至下、从左向右，轻缓地抚摸胎儿，持续 5~10 分钟。注意动作一定要轻柔。

1）来回抚摸法。怀孕 3 个月以后，可以进行一些来回抚摸的练习。准妈妈在腹部完全松弛的情况下，用手从上至下、从左至右，来回抚摸。

2）触压拍打法。怀孕 4 个月以后，在抚摸的基础上可以进行轻轻地触压拍打练习。准妈妈平卧，放松腹部，先用手在腹部从上至下、从左至右来回抚摸，并用手指轻轻按下再抬起，然后轻轻地做一些按压和拍打的动作，给胎宝宝以

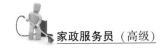

触觉的刺激。刚开始时，胎宝宝不会做出反应，准妈妈不要灰心，一定要坚持长久地有规律地去做。一般需要几个星期的时间，胎宝宝会有所反应，如身体轻轻蠕动、手脚转动等。

注意事项：开始时每次5分钟，等胎宝宝做出反应后，每次5~10分钟。在按压拍打胎宝宝时，动作一定要轻柔，准妈妈还应随时注意胎宝宝的反应，如果感觉到胎宝宝用力挣扎或蹬腿，表明他不喜欢，应立即停止。

三、妊娠期高血压疾病、糖尿病家庭护理方法

1. 妊娠期高血压疾病

妊娠期高血压疾病是妊娠与血压升高并存的一组疾病，发生率约5%~12%。该组疾病严重影响母婴健康，是孕产妇和围产儿病死率升高的主要原因。主要表现为高血压，较重时出现蛋白尿，病情严重时发生抽搐。

（1）心理护理　孕妇情绪紧张焦虑，因此要主动与其沟通，关心爱护孕妇。认真倾听其诉说，态度和蔼，给予心理上的安慰与支持。保持愉快安定的情绪，鼓励和指导家属参与和支持，以取得良好的合作。

（2）饮食护理　注重饮食的科学化，尽量多食易消化的食物，如蛋白质、维生素、钙等元素。对食盐摄入严格控制，每日低于3克，这是由于过多食用食盐会加重水肿，并致低钠血症，引起产后血液循环衰竭而降低食欲，使得母婴失去必要的营养元素，不利于母婴体质的改善，对水肿明显者最好禁止食盐的摄入。

（3）保健指导　孕妇居住环境要相对安静，光线适宜，孕期保证充足的睡眠，每日不少于10小时，睡眠时宜取左侧卧位，使回心血量增加，改善子宫胎盘的血供。观察并询问孕妇是否有头痛、视力改变、上腹部不适等自觉症状。提醒孕妇定时产前检查，督促孕妇每日自测胎动，并可自备家用胎心监测仪，加强胎心监测，协助孕妇每日监测体重及血压。

2. 妊娠期糖尿病

正常孕妇妊娠前糖代谢正常，妊娠期才出现的糖尿病，称为妊娠期糖尿病。妊娠期糖尿病对母婴均有较大危害。患者糖代谢多数于产后能恢复正常，但将来患2型糖尿病的机会增加。

（1）心理护理　妊娠期间糖尿病孕妇焦虑症和焦虑平均水平显著高于正常孕妇。糖尿病孕妇除了承受疾病本身带来的痛苦外，还要担心胎儿安危，所以心理压力较正常孕妇大。因此，要告知孕妇及家属在妊娠期间应严格控制血糖，加强监测，且保持积极乐观情绪，以利于胎儿正常发育。

（2）饮食护理　妊娠期糖尿病患者的饮食控制非常重要。约85%的孕妇通过生活调整后，血糖可以达到理想范围。孕妇除需要满足自身的能量代谢以外，还要满足胎儿在宫内生长发育的需求，因此，糖尿病孕妇每日热量的摄入不应

严格限制，以不引起孕妇饥饿又能严格限制碳水化合物的摄入，保持餐后血糖正常为最宜。主食应少食多餐，每天 5～6 餐，建议孕妇多吃维生素含量高的食物，注意维生素、铁、钙的补充。

（3）运动指导 运动疗法是一种辅助治疗方法，它能促进糖的氧化和利用，使血糖下降，为本病的有效疗法之一。指导孕妇进行积极的有氧运动，如散步、孕妇操等，以不感到疲劳为宜，时间为每天 1 次，每次 20～30 分钟，宜在餐后 1～2 小时进行。

（4）正确使用药物 胰岛素是妊娠期糖尿病孕妇唯一的治疗药物。胰岛素是大分子蛋白，因此它不会通过胎盘，对母婴都安全。让孕妇及家属明白应用胰岛素的重要性并积极配合治疗，掌握注射胰岛素的相关知识和注意事项。注射时要掌握剂量、注射部位等，注射后注意孕妇的反应，观察有无头晕、无力、饥饿、脉搏快等低血糖反应，若出现这种情况，应进食含糖食物，及时调整胰岛素用量。

（5）妊娠期血糖监测 指导或协助孕妇使用血糖仪监测血糖，并记录所监测的血糖值。据此在医护人员的指导下控制饮食或使用胰岛素。

技能训练

技能训练 1 为孕妇制作 9 种以上滋补膳食

一、鸭血豆腐 （图 4-1）

图 4-1 鸭血豆腐

原料：鸭血 50 克、豆腐 100 克、葱、姜、高汤、醋、盐、淀粉。

制作：鸭血、豆腐切成方块状，炒锅加底油，葱段、姜片爆香，放入鸭血、

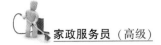

豆腐翻炒片刻，加入适量高汤炖熟，盐调味，最后洒上葱叶。

二、银鱼豆芽（图4-2）

图4-2　银鱼豆芽

　　原料：银鱼20克，黄豆芽300克，胡萝卜丝50克，葱、植物油、盐各少许。

　　制作：银鱼焯水，沥干；炒锅加底油，葱花爆香，放入黄豆芽、银鱼及胡萝卜丝翻炒，适量盐调味，略微翻炒后装盘。

三、排骨山药汤（图4-3）

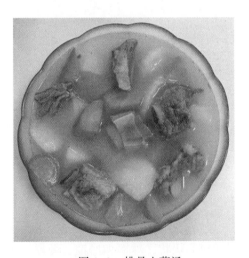

图4-3　排骨山药汤

原料：排骨 500 克，山药半根，胡萝卜 1 根，生姜适量，料酒 1 茶匙，白醋几滴，盐少许。

制作：山药洗净，削去外皮，切成滚刀块备用；胡萝卜同样切成滚刀块。排骨焯水洗净。砂锅放适量水烧开（一次放够，中途不再加水），把排骨和姜、料酒一起放入，用大火烧开后转小火，同时加入几滴白醋。小火煮 1 小时后，再放入山药、胡萝卜，小火再煮 1 小时，放适量盐调味即可。

四、裙带菜蛋花汤（图 4-4）

图 4-4　裙带菜蛋花汤

原料：裙带菜、虾皮、香油各 10 克，鸡蛋 1 个，植物油、盐、葱各少许。

制作：鸡蛋打入碗内搅匀。葱择洗干净，切成葱花。干裙带菜加水泡开洗净，放入锅内，加适量水置火上烧开，淋入蛋液，煮开后加入适量虾皮、葱花、香油、盐调味即可装碗。

五、虾仁青菜面（图 4-5）

原料：面条（生）150 克，虾仁 50 克，青菜 30 克，高汤 250 毫升，葱、盐、糖、黄酒各少许，植物油 1 小匙。

制作：锅内放少量盐，烧开水，放入面条，中途加 3 次冷水煮至面熟，捞起备用；虾仁洗净加入黄酒、盐、糖、淀粉拌匀，入 6 成热油锅中煸炒后盛起；锅内加入高汤用中火煮开后，放入青菜烫熟；最后将煮熟的面条放入高汤内加热装碗，再加入虾仁即可。

图 4-5　虾仁青菜面

六、排骨莲藕汤（图 4-6）

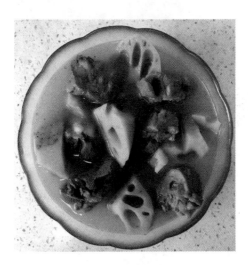

图 4-6　排骨莲藕汤

原料： 排骨 250 克，老藕 250 克，葱、姜、料酒、盐少许。

制作： 排骨洗净清理干净后剁成小块，莲藕去皮切块；烧一锅沸水，加几片姜和料酒，放排骨进去焯水，然后捞出清洗干净后沥干水分下锅，加入开水，水量刚没过排骨就行；大火烧开后下藕块，再次烧开后转小火，盖盖焖煮约 2 个小时，加入适量盐即可。

七、青芹拌香干（图4-7）

图4-7　青芹拌香干

原料：芹菜、香干各150克，香油15克，醋20克，盐3克，蒜泥5克。

制作：芹菜洗净，切丁，放入开水锅焯一下，用凉开水泡凉，沥水备用；香干洗净，切丁与芹菜丁放一起，加香油、醋、盐、蒜泥，拌匀即成。注意焯芹菜时不能焯烂，以免影响菜的营养和口味。

八、香菇青菜（图4-8）

图4-8　香菇青菜

原料：鲜香菇 50 克，青菜 200 克，植物油 20 克，高汤 100 毫升，盐少许。

制作：青菜择洗干净，切成 3 厘米长的段，梗叶分置；鲜香菇去蒂洗净用开水焯一下。锅置火上，放油烧热，先放油菜梗，再下油菜叶同炒几下。放入高汤，加入香菇烧至菜梗软烂，加入适量盐调匀即成。

九、虾仁炒豆腐（图 4-9）

图 4-9　虾仁炒豆腐

原料：青虾仁 100 克，豆腐 150 克，淀粉、葱花、姜末、盐、糖、植物油、料酒少许。

制作：虾仁洗净加入料酒、盐、糖、淀粉拌匀；豆腐洗净，切成小方丁；锅置火上，放油烧热，倒入虾仁，用旺火快炒几下，再将豆腐丁放入，继续翻炒至熟，加入适量盐，再炒几下即可。

技能训练 2　疏导孕妇的不良情绪

1. 孕早期的心理调节

1）转移情绪：当孕妇出现担心、紧张、抑郁心理时，就让她去做一件高兴或喜欢的事，帮助孕妇转移她的不良情绪。

2）释放烦恼：指导孕妇把自己的烦恼向家人或丈夫倾诉，能非常有效地调整孕妇的情绪。必要时应接受心理医生的心理咨询及疏导。

3）与好友交流：指导孕妇不要把自己封闭在家里，而应结交情绪积极乐观的朋友，充分享受与他们在一起的快乐，让他们的良好情绪感染自己。

4）改变形象：换一个发型〔切忌烫发或染发〕，买一件新衣服，装点一下房间，都会给孕妇带来一种新鲜感，从而改变沮丧的心情。

5）减轻孕吐：孕吐反应会使孕妇烦恼、沮丧，因此要尽量设法减轻症状。早晨可以吃些饼干或点心，半小时后再起床。无论呕吐轻重，都不要不吃东西。可以多吃清淡可口的蔬菜水果，少吃油腻甜食，以少食多餐为好，做深呼吸也可以缓解呕吐。

2. 孕中期的心理调节

1）积极活动：适当地活动、做一些用力平缓的家务、正常上班。可增强孕妇的肌肉力量，对日后分娩有一定帮助；可振奋精神，对于保持稳定、健康的心理状态大有益处。

2）做产前准备：孕妇对分娩隐约产生恐惧时，可以学习一些分娩知识，并和家人一起为未出世的宝宝准备一些必需品。这样会使孕妇心情好转，对分娩从恐惧逐渐变为急切的盼望。

3）避免不良刺激：应避免让孕妇听到胎儿畸形、损伤及死亡的事情，这可能会对心理造成不良刺激。

3. 孕晚期的心理调节

1）克服分娩恐惧：指导孕妇和丈夫一起学习医学有关知识，了解分娩全过程以及可能出现的情况；了解分娩时应怎样配合，进行分娩有关训练。这对减轻孕妇的心理压力，解除心理负担大有帮助。

2）做好分娩准备：定期做孕晚期检查，特别是临近预产期时，丈夫应常陪伴左右。要让孕妇感到家人及医生为自己做了大量的工作，使孕妇感到有依靠。

3）转移注意力：指导孕妇根据兴趣做一些转移注意力的事，和丈夫一起听优美的轻音乐，或者观看一些轻松搞笑的影片视频，也可以漫步于环境优美的大自然等。这些方法都可镇定孕妇的情绪，减轻产前忧虑和紧张。

4）积极心理暗示：指导孕妇可经常对自己进行心理暗示，在心里默念"我就要见到日思夜想的宝宝了，这是一件让人心旷神怡的事情""我很健康，生宝宝时肯定有力"等。

5）安心等待分娩：如果孕妇无意外，不宜提早入院。因为，入院后较长时间不临产，会使孕妇产生紧迫感。尤其看到后入院的产妇已经分娩，对她们的心理也是一种刺激。而且，入院后每件事都有可能影响孕妇的情绪，同时也会让孕妇休息得不够好，从而影响体力等。因此，在出现分娩征兆前，孕妇应安心在家中待产，除非医生建议提前住院。

技能训练3　为孕妇推荐胎教音乐和胎教故事

1. 胎教音乐

1）《奇妙的仙境》。

2）《天使的声音》。

3）《祝福》。

4）《钢琴奏鸣曲第一乐章》。

5）《天使宝贝》。

6）《安睡吧》。

7）《小宝贝》。

8）《摇篮曲》。

2. 胎教故事

1）《狒狒的雨伞》。狒狒撑着一把雨伞在树林中散步，路上它碰见了长臂猿。长臂猿非常热情地同它打着招呼："你好啊！狒狒！好些天没见到你了，身体好吧？哟！这么大晴的天儿怎么打伞呐？"狒狒回答说："我挺好的。我是为了防备下雨才拿的伞，可现在我躲在伞下享受不到明媚的阳光"。长臂猿告诉它："你在伞上挖个洞，阳光不就照到身上了吗？"狒狒果然照办了，温暖的阳光照在身上好舒服啊。可是不一会倾盆大雨就落了下来，举着伞的狒狒和没拿伞的长臂猿顿时都被浇成了落汤鸡。这个故事讲的是：别人向你提的建议，要想想是否适合自己，不要盲目听取。

2）《最大的财富》。有个年轻人整天抱怨自己太穷，什么财富都没有。一天，一个老石匠从他家门口路过，听到了他的抱怨，就对他说："你抱怨什么呀？其实，你有最大的财富！"年轻人惊讶地问："我有什么财富？"老石匠说："你有一双眼睛，你只要献出一只，就可以得到你想要的任何东西。"年轻人说什么也不献。老石匠又说："让我砍掉你的一双手吧，你可以得到许多黄金！"年轻人更是不能同意了。老石匠："现在你明白了吧，人最大的财富是他的健康和精力，这是用多少钱都买不到的。"这个故事讲的是：健康的体魄和旺盛的精力，是人的最大财富。

3）《小绿灯》。小绿灯，是一只小萤火虫的名字。

天早就黑了，萤火虫妈妈还不见小绿灯飞回来，就在草丛上飞来飞去，喊着"小绿灯，小绿灯！"这时，小绿灯藏在一片牵牛花的叶子下，声音抖抖地说："我……怕……怕月亮笑话我！"

皎洁的月亮又圆又亮，挂在黑蓝黑蓝的天上。萤火虫妈妈很奇怪："月亮为什么要笑话你？"

小绿灯飞到妈妈身边说："那还用说吗？我的小灯那么小，月亮却把半个地球都照亮了，月亮能不笑话我吗？"

小绿灯说话的声音很轻，可还是被月亮听见了。她微笑着说："小绿灯，你真的很小，但你的光是自己发出来的呀！"

小绿灯高兴了。它飞起来，仔细地瞧着自己点的小绿灯，对妈妈说："可不，我的小灯虽然小，到底是自己发出的光啊！可不像月亮靠人家的光……

萤火虫妈妈听了，皱起眉头："孩子，刚才你瞧不起自己，是不对的；可现在，你怎么又瞧不起月亮了？"

小绿灯还是不服气："月亮不是靠太阳才亮的吗？"

萤火虫妈妈摇摇头，说："孩子，你的小绿灯虽小，是自己发的光，你不必在月亮面前抬不起头；可月亮呢，虽然反射的是太阳的光，可她本身也发挥了'反射'的作用啊！要是没有她，夜晚不也是一片漆黑吗？"小绿灯听着妈妈的话，越想越对，于是就同妈妈一起朝浓密的树林里飞去了。

皎洁的月亮照着小绿灯，小绿灯也向月亮闪着绿莹莹的光。

4）《三个好朋友》。花园里有三只蝴蝶，一只是红色的，一只是黄色的，一只是白色的。三个好朋友天天都在一起玩，可快乐了。

一天，它们正玩得高兴，天突然下起了雨。三只蝴蝶的翅膀都被雨打湿了，浑身冻得发抖。

三只小蝴蝶一起飞到红花那里，对红花说："红花姐姐，让我们飞到你的叶子下面躲躲雨吧！"红花说："红蝴蝶进来吧，其他的快飞开！"

三个好朋友一起摇摇头："我们是好朋友，一块儿来，也一块儿走。"

雨下得更大了，他们一起飞到黄花那里，齐声向黄花请求说："黄花姐姐，黄花姐姐，大雨把我们的翅膀淋湿了，大雨把我们淋得发冷了，让我们到你的叶子底下避避雨吧！"黄花说："我的家太小了，黄蝴蝶的颜色像我，请进来，红蝴蝶、白蝴蝶，请到别处去吧！"

三只蝴蝶一起飞到白花那里，齐声向白花请求说："白花姐姐，白花姐姐，大雨把我们的翅膀淋湿了，大雨把我们淋得发冷了，让我们到你的叶子底下避避雨吧！"白花说："我的家太小了，白蝴蝶的颜色像我，请进来，黄蝴蝶、红蝴蝶，请到别处去吧！"

三只蝴蝶分别到红花、黄花和白花下去避雨。这时候，太阳公公从云缝里看见了，连忙把天空的乌云赶走，叫雨别再下了。

天晴了。太阳公公发出光和热，把三只蝴蝶的翅膀晒干了。三只蝴蝶迎着太阳，一块儿在花园里快乐地跳舞，做游戏。

5）《勇敢的小刺猬》。小猴有许许多多小伙伴，小鹿啦，小白兔啦，小松鼠啦，还有一只小刺猬。小猴很喜欢其他的小伙伴，可就是瞧不起小刺猬。为什么呢？嫌它没用。瞧它那丑样儿：身上插满了大针，脑袋又尖又小不说，还老缩在肚子下面，一副胆小怕事的样子，真窝囊，小猴都懒得理他。

有一天，小伙伴们在玩捉迷藏，小刺猬也想参加，小猴很不高兴："去去去，你来凑什么热闹？"小刺猬眨了眨眼睛，样子很可怜，小鹿和小松鼠不忍心，来替小刺猬求情："让小刺猬和我们一起玩吧，小猴！"小猴叽咕道，"哼，让它来，它能干什么？呆头笨脑的。"这话太不公平了！小白兔跳出来打抱不平："小刺猬才不笨呢，它每天夜里都能捉好几只老鼠。你行吗？""捉老鼠有什么了不起？"小猴大声嚷起来，"它能跟我跑得那样快吗？能像我一样爬上这棵树吗？"大伙都不吭声了。小刺猬什么话也没说，悄悄地躲到一边去了。

捉迷藏开始了。小白兔撒腿就往草丛里跑，长长的草遮住了它雪白的身子。谁也看不见，小猴正在到处找小白兔呢，忽然，小白兔惊慌地尖叫起来："蛇！蛇！有蛇！"小伙伴们都从藏身的地方跑出来，七嘴八舌地问："蛇在哪儿？""蛇在哪儿？"

小白兔还没来得及回答，就听见"沙沙"一阵响，那条蛇已经爬到它跟前了。这条蛇啊，身体又粗又长，脑袋是三角形的，细长的舌头一伸一伸发出"咻咻"的声音，好吓人呐。小猴不由得大喊一声"快跑！"跑得比谁都快！小白兔、小松鼠和小鹿抱着脑袋跟在后边跑。蛇才不肯放过它们呢，拼命地朝前追呀追呀。小动物们都吓坏了！

不料，小刺猬突然从草丛里钻出来，一口咬住蛇尾巴，然后把头缩进肚子底下，团成了一个刺球。蛇把头抬得高高的，凶狠地摇来摇去，想咬死小刺猬。小刺猬一点儿也不害怕，还是紧紧地咬住蛇尾巴不放，蛇盘成了一团，想绞死小刺猬。小刺猬鼓足了劲，弓起背，把全身的尖刺都竖起来。蛇的身上被刺得全是小洞，疼得乱扭，挣扎几下，就放开小刺猬，一溜烟跑掉了。

后来小伙伴们都回来了，看到小刺猬居然把凶恶的大毒蛇给赶跑了，都七嘴八舌地夸奖起来："今天多亏了小刺猬救了我们！""小刺猬不但能捉老鼠，还能斗毒蛇，真了不起！"这时候，小猴再也坐不住了，低着头红着脸，走到小刺猬身边说："小刺猬，你真勇敢，我不该小看你，请你原谅我吧！"

6)《春天来了》。春天来了，小树发芽了，小草变绿了，小花也开了，有桃花、梨花、丁香花、玉兰花，真是漂亮极了。

晚上，天空挂着月亮，小星星在月亮婆婆身边睡着了。这时，公园里传来了好听的说话声。

桃花说："春天真好，我最喜欢春天了，太阳暖暖的，花儿也开了，多好啊！你们说是不是我先开的？是我把春天迎来的。"

梨花说："你说的不对，是我先开的，你看我全身白白的，多像雪白的玉。"

玉兰花说："你们说的都不对，是我最先和春姑娘说话的，我最香了，春姑娘最喜欢我了。"

花儿们的说话声把月亮婆婆吵醒了，月亮婆婆问花儿们："你们说什么呢？真热闹，让我也听听？"

梨花向月亮婆婆招招手，高兴地说："月亮婆婆，春天真好，您告诉我们。是谁最先把春天姑娘迎来的？"

月亮婆婆想了想，微笑着说："我知道刚才你们说什么了，我来告诉你们答案。春姑娘是小草最先迎来的，在你们没开花的时候，小草已经钻出地面了。"

听了月亮婆婆的话，桃花、梨花、玉兰花都低下了头。

月亮婆婆又说："好了，孩子们，咱们睡觉吧！待一会儿春姑娘该来叫你们了。"

公园里又静静的了，月亮婆婆，还有桃花、丁香花、玉兰花都闭上眼睛了，她们的梦里春姑娘还在跳舞呢。

第二节　照护产妇

一、产妇乳房护理目的与护理方法

1. 产妇乳房护理目的

促进产妇乳腺的通畅、乳汁的分泌、减轻乳房的充盈及不适、矫正乳头凹陷。

2. 产妇乳房护理方法

1）保持乳房清洁、干燥，经常擦洗。

2）指导或协助产妇每次哺乳前用温水、毛巾清洁乳头、乳晕，注意切忌使用酒精或肥皂擦洗，以免引起乳房局部皮肤干燥、皲裂。

3）乳头如有痂垢应先用护理油浸软后再用温水洗净。

4）协助产妇产后及早喂哺新生儿，婴儿及早吸吮可刺激产妇泌乳功能。

5）哺乳时应让新生儿吸空乳房，以免乳汁淤积影响乳汁分泌，如乳汁充足，孩子吸不完时，指导产妇挤出多余乳汁，预防乳腺管阻塞及两侧乳房大小不一等情况。

6）哺乳期使用棉质全包型文胸，大小适中，避免过松或过紧。

二、产妇乳房胀痛、乳头凹陷和皲裂的护理方法

1. 乳房胀痛护理

产后 2 ~ 3 天产妇往往会感觉乳房胀痛，体温会轻微升高，最早可在 24 小时内就涨奶。这是因为乳房淋巴和静脉充盈，乳腺管不畅，一般于产后 1 周乳腺管畅通后消失。也可采取以下方法缓解：

1）尽早哺乳：于产后半小时内开始哺乳，让新生儿充分有效地吸吮母乳。吸吮可促使乳腺管开放，并及时将乳汁排出，减少乳汁淤积。

2）外敷乳房：哺乳前热敷乳房，可促使乳腺管畅通。如肿胀严重，可在两次哺乳间冷敷乳房，可暂时收缩血管，减少乳汁的分泌，从而减少局部充血、肿胀，为乳房按摩及挤奶赢得时间。

3）按摩乳房：运用乳房按摩仪或手法按摩，使乳房内部乳腺管局部组织变形、交换、产生体液调节，促进乳汁分泌，以达到及早疏通，预防乳腺管阻塞及治疗的目的。

2. 平坦及凹陷乳头护理

1）少数产妇乳头平坦或凹陷，婴儿较难吸吮到乳头，可指导产妇做以下练习：

乳头伸展练习：将两拇指平行放在乳头两侧，慢慢地由乳头向两侧外方拉开，牵拉乳晕皮肤及皮下组织，使乳头向外突出，接着将两拇指分别放在乳头上侧和下侧，将乳头向上、向下纵向拉开。此练习重复多次，做满 15 分钟，每天 2 次。

乳头牵拉练习：用一只手托乳房，另一只手的拇指和中、食指抓住乳头向外牵拉，重复 10～20 次，每日 2 次。

2）应用乳头矫正器，利用负压吸引的作用使乳头突出。

3）指导产妇使用仿真乳套以利于婴儿含住乳头，在婴儿饥饿时可先吸吮平坦一侧，因为此时婴儿吸吮力强，容易吸住乳头和大部分乳晕。

3. 乳头皲裂护理

乳头皲裂是由于哺乳时婴儿含接乳头方式不正确，没有把大部分乳晕含入口中造成的。轻者可继续哺乳，先让婴儿吸吮损伤较轻的一侧，再吸吮较重的一侧。指导产妇哺乳时采取舒适的姿势，哺乳前先热敷乳房和乳头 3～5 分钟，同时按摩乳房，并挤出少量乳汁使乳晕变软容易被婴儿吸吮。吸吮时让乳头和大部分乳晕含吮入婴儿口中。哺乳后，挤出少许乳汁涂在乳头和乳晕上，因乳汁具有抑菌作用，且含丰富蛋白质，能起到修复表皮的作用。疼痛严重者，可用吸乳器将乳汁吸出喂予新生儿或用乳盾间接哺乳。

三、产妇恶露的概述与观察要点

1. 产妇恶露的概述

产妇分娩后子宫蜕膜特别是胎盘附着物处蜕膜脱落，含有血液、坏死蜕膜、黏液等组织经阴道排出称为产后恶露。产后第一周，恶露的量较多，颜色鲜红，含有大量的血液、小血块和坏死的蜕膜组织，称为红色恶露。一周以后至半个月内，恶露中的血液含量减少，较多的是坏死的蜕膜、宫颈黏液、阴道分泌物及细菌，使得恶露变为浅红色的浆液，此时的恶露称为浆性恶露。

半个月以后至三周以内，恶露中不再含有血液了，但含有大量白细胞、退化蜕膜、表皮细胞和细菌，使恶露变得黏稠，色泽较白，所以称为白色恶露。白色恶露持续三周后消失。

产后恶露结束的时间也因人而异，有些产妇短至 2 周，有些产妇可达 6 周。

2. 产妇恶露观察要点

恶露的观察主要可以从量、持续时间、颜色、气味几方面来进行。产后最初 3 天的恶露量较多，可以达到平日月经量，颜色红色；3 天后至 2 周内的恶露量将逐渐减少，颜色也逐渐由红色转为淡红色；正常产妇产后 14 天后的恶露除量继续减少外，颜色也转为白色。

四、产妇观察、照护内容与护理方法

1. 子宫收缩观察

刚分娩的产妇子宫底位于脐下 1～2 指，2 小时后回复至脐平或脐上 1 指，24 小时后每天下降 1 指，产后 10 日下降至骨盆腔，即无法从腹部摸到。

2. 活动和休息

24 小时内适量活动，以床上运动为主，24 小时后鼓励下床。生理产产妇产后 7 天，剖宫产术后 10 天左右，如果身体恢复良好，可开始进行健身锻炼。良好睡眠有利于产后恢复，促进乳汁分泌，产妇应与孩子同步睡眠。

3. 生理产及剖宫产产后饮食

宜选高蛋白、高维生素及含纤维多的新鲜水果和蔬菜，少食辛辣等刺激性食物，哺乳的产妇要增加高蛋白的猪蹄汤、鸡汤等易吸收的汤类食品，其中，汤里面的油要撇出，添加少量盐等调料。

4. 排泄

产后 4～6 小时宜多饮水，尽早自解小便。产妇早期皮肤排泄功能旺盛，排出大量汗液，以夜间睡眠和初醒时更明显，不属于病态，产后 1 周自行好转。产后因卧床休息，食物中缺乏纤维素以及肠蠕动减弱，妊娠期腹肌、盆底肌张力下降，容易发生便秘，应多吃蔬菜，多饮水，早日下床活动。

5. 个人卫生

产妇衣着厚薄适当，勤用热水擦浴或沐浴，及时更换衣服、被单和会阴垫，保持床单清洁、干燥、卫生。

6. 产后休养环境

产妇的休养环境应温湿度适宜（温度 20～24℃、湿度 55%～65%）、光线充足、安静舒适，室内空气新鲜、流通。

7. 会阴护理

产后每日大小便后用温开水清洗外阴，洗净血迹。

8. 剖宫产手术切口护理

剖宫产手术切口须保持干燥，如有渗血、渗液、疼痛、吐线等情况应及时联系医生。

9. 乳房护理

产妇以正确姿势哺乳，早吸吮（1小时早开奶），喂奶最多间隔时间不超过3小时；乳房应保持清洁、干燥，每次哺乳前后用温水、毛巾清洁乳头和乳晕，切忌酒精或肥皂擦洗，以免引起干燥皲裂。哺乳后用乳汁涂抹乳头，自然干燥。

10. 性生活与避孕

产褥期禁止性生活，产后42天，经医生检查恢复良好，则可以正常性生活。但一定要采取严格的避孕措施。哺乳期间禁用避孕药，应使用工具避孕。

11. 退乳

因疾病或其他原因不能哺乳者应尽早退乳，产妇限制进食汤汁食物，不哺乳也不排空奶。

五、产妇忧虑、焦虑、抑郁等不良情绪疏导方法

1. 原因

（1）生物方面的病因　内分泌：在妊娠分娩的过程中，体内内分泌环境发生了很大变化，尤其是产后24小时内，体内激素水平的急剧变化是产后抑郁症发生的生物学基础。临产前胎盘类固醇的释放达到最高值，患者表现情绪愉快；分娩后胎盘类固醇分泌突然减少时患者表现抑郁。

（2）遗传　有精神病家族史，特别是有家族抑郁症病史的产妇，产后抑郁的发病率高，说明家族遗传可能影响到某一妇女对抑郁症的易感性和她的个性。

（3）心理因素　分娩是一个生理过程，但由于产妇缺乏对分娩过程的正确认识，90%产妇对分娩存在着紧张、恐惧心理，主要是分娩时的疼痛，是否能顺利分娩，分娩过程中母婴是否安全，婴儿是否健康，有无畸形，婴儿性别是否理想，能否被家人接受等担忧。另外产妇对即将承担母亲的角色不适应，有关照料婴儿的一切事要从头学起，对产妇造成压力，导致情绪紊乱，产生抑郁、焦虑、人际关系敏感，形成心理障碍。

（4）身体因素　产时和产后的并发症、滞产、难产、手术产是产后抑郁不可忽视的原因。由于分娩带来的疼痛与不适，使产妇感到紧张恐惧，导致躯体和心理的应激增强，造成心理不平衡，从而诱发产后抑郁的发生。

（5）社会因素　接触死胎死产婴儿的孕妇易产生精神伤害，曾经历了不良产史的产妇往往是忧心忡忡，精神高度紧张，其焦虑抑郁失眠等症状比一般产妇为重，更易导致产后情绪低落，是引起产后抑郁的诱发因素。

（6）家庭因素　产后母体雌孕激素水平急剧下降，产妇的心理脆弱，敏感性增强，容易引起情绪波动发生，此时的产妇非常在乎家人特别是丈夫的关心与帮助，如产后家属的冷漠，家庭的不和睦，家庭经济条件差，居住环境低劣，家庭对婴儿性别的期盼等都是产后发生抑郁的危险因素。

2. 表现

从分娩到产后一周至数周会出现情绪不稳定，易哭，情绪低落，焦虑或一过性哭泣，以及抑郁状态。

产后抑郁发展严重时成为产后抑郁症，终日闷闷不乐，觉得脑子一片空白，不能自制、失眠、疲倦、没有胃口、自责、焦虑，个别人还会出现自杀倾向，出现以上情况需要及时进行心理疏导或专科治疗。

3. 疏导方法

与产妇交流沟通、注意观察产妇情绪变化，发现异常及时疏导、将产妇情绪适时适当告知家属，取得家属支持配合。

技能训练

技能训练1　催乳膳食的制作

一、猪脚炖大枣（图4-10）

图4-10　猪脚炖大枣

原料：猪脚500克，大红枣50克，花生米50克，绍酒、葱、姜、盐少许。

制作：猪脚斩成小块洗净，大枣、花生米用水泡透；烧一锅沸水，加几片姜和料酒，放猪脚进去焯净血水，捞出洗净沥干与姜、葱一起下锅，加开水没过猪脚，大火煮开后改中火炖煮；猪脚五分熟时加入大枣、花生米，小火慢炖至熟，加少许盐调味即可。

二、通草鲫鱼汤（图4-11）

原料：鲫鱼2尾，冬瓜250克，葱、姜、盐少许。

图 4-11　通草鲫鱼汤

制作：清洗鲫鱼并沥干，葱切小段，姜切片；将鱼下冷水锅，加葱、姜，大火烧开后改小火慢炖；近熟时加入少许盐，调味煮熟即可。

三、清炖乌骨鸡汤（图 4-12）

图 4-12　清炖乌骨鸡汤

原料：乌骨鸡 1000 克，葱、姜、盐、料酒少许，党参 15 克、黄芪 25 克、枸杞子 15 克。

制作：乌鸡宰杀洗净，放沸水中焯水，除去血水；把乌鸡、料酒、香葱、生姜、党参、黄芪、枸杞子放入砂锅内，用大火烧开后，改小火慢炖至熟，加入少许精盐即可。

四、木瓜花生红枣汤（图 4-13）

图 4-13　木瓜花生红枣汤

原料：木瓜 500 克，花生 150 克，红枣 10 粒。

制作：木瓜去皮、去核、切块；将木瓜、花生、红枣和适量水放入陶瓷煲内，水煮开后改用文火煲 2 小时即可食用。

五、酒酿蛋花汤（图 4-14）

图 4-14　酒酿蛋花汤

原料：酒酿 1 块，鸡蛋 1 个。

制作：将酒酿加水煮开，打入鸡蛋，煮成蛋花状即可，趁热食用。

六、豌豆大米粥（图4-15）

图4-15 豌豆大米粥

原料：豌豆50克，大米适量。

制作：锅里放入清水，放入淘洗干净的大米。煮开后加入洗净的生豌豆以慢火煮粥，待大米煮开花后即可食用。

七、黄酒鲜虾汤（图4-16）

图4-16 黄酒鲜虾汤

原料：新鲜大虾100克，黄酒20克。

制作：大虾剪去须足，煮汤，加黄酒；或将虾炒熟，拌黄酒。

八、公鸡汤（图4-17）

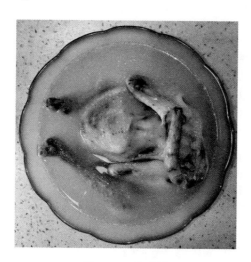

图4-17　公鸡汤

原料：750克左右的小公鸡一只，料酒、姜、葱、盐少许。

制作：小公鸡拔毛洗净，切块，在沸水里氽过，撇去浮沫；加少许料酒、姜、葱，大火烧开后小火炖1.5小时左右，鸡完全煮烂，加入少许盐调味即可。

技能训练2　按摩产妇乳房、疏通堵塞乳腺的操作技能（表4-1）

表4-1　按摩产妇乳房、疏通堵塞乳腺

步　骤	说　明
1. 洗手及准备用物，并将用物携至产妇床前	
2. 至产妇床前向产妇解释乳房护理的目的及步骤	
3. 关闭门窗，窗帘遮挡，根据室温选择是否使用取暖设备	
4. 协助产妇采取舒适卧位	
5. 协助产妇露出乳房，并在产妇胸前盖上大浴巾	● 注意保护产妇隐私。
6. 开始乳房护理步骤	
（1）清洁 1）用脸盆取一盆清水至产妇床前 2）协助产妇露出一侧乳房，以小毛巾蘸温水，以乳头为中心，环形方式清洁一侧乳房，重复此步骤数次后以干毛巾拭干后用大毛巾覆盖 3）以相同方式清洁另一侧乳房	● 水温约为40℃

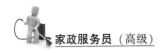

（续）

步　骤	说　明
（2）热敷 1）洗净脸盆及毛巾后更换一盆清水 2）协助产妇露出两侧乳房 3）将两条毛巾泡在温水中后拧干 4）分别叠成一字形后环形覆盖在两侧乳房上 5）毛巾温度若下降则随时更换温毛巾 6）重复此步骤，热敷时间至少10分钟	●水温为50～60℃，视产妇个人忍受程度而定 ●不要太干，使毛巾之水分呈饱和而不滴水的程度 ●需露出乳头不要敷到，以免乳头疼痛破裂 ●维持毛巾之温度在45～50℃，热敷效果较好
（3）按摩：用水沾湿双手，开始按摩乳房 1）环形按摩：露出一侧乳房，将双手拇指和四指分开置于乳房基部，以环形方式于乳房基部按摩1～2分钟后换另一侧乳房，以相同方式按摩 2）螺旋形按摩：以一手固定乳房的一侧，另一手以中指或食指依照乳腺分布的位置，由乳房基部向乳头方向以螺旋形方式，按摩整个乳房1～2分钟后换另一侧乳房，以相同方式按摩 3）挤压按摩：双手拇指和四指分开置于乳房基部，以挤压方式由乳房基部向乳头方向按摩，1～2分钟后换另一侧乳房，以相同方式按摩。按摩时可能有乳汁排出，以毛巾拭净即可 4）牵引乳头：乳房按摩最后一个步骤，以左手扶住乳房。并以右手食指及中指向外牵引乳头数次后换另一侧乳头，重复上述步骤	●可用橄榄油代替。于按摩期间若感觉手部较干燥不够润滑时，可以再沾湿双手
7. 以温毛巾拭净双侧乳房	
8. 协助产妇更换舒适清洁的胸罩及上衣	
9. 给予乳房护理及母乳哺喂之相关知识指导	
10. 收拾用物	
11. 洗手	

技能训练3　产妇乳房胀痛、乳头凹陷和皲裂的护理措施

1. 正确的挤奶方法

1）用手挤奶时产妇应先洗手，且要彻底地洗净。

2）采取舒适的体位，并将接奶器皿靠近乳房。

3）将拇指及食指放置在距乳头根部2厘米处，拇指与食指相对，其他手指托着乳房。用拇指及食指向胸壁方向轻轻下压，但不可压得太深，否则可引起乳腺导管阻塞。拇指及食指向下的压力作用在二手指间的乳房组织，正位于乳晕下方的用于收集乳汁的乳窦上，乳窦内储存着乳汁，手指反复地一压一放，乳汁就可从乳头滴出并逐渐增多。拇食指将乳窦内的乳汁均挤出。挤压各乳窦时，手指不要压乳头，压乳头不会压出奶，必须压在乳窦上。

4）一侧乳房每次至少挤压3～5分钟，至乳汁减少再去挤压另一侧乳房，两侧乳房交替挤压。为了挤出足够的奶，尤其是在婴儿出生后的前几日乳汁量少，挤奶时间一定要充分，应以20～30分钟为宜。

2. 乳头凹陷的纠正

（1）准备工作　与产妇沟通，关闭门窗，室内温暖，摘下戒指、手表，洗手。

（2）方法

1）乳头伸展练习。每天做两次，每次要做 5 分钟。

先将两只手的拇指平行放在乳头左右两侧，然后慢慢地由乳头端向左右两外侧方向平行轻压滑动，牵拉乳晕及皮下组织，使乳头向外突出，如图 4-18 所示。

将两只手的拇指相对分别放在乳头上下两侧，然后慢慢地由乳头端向上下两侧方向轻压滑动，牵拉乳晕及皮下组织，使乳头向外突出，如图 4-19 所示。

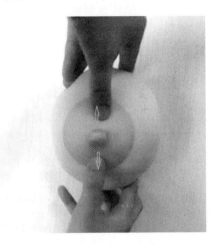

图 4-18　乳头伸展练习　　　　　　　　图 4-19　乳头伸展练习

2）乳头牵拉练习。每天做两次，每次要做 5 分钟。用任意一只手托起乳房，用另外一只手的拇指、中指和食指轻捏住乳头向外牵拉，如图 4-20 所示。

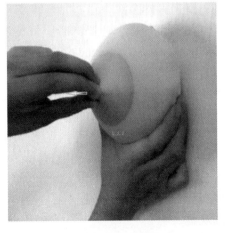

图 4-20　乳头牵拉练习

3）注射器抽吸法。准备一10毫升的塑料注射器，将注射器前端的外壳前掉；拔出针芯，倒转注射器，将注射器的外壳后端开口处对准凹陷的乳头；再将针芯从注射器前端剪开处插入，轻轻抽吸，利用注射器的负压将凹陷的乳头吸出，并固定5～6分钟，每天1～2次，如图4-21所示。

3. 乳头凹陷和皲裂的护理

有些产妇会出现乳头皮肤皲裂，甚至糜烂出血，使产妇哺乳时疼痛难忍，甚至无法哺乳。如果能够正确护理乳头，可以避免发生乳头皲裂。

图4-21　注射器抽吸法

1）在孕期就应认真用毛巾蘸清水擦洗乳头，使乳头表面皮肤增生、变厚，为以后哺乳做好准备。但不要用酒精和肥皂擦洗乳头，以免刺激乳头皮肤，导致乳头皲裂。

2）母亲在哺乳时要洗净双手，简短指甲，清洁乳头后再哺乳。

3）哺乳时一定要把大部分乳晕放入婴儿口中，哺乳完毕不要将乳头从婴儿口中强行拉出。可用手指轻压婴儿下巴，婴儿张嘴后轻轻退出乳头。

4）切忌不要让婴儿含乳头入睡，以免浸软乳头，引起乳头皲裂。哺乳完毕，要用手帕或纱布盖住乳头，然后用乳罩托起乳房，这样可以保护乳房乳头。

5）每次哺乳完毕，可将乳头晾干，挤出几滴乳汁，均匀涂抹在乳头上，可以很好地保护乳头。

4. 产妇恶露的观察、发现异常恶露

正常恶露一般经过4～6周变干净，产妇产后应每日观察恶露的量、持续时间、颜色和气味，发现有异常，及时给予相应的处理。

若恶露量多或慢慢减少后又突然增多，红色恶露持续时间较长，应到医院就诊。首先排除有无胎盘胎膜残留。若有残留，可及时清宫；若没有残留，说明还是因为子宫复旧不良引起的，应加强休息和营养，并可以使用一些促进子宫收缩的药物和针剂。

若发现恶露颜色灰暗欠新鲜或有臭味，且子宫有压痛时，则说明子宫感染，应及时请医生检查，用抗菌药物控制感染。

技能训练4　生理产妇及剖宫产产妇的护理

1. 子宫收缩及恶露观察

1）按压宫底，可评估子宫收缩情况；按摩子宫（将一只手放于耻骨联合上，另一只手放平并以手掌部位在子宫处做轻柔的环形按摩，由柔软时按摩至变硬如球形一般才可停止，并需经常检查，当子宫变软时需再持续按摩到变硬才可停止），可促进子宫收缩，预防产后出血。

2）恶露时间：如果由于妊娠产物如胎盘、胎膜残留感染或产后休息欠佳导致子宫复旧不良，可导致恶露时间延长；正常恶露有股血腥味，但无臭味；恶露颜色：按时间推移依次为红色、淡红色、白色。在产妇产后休养期间观察恶露时，一旦发现恶露有量多、持续时间长、颜色发暗或有臭味时，应及时就诊，寻找导致恶露异常的原因。

2. 活动和休息

1）24 小时内适量活动，以床上运动为主，24 小时后鼓励下床。产后早期下床，有利于子宫收缩及排出恶露，促进肠蠕动防止便秘，而且还可避免发生肠粘连、血栓性静脉炎。

2）有些产妇第一次下床可能会有眩晕感觉，甚至晕倒而导致受伤，故需陪伴在旁以预防。下床时，以侧卧位起身，先在床缘坐一会儿，将双腿垂于床边并轻微活动，当不觉头晕时再下床，下床后若有眩晕现象应立即躺回床上休息，此现象通常于 24 小时以后消失。

3）生理产产妇产后 7 天，剖宫产术后 10 天左右，如果身体恢复良好，可开始进行健身锻炼，早晚各做 1 次，每次做时，从 2～3 分钟逐渐延长到 10 分钟，运动强度因人而异，循序渐进。但应避免负重劳动或蹲位活动防止子宫脱垂。

4）剖宫产术后，应采取半卧位，将靠枕垫在背后，使身体和床成 20～30 度角，以减轻身体移动时对切口的震动和牵拉痛。生理产后会阴部与侧切伤口的产妇宜取侧卧位。

3. 生理产及剖宫产产后饮食

1）宜选高蛋白、高维生素及含纤维多的新鲜水果、蔬菜，少食辛辣等刺激性食物，哺乳的产妇要增加高蛋白的猪蹄汤、鱼汤等易吸收的汤类食品，其中，汤里面的油要撇出，添加少量盐等调料。

2）剖宫产术前禁水 6～8 小时，禁食 6～12 小时，术后 6 小时后可进食米汤、面汤、蛋花汤等流质食物，忌食牛奶、豆浆、蔗糖等胀气食物而引发腹胀。排气后可吃些烂面、烂饭等稀、软、烂的半流质食物，待胃肠功能恢复后，产妇就可以食用普通饮食了，多补充优质蛋白质、各种维生素和微量元素。

4. 排泄

产后 4～6 小时宜多饮水，尽早自解小便，如排尿困难可选择适宜自己的体位利用倾听流水的声音或以温开水冲洗会阴部、按摩腹部、身体前倾做咳嗽状等方法诱导排尿，如无效应及时告知医护人员。以防胀满的膀胱影响子宫收缩，

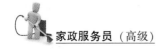

引起产后出血。

产后早期褥汗较多，宜多饮水以及时补充身体所需。

产后应多吃蔬菜，多饮水，早日下床活动。若发生便秘可顺时针绕脐按摩腹部，必要时可使用开塞露。

5. 个人卫生

1）产妇应着全棉、厚薄适当的开襟衣装或专用哺乳服。

2）勤用热水擦浴或沐浴，及时更换衣服、被单和会阴垫，保持床单清洁、干燥、卫生。

3）使用软毛牙刷、温水刷牙，钝齿梳子打理头发；可以洗发，但需用电吹风吹干头发。

6. 产后休养环境

1）休养室应温湿度适宜（温度 20～24℃、湿度 55%～65%）。

2）休养室每天至少开窗通风两次，通风时产妇穿衣戴帽，处于活动状态下（非卧床），避开风口，每次通风保持 20～30 分钟，夏季要注意防暑。

3）休养室不宜放置花卉植物，以免成为过敏源。

7. 会阴护理

1）产后每日大小便后用温水清洗外阴，洗净血迹，清洗原则由前至后，由内至外。

2）有会阴侧切口的产妇休息时应取侧卧位，勤换会阴垫，避免恶露浸泡伤口。

8. 剖宫产手术切口护理

1）剖宫产手术切口须保持干燥，如有渗血、渗液、疼痛、吐线等情况应及时联系医生。

2）2～3 周后至半年，手术切口疤痕组织开始增生，此时局部发红、发紫、变硬，并突出皮肤表面，局部刺痒，此时切不可用手抓挠，可多食新鲜水果、蔬菜、蛋、奶、瘦肉、肉皮等富含维生素 C、维生素 E 和人体所必需的含氨基酸的食物，促进血液循环，改善表皮代谢功能。忌吃辣椒、葱蒜等刺激性食物。

3）部分产妇剖宫产后，切口周围的皮肤会有麻木感，这与皮神经损伤有关，在恢复期间，皮肤感觉迟钝，应避免使用热水袋，暖宝宝等热敷，以免烫伤。

9. 乳房护理

1）产妇应正确姿势哺乳，早吸吮（1 小时早开奶），喂奶最多间隔时间不超过 3 小时。

2）乳房应保持清洁、干燥，每次哺乳前后用温水毛巾清洁乳头和乳晕，切忌酒精或肥皂擦洗，以免引起干燥皲裂。哺乳后用乳汁涂抹乳头，自然干燥。

乳头如有痂垢应先用护理油浸软后再用温水洗净。

3）哺乳期宜选择专用哺乳文胸或全包型全棉文胸，避免过紧或过松。

10. 性生活与避孕

1）产褥期禁止性生活，产后 42 天，经医生检查恢复良好，则可以进行正常性生活。

2）哺乳期间禁用避孕药，应使用工具避孕。

11. 退乳

产妇退乳应限制进食汤汁食物，不哺乳也不排空奶。可口服维生素 B6，或生麦芽 60~90 克水煎当茶饮，每日一剂，连用 3~5 天。

12. 产后运动项目表（表 4-2）

表 4-2　产后运动项目

项　目	目　的
产后第 1 天 ● 足部运动：可采用平躺或坐姿，使脚踝屈曲、伸展及旋转 ● 胸腹式深呼吸运动：平躺仰卧，手脚伸直，全身肌肉放松，用鼻子徐徐吸气，尽量扩张胸部，由口慢慢吐气，使下背贴近于床上并收小腹，最后再放松全身肌肉 ● 阴道骨盆底肌肉运动：又称为凯格尔运动，可采取坐姿、立姿或卧姿。如忍住大小便感觉，收缩阴道、肛门及尿道的肌肉，维持 5 秒后放松	● 促进血液循环 ● 增加肺活量、收缩腹部肌肉，促进血液循环 ● 促进会阴部血液循环以减轻血肿，增加会阴部及膀胱部肌肉张力，以防阴道肌肉松弛及压力性尿失禁；增加性反应。产后可立即做，每日重复多次
产后第 2 天 ● 乳房运动：平躺仰卧，双臂张开向左右垂直同放与肩同高，由胸前向上举起双手使其逐渐靠近至与肩同宽，放下双臂平放于身体左右两侧置于原位	● 促进胸部肌肉发达，预防乳房松弛及下垂
产后第 2~3 天 ● 颈部运动：平躺仰卧，手脚伸直，将头部仰起向前弯使下巴尽量靠近胸前，同时收缩腹部肌肉，再复原	● 增强腹部肌肉张力
产后第 4~5 天 ● 骨盆摇摆运动：平躺仰卧屈膝，全身肌肉放松，深吸气，收缩臀部及下腹部肌肉，抬高臀部及下背部上下摇摆 3 次，轻轻放下	● 增加腰部及背部肌肉张力，以减轻产后腰背酸痛
产后第 8 天 ● 腿部运动：包括抬腿及屈腿运动。平躺仰卧，双手平放并将两腿伸直，轮流抬高双腿约 45 度。屈腿时将一腿屈起，足背下压，大腿屈曲尽量贴近臀部，左右腿轮流	● 促进下肢血液循环，增强下肢、腹部、骨盆、会阴肌肉张力

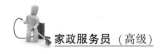
（续）

项　　目	目　　的
产后第2周 ●仰卧起坐运动：平躺仰卧，双手交叉放在后枕部或胸前，使用腰部及腹部肌肉力量使身体坐起	●增加腹部肌肉张力
产后第3周 ●膝胸卧式运动：双膝分开与肩同宽，伏跪于床上，胸部紧贴床面，腰部挺直，臀部抬高，膝关节与床成直角并收缩肛门	●促进子宫复旧

技能训练5　产妇不良情绪疏导方法

1）入户后先与产妇及其家属交流沟通：了解产妇的生活习惯、喜好与禁忌，牢记并遵守，取得产妇的信任。

2）注意观察产妇的情绪变化，发现产妇情绪低落时，可以主动关心她并与之交流，争取使产妇能够敞开心扉，谈出自己的感受，然后帮助产妇解决具体困难，针对产妇情况进行疏导，从好的方面考虑问题。若产妇不愿谈感受时，不可追问，可以先通过收拾房间，建议产妇放一些轻松的音乐，并且做一些产后形体恢复操，缓解产妇负面情绪。

3）在征得产妇同意的基础上，将产妇情绪适时适当告知家属，取得家属的支持配合。家人的关心和爱护是产妇度过不良情绪阶段的重要因素，但是家属往往不了解产后抑郁是大多数产妇的生理反应，严重者可以发展到产后抑郁症，因此使家属了解并加以配合很有必要，共同帮助产妇度过这一阶段。

注意事项：

1）注意沟通方式，不要以指导者的口气同产妇及家属讲话。

2）注意讲话的艺术，例如，我感觉她今天的情绪不太好，我觉得情况是这样，不一定对，仅供您参考。

3）当产妇抱怨她的家属时，不可顺其思维褒贬其家人，应以局外人的视角，引导产妇换位思考，善意理解家人的行动。

4）要以自己的真诚感受产妇的情绪，进行良好的沟通。

第三节　照护新生儿

一、新生儿生理性黄疸的产生机理及照护方法

1. 新生儿生理性黄疸的产生机理

医学上把出生不超过28天宝宝的黄疸，称之为新生儿黄疸，新生儿黄疸是

指新生儿时期，由于其自身胆红素的生成量比成人要高，而肝脏功能尚未成熟，以至胆红素代谢不良，引起血液中胆红素水平升高，沉积于皮肤、黏膜及巩膜，以这些部位黄染为特征的病症，本病有生理性和病理性之分。

新生儿生理性黄疸表现为：新生儿在出生后第 2 ~ 3 天出现皮肤、白眼球和口腔黏膜发黄，有轻有重。一般在脸部和前胸较明显，但手心和脚心不黄。第 4 ~ 6 天最明显，足月儿在出生后 10 ~ 14 天消退，早产儿可持续到第 3 周。除部分孩子有轻微食欲不振外，无其他临床症状。新生儿出现生理性黄疸是一种正常现象，但家长也要注意密切观察。一般来说，生理性黄疸比较轻，血中胆红素浓度较低，不会影响小儿智力。

新生儿病理性黄疸出现的时间较早，出生后不到 24 小时即可出现，而且黄疸一旦出现之后，短期内宝宝皮肤的颜色会迅速加深，且持续时间较长，甚至宝宝会伴有贫血、体温不正常、嗜睡、吸奶无力、呕吐、大小便颜色异常、不吃奶甚至出现呻吟、尖声哭叫等症状。这说明黄疸可能已经侵犯到脑神经中枢。有些病理性黄疸，出现的时间反而过迟（生后 5 天以后），或者久延不退，或减退后又复加重，碰到这些情况，都要尽早到医院诊治。

2. 新生儿生理性黄疸的照护

由于只要超过生理性黄疸的范围就是病理性黄疸，因此出院后对宝宝的观察非常重要。首先在出院前，一定要先了解宝宝的皮肤黏膜黄染到身体哪些部位，什么程度，回家后再观察有无变化，如果黄染的部位慢慢消退，宝宝就顺利地度过生理性黄疸期了。如果皮肤黏膜黄染的部位越来越多，黄染的程度越来越重，那就要及时去医院就诊。

二、早产儿、低出生体重儿和巨大儿的特征与照护方法

1. 早产儿

胎龄在 37 周以前出生的活产婴儿称为早产儿。其出生体重大部分在 2500 克以下，头围在 33 厘米以下。少数早产儿体重超过 2500 克，其器官功能和适应能力较足月儿为差者，仍应给予早产儿特殊护理。早产儿的特征如下：

1）外形特征。头颅相对更大，与身体的比例为 1∶3，囟门宽大，颅骨较软，头发呈绒毛状，稀少，指（趾）甲软而不过指（趾），皮肤菲薄，手脚纹未形成，男婴睾丸未降或未全降，女婴大阴唇不能盖住小阴唇。

2）呼吸系统不成熟。因呼吸中枢和呼吸器官发育不成熟，呼吸功能常不稳定，部分可出现呼吸暂停和皮肤青紫。有些早产婴儿因肺表面活性物质少，可发生严重呼吸困难和缺氧，称为肺透明膜病，这是导致早产儿死亡的常见原因之一。

3）消化吸收能力弱。吸力和吞咽反射均差，胃容量小，易发生呛咳和溢

乳。消化和吸收能力弱，易发生呕吐、腹泻和腹胀。肝脏功能不成熟，生理性黄疸较重且持续时间长。肝脏储存维生素 K 少，各种凝血因子缺乏易发生出血。此外，其他营养物质如铁、维生素 A、维生素 D、维生素 E、糖原等，早产儿体内存量均不足，容易发生贫血、佝偻病、低血糖等。

4）体温中枢发育不成熟。体温中枢发育不成熟，皮下脂肪少，体表面积大，肌肉活动少，自身产热少，更容易散热。因此常因为周围环境寒冷而导致低体温，甚至硬肿症。

5）神经反射差。各种神经反射差，常处于睡眠状态。体重小于 1500 克的早产儿还容易发生颅内出血，应格外引起重视。

6）免疫功能差。早产儿的免疫功能较足月儿更差，对细菌和病毒的杀伤和清除能力不足，从母体获得的免疫球蛋白较少。由于对感染的抵抗力弱，容易引起败血症，其死亡率亦较高。

由于早产儿组织器官发育不成熟，功能不全，生活能力差，抵抗力低，因此要加强对早产儿的护理。尤其是早产儿出院回家后，早产儿除按正常新生儿护理外，还必须在喂养、保暖和预防疾病上给予特殊护理。

2. 低出生体重儿

1）低出生体重儿特征。低出生体重儿指胎龄在 37～42 周之间娩出，而体重在 2500 克以下者。此类婴儿因孕周已足，但出生后能力低下，容易发生营养不良、胎粪吸入、肺炎等感染性疾病、低体温、高胆红素血症、颅内出血、寒冷损伤综合征、低血糖、宫内感染等，尤其可发生发育、神经行为及智力落后等情况。低出生体重儿的特点是皮肤薄、干燥脱皮、胎毛少、胎脂多、头发细齐、软骨发育少、耳舟已形成、指、趾甲软，乳腺可有结节，足底有纹，阴囊皱襞多，但男婴睾丸已下降，女婴大阴唇能遮盖小阴唇，生理性黄疸不明显，生理性体重下降不明显，产热反应较好，出汗较好，较活泼、哭声大、吸吮力较强。低体重儿宝宝除了外形较同龄宝宝娇小外，可能会对食物不感兴趣、肠胃功能不佳、便秘、粗细动作以及语言发育较慢、注意力不集中或肾脏异常等，都是低体重儿的特征表现。

2）低出生体重儿家庭照护。足月的低体重儿宝宝虽然外观看起来与一般宝宝差异不大，仍须持续观察其神经、器官的各项发育及反应是否正常发展，经医生观察后认为正常便可出院返家。但仍需要持续关注其健康状况，并且实施有针对性的家庭照护。

3. 巨大儿

（1）巨大儿的特征

胎儿体重≥4000 克称为巨大儿。正常通过产道常发生困难，发生肩性难产机会多，需手术助产，处理不当可发生软产道损伤或子宫破裂。产生巨大儿很重要的一个因素是孕妇本身患有糖尿病或者隐性糖尿病。这些宝宝在出生之前始终处于一个血糖比较高的环境，出生以后自身调节能力不好，可能会导致代谢紊乱，引发低血糖。一旦发现孩子出现抽搐、出汗、面色苍白等低血糖症状时，立即就诊，以免造成脑损伤。

（2）巨大儿的家庭照护

1）喂养应选择母乳喂养。

2）给巨大儿添加辅食不宜太早，出生6个月左右时加辅食比较合适。

3）让宝宝多运动。

4）诊断为巨大儿的孩子，应该尽早地去做相关疾病的筛查。

三、新生儿常见异常情况及照护

1. 新生儿排便异常

宝宝排便异常，较常见的类型有：

宝宝大便次数多，呈绿色黏液状，这种情况往往是因为喂养不足引起的，这种大便也称"饥饿性绿便"，这种情况只要给宝宝增加哺乳量及哺乳次数即可。

宝宝的大便有酸臭味，或者同时出现屁多且臭的现象，这种情况往往是因为宝宝胃肠道消化不良引起的。可以喂一些有益菌调节肠道功能，比如妈咪爱等，腹部适当保暖，一般症状即可缓解。

宝宝的大便内夹有白色奶瓣，每日5~6次。这是由于蛋白质、脂肪消化不良所致。此时可适当减少喂乳量。妈妈的饮食宜清淡一些。

2. 便秘

多见于人工喂养或混合喂养的宝宝，在天热、出汗多而饮水又过少时所致。宝宝排便困难，并伴有痛苦表情，大便量少、干结，可呈球粒状，往往几天才大便一次，小儿还可出现腹胀、肛裂出血等表现。此时可增加喂水量、两次喂奶间以脐部为中心顺时针按摩宝宝的腹部，以促进肠蠕动。有一些全母乳喂养的宝宝也有可能3~4天，甚至一周才大便一次，而大便的性状和量均正常，宝宝也无其他不适，这种情况也是正常的。

照护的关键是大便异常时要注意观察宝宝的精神状态和食欲情况，只要精神佳、吃奶好、睡眠佳、体重增长理想，可以不必担心，在家中密切观察，一旦出现如水样便、蛋花样便、脓血便、柏油便、大便次数每天10次以上等情况，就应立即去医院就诊。

3. 新生儿打喷嚏

新生儿偶尔打喷嚏并不是感冒的现象，因为新生儿鼻腔血液的运行较旺盛，鼻腔小且短，若有外界的微小物质如棉絮、绒毛或尘埃等进入鼻腔便会刺激鼻黏膜引起宝宝打喷嚏，这也可以说是宝宝代替手自行清理鼻腔的一种变通方式。

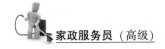

而宝宝的鼻腔黏膜突然遇到冷空气也会打喷嚏。当去除这些刺激因素，宝宝就会停止打喷嚏。

4. 新生儿红斑

有的新生儿出生 24～48 小时会出现全身性红斑，这可能是由于冷而干燥的外界环境及胎毒的影响引起的，也可能是与自身的变态反应有关。皮肤以散在或成片的红斑、丘疹及脓包为特征，脓包为无菌性，内含大量嗜异性白细胞；红疹没有固定的形态，好发部位为胸部、背部、脸部及四肢。一般不需处理，持续一周左右可逐渐消退。

护理时须避免包裹过紧过严，穿宽松、清洁的衣服，保持皮肤干燥、清洁，避免宝宝过度保暖。

5. 新生儿皮肤褶烂

新生儿皮肤娇嫩，表面的角质层发育不完善，因皮肤相互摩擦、积汗、积奶潮湿和分泌物积聚，在腋窝、腹股沟、颈部、会阴部及四肢关节曲面等皱褶处，会出现皮肤发红、搓烂、表面剥脱等现象，常常继发感染。

护理时须注意室内通风，温度适宜。有条件者每周给小儿洗澡 3～4 次，无条件洗澡也要每日用温水擦洗皮肤皱褶处，尤其颈下、腋窝及四肢关节曲面，并保持干净。勤换衣服，防止衣服上奶渍、尿渍、汗渍十后损伤小儿皮肤。

一旦发现皱褶，可用硼酸液湿敷患处，每次敷 20 分钟，褶烂处可涂炉甘石洗剂或氧化锌油，一般 1 周左右治愈，如局部继发感染可在患处涂擦抗生素药膏。

6. 新生儿脱水热

新生儿皮下脂肪薄，体表面积相对较大，容易受环境温度影响。当室温过高时通过皮肤散热来调节体温。如果此时体内水分不足，血液浓缩，易使新生儿发生脱水热。脱水热的热度一般不超过 38℃，如能及时发现，补液后可很快降至正常。

7. 新生儿眼睛斜视

刚出生的宝宝，由于在产道中受过挤压，所以眼睑会有些浮肿，2～3 天就会消失。一般而言，新生儿早期眼球尚未固定，看起来有点斗鸡眼，而且眼部的肌肉调节不良，常有短暂性的斜视，属于正常生理现象。如果 3 个月后宝宝仍旧斜视，应及时带他去医院就诊。

8. 新生儿打嗝

打嗝是婴儿期一种常见的症状。不停地打嗝是因为膈肌痉挛，横膈膜收缩所致。孩子出生后一两个月，由于调节横膈膜的植物神经发育尚未完善，当孩子受到轻微刺激，如吸入冷空气、吸奶太快时，膈肌会突然收缩，引起快速吸气，同时发出"嗝嗝"声。

打嗝本身对孩子的健康并无任何不良影响。孩子打嗝的时间可持续 5～10 分钟，避免久哭、快速吸奶可减少孩子打嗝现象的发生。当孩子已发生打嗝时可让他吸奶，喂一点温开水或以宝宝感兴趣的活动来转移宝宝的注意力。一般情况下，3月龄的孩子调节横膈膜的神经发育趋于完好后，打嗝的现象会自然好转。

9. 新生儿鼻泪管阻塞

新生儿出生时鼻泪管可能尚未完全发育好，因此未完全通畅，所以新生儿经常有鼻泪管阻塞的情形，阻塞部位多在近鼻端，表现症状为不停地流泪，且在眼角内侧有黏液状分泌物。护理时可轻轻按摩眼角内侧以疏通鼻泪管。如症状不能缓解，应及时去医院就诊。

10. 新生儿内八脚和罗圈腿

由于母亲子宫的空间有限，宫内的胎儿是以双腿交叉蜷曲，臀部和膝盖拉伸的姿势生长的。因此胎儿的腿、脚均向内弯曲。宝宝从出生到一岁之间都会呈现轻微的 O 形腿，这是由于宝宝膝盖内翻所致，随着宝宝经常的运动，臀部和腿部的肌肉力量加强，到了 1～2 岁就会逐渐变为外翻，慢慢矫正，宝宝的身体和脚就会慢慢变直，此属正常现象。

但太严重的 O 形腿，如内翻超过 15 度或超过 2 岁仍未矫正，就必须去医院进一步检查就诊。

11. 新生儿夜惊

新生儿常在入睡之后有局部的肌肉抽动现象，尤其手指或脚趾会轻轻地颤动。或是受到轻微的刺激如强光、声音或震动等，会表现出双手向上张开，很快又收回，有时还会伴随啼哭、惊跳反应。这是由于新生儿神经系统发育不成熟所致。此时，只要妈妈用手轻轻抚摸宝宝身体的任何一个部位，就可以使他安静下来。

12. 新生儿鹅口疮

新生儿口腔黏膜覆盖着白色的点状物、片状物，像奶凝块一样不易擦掉，新生儿出现拒奶、哭闹。多因为在分娩时经产道感染、母亲乳头不洁、人工喂养奶瓶奶头消毒不严格，由白色念珠菌感染引起。护理时须保持乳头清洁，将奶瓶、奶头彻底煮沸消毒，口腔黏膜涂擦 5% 的碳酸氢钠溶液，母亲积极治疗念珠菌感染疾病。

 技能训练

技能训练1　照护患生理性黄疸的新生儿

1）仔细观察黄疸变化：黄疸是从头开始黄，从脚开始退，而眼部巩膜是最早黄，最晚退的，所以可以先从眼睛观察起。如果不知如何看，建议可以按压身体任何部位，只要按压的皮肤处呈现白色就没有关系，是黄色就要注意了。

2）观察宝宝日常生活：只要觉得宝宝看起来越来越黄，精神及胃口都不好，或者体温不稳、嗜睡，容易尖声哭闹等状况，都要去医院检查。

3）注意宝宝大便的颜色：要注意宝宝大便的颜色，如果是肝脏、胆道发生问题，大便会变白，但不是突然变白，而是越来越淡，如果再加上身体突然又黄起来，就必须带给医生看。这是因为在正常的情况下，肝脏处理好的胆红素会由胆管到肠道后排泄，粪便因此带有颜色，但当胆道闭锁，胆红素堆积在肝脏无法排出，则会造成肝脏受损，这时必须在宝宝两个月内时进行手术，使胆道畅通或另外造新的胆道来改善。

4）家里光线不要太暗：宝宝出院回家之后，尽量不要让家里太暗，窗帘不要都拉得太严实，白天宝宝接近窗户旁边的自然光，可让宝宝体内的胆红素由于光化的反应，而使结构改变，从而加速胆红素代谢，减轻宝宝黄疸。

5）勤喂母乳：如果是因为喂食不足所产生的黄疸，妈妈必须要勤喂食物，因为乳汁分泌是正常的生理反应，勤吸才会刺激分泌乳激素，分泌的乳汁才会愈多，千万不要以为宝宝吃不够或因持续黄疸，就用水或糖水补充。

不知道宝宝吃得够不够的妈妈，可以观察尿尿的次数，一天尿 6 次以上，以及宝宝体重持续增加，就表示吃的分量足够。

6）应给予新生儿充足的水分，以免小便过少不利于胆红素的排泄。

7）乳母应注意饮食卫生，忌酒和辛辣食物，不可进食过多的滋补食物。

技能训练 2　照护早产儿、低出生体重儿和巨大儿

1. 照护早产儿

（1）注意保暖　早产儿对温度变化比较敏感，所以要注意体温的保持及温度的恒定性以免致病。室内温度应保持在 20～25℃，被窝的温度应保持在 30～32℃，房间要经常开窗通空气。换尿布时动作要快，不要凉着孩子。体重低于 2500 克时，不要洗澡，可使用宝宝油每天擦拭婴儿脖子、腋下、大腿根部等皮肤皱褶处。若体重达 2500 克以上，一般状况良好，即可正常洗澡。

（2）精心喂养　早产儿体重增长快，营养供给要及时，最好是母乳喂养。住院时，妈妈挤出母乳交由护士喂养，回家后就可以直接母乳喂养，按需哺乳。

由于早产儿成熟度不同，其吸吮能力也有所不同，因此，可以采用不同的喂养方法。对于吸吮力正常或稍差的宝宝，可以喂母乳或配方奶，但需注意喂养速度要慢，避免宝宝呛奶或窒息。对于吸吮能力差、不会吸吮但已具备吞咽功能的早产儿，可用滴管将奶液滴入宝宝口中。

母乳容易消化吸收，不容易发生腹泻和消化不良等疾病。有吸奶能力、体重在 1500 克以上的早产儿，如一般情况好，可以直接吃母乳。当妈妈的奶水很多、流速很快的话常会造成呛奶，因为宝宝来不及吞咽。这时妈妈可以用手指掐住乳晕周围减慢乳汁的流速，或将前面的奶先挤出一些，再让宝宝吃。由于母乳的前奶和后奶成分不同，前奶的蛋白质多些，后奶的脂肪多些，这都是早

产宝宝不可缺少的，所以要吃空一侧再吃另一侧。在给早产宝宝喂奶时一定要非常细致和耐心，抱起来喂奶，尽量避免呛奶和吐奶。

如为人工喂养，需选择早产儿专用奶粉，并选择合适的奶嘴。太大会呛着，太小又费力。每次喂奶现配现吃，不要在室温下放置过久。奶具注意清洁，每天消毒。

在每次喂奶后要把宝宝竖抱起来，趴在妈妈的胸前拍拍背。这样做是为了帮助宝宝把吃奶时同时吃进去的气体排出来，以免吐奶。在3个月以前，许多宝宝会溢奶，就是在吃奶后顺着嘴边流出一些奶来，尤其在宝宝使劲儿或活动以后。这是正常现象，大些慢慢就好了。如果出现呛奶情况，马上把宝宝侧过身或面向下轻拍后背，把鼻咽部的奶液排出来，以防窒息。

（3）保持安静，减少刺激　早产儿的居室要保持安静、清洁，进入早产儿的房间动作要轻柔，换尿布、喂奶也要非常轻柔、敏捷、集中进行，不要在居室内大声喧哗或弄出其他刺耳的响声，以免惊吓婴儿。光线对早产儿脑部发育有很大影响，光线刺激可使早产儿视网膜病变发生率增高，生长发育缓慢，持续性照明能导致早产儿生物钟节律变化和睡眠剥夺。

所以，要减少光线对早产儿的刺激，如拉上窗帘以避免太阳光照射，降低室内光线；暖箱上使用遮光罩，营造一个类似子宫内的幽暗环境；24小时内至少应保证3~5小时的昏暗照明，以保证宝贝的睡眠。婴儿床上用品及婴儿室内家具的颜色都不宜过鲜明亮，以免对早产儿过分刺激。

（4）体位　舒适的体位能促进早产儿自我安抚和自我行为控制，有利于早产儿神经行为的发展。用毛巾或床单制作早产儿的卧具，使宝贝的脚能触及衣物，手能触及毛巾和床单，能感觉毛巾和床单的边际，有安全感。

（5）防止感染　因为早产儿的免疫力低下，容易发生感染，所以在家庭护理中，积极预防感染非常重要。在给宝宝喂奶或做其他事情时，要换上干净清洁的衣服，洗净双手。当妈妈患感冒的时候，给宝宝喂奶时应戴上口罩，哺乳前也要记得用肥皂及热水洗净双手，避免交叉感染。

尽量避免外人走进宝宝的房间，更不要抱着宝宝给来道喜的亲戚朋友看。患有感冒、腹泻、气管炎、皮肤病患者避免接近早产儿。早产儿的衣服、尿布、奶瓶应定期煮沸消毒；居室定期开窗换气，保证空气新鲜、流通，以免空气中的病原微生物定植。

（6）出院随访　早产儿出院后的最初2~3年是监测和预防严重并发症的关键时期，尤其是出生后第一年最重要。第一年是婴幼儿生长速率最快的时期，同时也是早产儿追赶性生长的最重要的时期。矫正月龄6个月以内是发现神经系统损害（如运动发育迟缓、脑瘫、听力障碍等）的关键时期，矫正胎龄在36周左右是视网膜病（严重时可致盲）发生发展的关键时期。早期发现、正确评估、及时干预是减少上述并发症的关键。因此，家长要定期带早产儿进行生长发育相关的监测，进一步指导个体化的科学喂养、疾病预防与治疗。

（7）如何计算宝宝的矫正月龄　例如，宝宝的实际月龄是6个月，而早产的周数是6周，那么用宝宝早产的周数除以4，得出宝宝早产的月数，即$6 \div 4 = 1.5$个月。用宝宝的实际月龄减去宝宝早产的月数，就能得出他的矫正月龄：6个月-1.5个月$=4.5$个月。

大多数早产儿两三岁的时候会在发育方面"赶上"同龄的孩子。在这之后，任何身高或发育方面的不同，都很可能是个体差异的结果，而不是因为宝宝是早产儿。有些出生时很小的宝宝，需要更长的时间才能赶上同龄的孩子。

（8）早产儿抚触　早产儿在母体内没有发育完全，应给其更多的必要的身体刺激，促进身体机能的发育。而抚触是宝宝非常需要的亲密接触，有助于调节其神经、内分泌及免疫系统，增加迷走神经的紧张性，促使胃泌素、胰岛素分泌增加，同时减少宝宝的焦虑情绪，增加睡眠时间和奶量。抚触动作要轻柔，同时观察宝宝的反应。

（9）早产儿游泳活动　早产儿生命的最初阶段是在温暖的羊水中，时时受到羊水的水中抚触，分娩时受到产道水中抚触，身体的各部位外周感受器受到刺激。出生后的新生儿渴望关爱，接受"游泳与水中抚触"的新生儿表现安静，少哭闹，易入睡，睡眠时间也较长。

小于35周的早产儿，体重低于2500克的低体重儿则不适宜游泳。宝宝游泳要在吃奶后1小时进行，一天$1 \sim 2$次，每次$10 \sim 15$分钟，室温要在28℃左右，水温要在38℃左右。游泳时务必注意安全，保证水及器具的清洁干净。

（10）配合感觉统合能力的训练

早产儿在幼儿时期，可能发生好动不安、注意力不集中、动作不协调、胆小害羞、社交能力差、容易受挫折、缺乏自信、脾气急躁、黏人爱哭闹、偏食、饮食习惯不良、攻击性强、喜欢招惹别人等情况。而感觉统合能力的训练，就是针对这些问题而进行的大脑功能训练，运用一些专门的器械，要求宝宝注意力非常集中地完成协调性的动作。

1）让宝宝通过平衡木、平衡台、旋转圆筒等项目，来训练大脑前庭平衡功能，提高宝宝的注意力。

2）通过跳绳、小滑板、大滑梯、阳光隧道等项目，训练宝宝的本体感，提高宝宝的动作反应速度。

3）通过羊角球、袋鼠跳等项目，训练宝宝的触觉，稳定宝宝的情绪，增强勇气和自信心。

4）通过拍球、趴地推球、抛接球等项目，来训练宝宝的手眼协调性，解决粗心大意的问题。

感觉统合训练还可以矫治儿童多动症、抽动症、自闭症、智力发育迟缓、语言发育障碍、尿床、运动协调障碍等特殊问题。

（11）良好的家庭环境有利于早产儿的成长　环境因素对早产儿的智力发育起着重要的作用。早期教育、父母文化程度、不同类别的师资对早产儿智能发育有着显著的影响。

早产儿较正常宝宝更为敏感，他们很容易感觉到爸爸和妈妈的焦虑，从而使他们发生精神问题及患缺陷障碍伴多动症风险大大增加。

为早产儿提供良好的生活环境，重视早期教育，以轻松的心态陪伴宝贝经历成长的过程，给他们营造更多爱的空间，早产宝贝一定会克服先天的不足，健康成长。

技能训练3　低体重儿的家庭照护

1）注意保温。低体重儿对温度变化比较敏感，室内温度应保持在20～22℃，房间要经常开窗通气。换尿布、洗澡、穿衣时要集中进行，动作要快，不要让孩子着凉。

2）因为婴儿表现瘦长，并且有低血糖倾向存在。因此要提早开奶，出生后尽早开始喂养，母乳最佳。并防止出现低血糖症状。避免一次喂太饱，以少量多餐的方式喂食。喂食时应注意喂食器皿是否清洁干净、是否安全，避免喂食过程造成宝宝受伤。

3）积极治疗出生后的各种疾病，一般治愈的标准为体重达到月龄的正常体重，体温及生活能力正常，呼吸平稳，吸吮有力。治疗好转的标准为体重达到月龄正常体重的低限值，一般状况改善，呼吸平稳，吸吮及吞咽良好，但体温尚不稳定，生理性黄疸未完全消退，应继续观察和治疗。

4）甲状腺功能的检查：低出生体重新生儿甲状腺激素水平较正常足月新生儿显著偏低，足月儿因为受各种因素如多胎，母亲妊高症，宫内感染等影响，导致宫内发育迟缓，影响了下丘脑—垂体—甲状腺系统的发育。

5）注意宝宝是否有呼吸、吞咽问题。若宝宝出现呼吸或吞咽困难应尽快就医。若宝宝不哭闹，对外界刺激也毫无反应应尽快就医。

技能训练4　巨大儿的家庭照护

1. 喂养

相比母乳喂养，人工喂养的胖宝宝要多一些。母乳里含有一些可调节生理代谢的激素，能帮助宝宝控制体重，避免肥胖；此外，母乳里的不饱和脂肪酸比较丰富，容易让孩子产生饱腹感，也能避免多吃。不过，妈妈们在哺乳期间要特别注意自己的饮食，少吃脂肪含量过高的食物，如炸鸡、动物皮、奶油等，避免过量脂肪通过乳汁进入宝宝的身体。所以巨大儿更提倡母乳喂养。宜在出生以后就开始吸吮母乳，如果母亲没有乳汁分泌或分泌的很少，孩子吃不够的话，也要让宝宝先吃完母乳，再在医生的指导下补充配方奶或者糖水。要避免孩子发生因为延迟喂奶所导致的低血糖。

很多孩子一哭妈妈就喂，对于巨大儿来讲，尤其要避免这种情况，孩子一哭，首先妈妈要分辨一下孩子哭声是因为饿了哭还是因为环境不合适，或者只是想让妈妈抱一抱，不要在孩子哭的第一时间就马上给吃，可以先想一想，是不是因为别的原因，首先检查尿布是不是湿了，或者房间温度合不合适，或者把孩子抱起来哄一哄，如果确定因为饥饿哭的，再喂也不迟。

2. 辅食添加

给巨大儿添加辅食不宜太早，出生 6 个月左右时加辅食比较合适。因为最早给宝宝添加的许多辅食如米粉等，含碳水化合物比较多，特别是有些米粉含糖量过高，很容易转化成脂肪贮存在体内，这对天生脂肪细胞数量可能就比一般宝宝多的巨大儿来说，更增加了肥胖的风险。巨大儿喂养应该多喂含蛋白质、维生素、矿物质丰富的食品，同时适当减少淀粉类、鱼类和肉类食品的喂养量。同时，不要在宝宝的辅食中添加奶糕。在喂养的过程中，要避免继续发生体重超高的状况，对于清淡口味的培养尤其重要一些，因此在食物转换的时候，4~6个月之间，只是尝味道，一定在 6 个月之后再开始考虑添加常规的辅食。

需要强调的是，虽然孩子体重比较高，但是也不要忽略微量元素补充，所以应在 4~6 个月之间测一下血红蛋白，有没有贫血的情况，如果有应及时补充一些含铁的补充剂。不管孩子是不是巨大儿，所有孩子出生两周开始都要常规补充鱼肝油，这一点对于巨大儿来说尤其重要，因为巨大儿的生长过程中，很可能生长速度比较快一些，需要的维生素 D 相对来说也会多一些，千万不要因为孩子比较胖就忽略了这个问题，所以每天都要给孩子补充维生素 D，每天补充的量在 10~20 微克就可以了。

有巨大儿的家庭，还要特别注意调整全家的饮食结构，从小培养孩子低脂、低热量饮食，既要保证碳水化合物、蛋白质、脂肪等营养素的平衡，避免过多摄入高糖、高脂的食物，还要保持正常发育所需的各种营养素。

3. 让宝宝多运动

不要总是抱着宝宝或让宝宝躺着，应该让新生的巨大儿宝宝多活动，多做被动操等，多拉伸宝宝的小手小脚。等到宝宝六七个月大时，让他学爬，再大点，练站立、走步。以后宝宝逐渐长大，就更应多参加运动锻炼，这是非常有效的防治肥胖的方法。运动可以消耗多余的能量，增强机体葡萄糖的利用，增加胰岛素的敏感性。运动还可以降低血脂，促进血液循环，改善心肺功能，避免或延缓宝宝长大后患上糖尿病。

巨大儿由于体重比较高，所以在动作发育方面，可能会稍稍滞后一些，一般来说，可以根据孩子的不同月龄阶段的发育情况，提前一个月左右进行训练，不要因为孩子体重过高，而阻碍了这些大动作的发育，最后影响到孩子的行为发育水平。

4. 疾病的筛查

在巨大儿的孩子里，发生心脏畸形的可能性和比例相对正常孩子来说要高一点，而且有些孩子可能会由于脑垂体的问题导致体重的过度增加，所以对于巨大儿的孩子，应该尽早地去做疾病的筛查，如排除一下先天性的心脏病，或者在定期的观察当中，除了观察体重的变化还要观察身长的变化，如果发现孩子体重长得特别快，身高长得是一般的速度，不成正比，这种情况要到医院看一下，避免孩子因脑垂体的问题导致身长生长的不同步。

技能训练 5　及时报告新生儿的异常情况

1. 呼吸系统异常表现

呼吸急促，呼吸困难、面色青紫、呼吸呻吟、鼻翼扇动、呼吸不规则、呼吸暂停等。

2. 循环系统异常表现

心动过速、心动过缓、心律不齐，哭闹时伴皮肤黏膜青紫加重，四肢发花。

3. 消化系统异常表现

拒乳、呕吐、腹泻、呕血、便血、腹胀，生后 24 小时不排便，排便困难。

4. 神经系统异常表现

烦躁、易激惹、哭声尖直、抽搐、反应淡漠、嗜睡、昏睡、昏迷，前囟张力高、颈抵抗、瞳孔对光反射异常、肌张力异常等。

5. 血液系统异常表现

贫血表现为皮肤黏膜苍白、出血倾向，凝血功能异常。

6. 泌尿系统异常表现

茶色尿、血尿、少尿、无尿等。

7. 感染异常表现

反应淡漠、拒乳、发热或体温上升，硬肿、黄疸、腹胀、四肢凉、毛细血管在充盈时间延长。

8. 皮肤软组织异常表现

皮肤破损、严重皮疹、脓肿、巨大血管瘤等。

复习思考题

1. 孕妇长时间的不良情绪会引发哪些妊娠问题？
2. 胎教有哪几种方式？
3. 剖宫产手术后产妇的进食有何要求？
4. 产妇产后排尿困难可选择哪些方法诱导排尿？

第五章

照护婴幼儿

培训学习目标

1. 熟练掌握婴幼儿的基本照护技能、功能训练。
2. 熟悉婴幼儿的生理、病理状态。
3. 了解婴幼儿的生理、病理状态的基本原理。

第一节 功能训练

一、婴儿主被动操运动方法

婴儿主被动操分为婴儿被动操和婴儿主被动操,前者适用于1~6个月的婴儿,后者适用于7~12个月的婴儿。婴儿在出生1个月后长期坚持每天练习婴儿操,不但可以增强孩子的生理机能,提高孩子对外界自然环境的适应能力,促进孩子动作发展,使小儿的动作变得更加灵敏,肌肉更发达;同时也可促进孩子神经、心理的发展。长期坚持做婴儿操可使婴儿初步的、无意的、无秩序的动作,逐步形成和发展分化为有目的的协调动作,为思维能力发展打下基础。

1. 婴儿被动操

(1) 两手胸前交叉(图5-1)

(2) 伸曲肘关节(图5-2)

(3) 肩关节运动(图5-3)

(4) 伸展上肢运动(图5-4)

(5) 伸曲踝关节(图5-5)

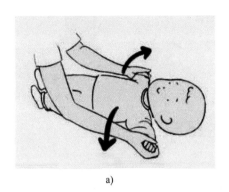
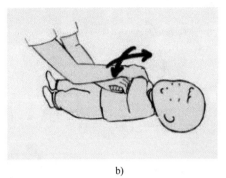

a)

b)

图 5-1　两手胸前交叉

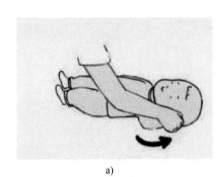
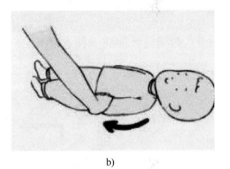

a)

b)

图 5-2　伸曲肘关节

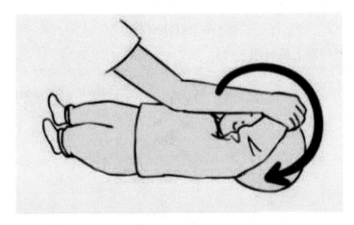

图 5-3　肩关节运动

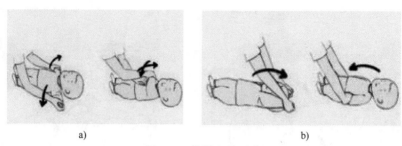

a)   b)

图 5-4　伸展上肢运动

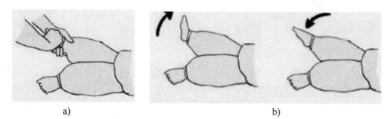

a)   b)

图 5-5　伸曲踝关节

（6）两腿轮流伸屈（图 5-6）

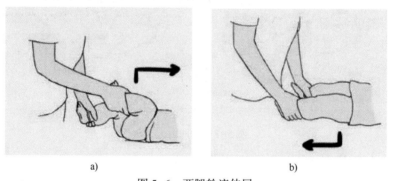

a)   b)

图 5-6　两腿轮流伸屈

（7）下肢伸直上举（图 5-7）

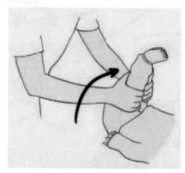

图 5-7　下肢伸直上举

（8）转体、翻身（图5-8）

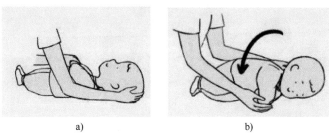

a)　　　　　　　　　　　b)

图5-8　转体、翻身

2. 婴儿主被动操

（1）起坐运动（图5-9）

图5-9　起坐运动

（2）起立运动（图5-10）

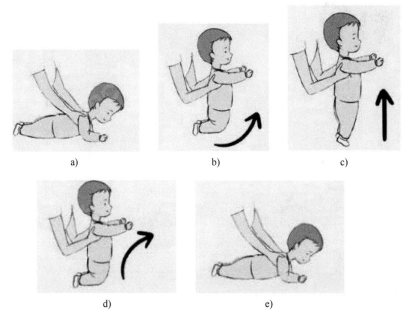

a)　　　　　　　　b)　　　　　　　　c)

d)　　　　　　　　e)

图5-10　起立运动

（3）抬腿运动（图5-11）

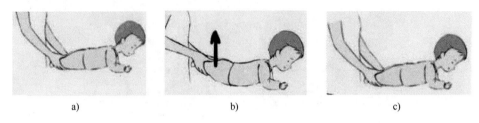

a)   b)   c)

图5-11　抬腿运动

（4）弯腰运动（图5-12）

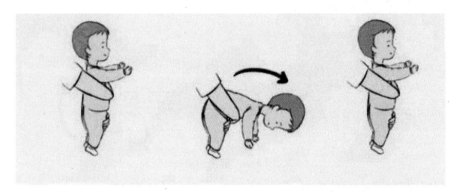

图5-12　弯腰运动

（5）起身运动（图5-13）

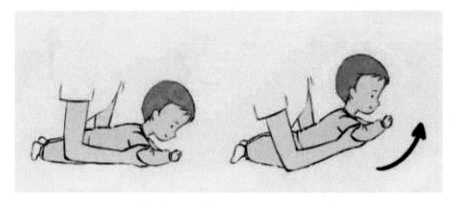

图5-13　起身运动

（6）转体翻身动作（图5-14）

图 5-14　转体翻身动作

（7）跳跃运动（图 5-15）

图 5-15　跳跃运动

（8）扶走运动（图 5-16）

图 5-16　扶走运动

注意事项：

1）做操前，照护者应清洁双手，摘掉手表、戒指等首饰。天冷时，还应通

过搓手等方法，使双手温暖。

2）做操时要轻柔、有节律，避免过度的牵拉和负重动作，以免损伤小儿的骨骼、肌肉和韧带。

3）做操时间要避开宝宝疲劳、饥饿、饱腹状态。

4）婴儿锻炼要因人而异，体弱和疾病刚愈的婴儿要少做，生病期间的婴儿应停止做操。

5）运动量要逐渐增加，每节动作由 2~4 次慢慢增加到 4~8 次。习惯以后，再增加次数。

6）做操时最好配合轻柔的音乐和语言抚慰。

7）做操时，要充分发挥婴儿的主观能动作用。

8）做完操后，要让孩子安静休息 20~30 分钟，如有汗，要用软毛巾擦干。

9）根据宝宝的月龄和具体发育情况，可以打乱顺序，或节选其中的几节重点训练。

10）宝宝情绪反应激烈或有不适时，应暂停运动。

二、幼儿模仿操运动方法

儿童模仿性强，好学好动，对各种游戏、儿歌和体育活动有浓厚的兴趣，模仿操就是根据这个年龄儿童的特点来设计的，适合于 1.5~2 岁的幼儿。主要是配合简单的儿歌让幼儿模仿做一些动作，如一些日常生活动作及跑、跳、平衡、弯腰等动作，具有强烈的游戏性和趣味性。模仿操比较容易掌握，在家中可以由照护者自编儿歌和动作，配合儿童音乐，和孩子一起做。幼儿模仿操不但可训练小儿的各种动作，培养小儿的独立生活能力，同时还可发展小儿的想象力、思维能力和语言能力。

三、婴幼儿语言能力训练内容

1. 影响语言发展的因素

一是遗传因素；二是环境影响；三是教育的结果。所谓遗传因素是指人类基因遗传，环境影响是指孩子要生活在一个具有语言的环境里。一个人的语言能力不仅是遗传因素、环境因素，而且必须接受语言教育。抓住 3 岁、5 岁两个语言发展关键期，就会收到事半功倍的效果。

2. 婴幼儿语言发展的过程和一般规律

当孩子降生后第一声啼哭，宣告了一个独立的生命个体的开始。但这一声啼哭并不是语言，因为它不具备语言的思维特征。不久，哭声有了高低，节奏有长有短，反映了不同的要求。这种哭声就是语言的前奏，不过仍不能称为语言。

大约两个月左右，孩子会发出 a、o、e 或者 i、u、ü 的声音，这才是作为语言的语音出现了。

接着在 4~8 个月的时间里，孩子明显地对语言有了兴趣，他特别喜欢有人对着他说话，你说"妈妈"，他对着妈妈笑；你说："灯在哪里?"他会用眼睛去寻找，渐渐地对日常语言越来越熟悉。孩子长到 7 个月，宝宝会叫爸爸、妈妈，在心理学上称为语言的起点，标志着孩子已经具备了人的语言思维特征，同时社会化能力向前迈出了一大步，对于这件事产生的效果不同，也会使孩子语言能力发展受到影响。假如效果积极而热烈，孩子说话的愿望会更强；如果消极而冷淡，他对于说话也不再有兴趣。

在 10 个月左右（8~12 个月），语言发展的第二个阶段——单词句开始了，孩子的理解能力明显提高，辨别力明显发展，已经能听懂大多数简单句子，这时候主要的是语言信息的输入：陪他说话，看图片；指认鼻子、眼睛、耳朵、嘴巴等。方法得当的话，他的语言表达能力进度可能会快一些。

语言的又一个新阶段——双词句就开始了。孩子到了 19 个月左右语言的又一个新阶段——双词句就开始了：说话增多，教什么会什么，称为"语言爆发期"。这时候的儿童语言有一个明显特点：简洁、明了，象电报的文体一样，称为"电报句"。

孩子在语言爆发期同时也是吸取语言信息最旺盛的时期，单靠日常生活中的语言已经明显不足，必须从书本中汲取语言（词汇）。给孩子读书、讲故事、说儿歌、听儿歌方能满足孩子的语言需求，不然就会发生"语言饥饿"。

孩子两岁前会结束单词句，其词汇量也增加到 200 个左右。他的语言表达能力有了很大发展，最大特点是"学舌"和"接话"，妈妈说什么，孩子跟着说什么，或者爸爸说儿歌孩子会接最后一两个字。

宝宝到了 3 岁，词汇量可以达到 1000 多个。创造良好的语言环境，使孩子多接触、学习，能促进语言能力的发展。

3. 怎样培养孩子的语言能力

培养孩子的语言能力就是培养孩子的语言理解能力和语言表达能力。在婴幼儿（0~3 岁）阶段主要就是让孩子多说话，让他多听，多输入；当孩子具有了说话能力以后就要引导他多说话。

第一，朗读或者与孩子一起阅读。

第二，是进行听觉和视觉的训练。视觉和听觉是人的两个很重要的学习器官，一个人的学习能力强弱，要看视觉和听觉捕捉信息的灵敏程度怎么样。所以从孩子出生以后，就要给孩子听各种声音，看各种图片。给予视觉和听觉的信息刺激越丰富，神经系统越发达，孩子的智力水平就会越高。

第三，养成跟孩子说话的习惯。做什么就跟孩子说什么。当然说的语言要

尽可能优美动听，能用普通话更好。

第四，重视视觉语言，教孩子认字。一提到认字，似乎就犯了忌讳，好像学龄前孩子就不该认字。其实，视觉语言应当和口语同步发展，正如学习第二语言和学习母语同步一样，不同的是，认字可以发展右脑。

四、婴幼儿生活自理能力训练内容

0～3个月：吸吮。

4～6个月：①伸手抓握奶瓶；②接受用汤匙喂食。

7～12个月：①自己拿住奶瓶进食；②吞咽糊状辅食；③自己拿食物吃；④拉下头上的帽子。

13～18个月：①用学习杯喝水；②用吸管喝水；③自行使用汤匙或叉子；④咀嚼半固体食物；⑤如厕前的训练；⑥用毛巾擦嘴；⑦洗手。

19～24个月：①用汤匙进食；②咀嚼固体食物；③在大人协助下练习刷牙；④在大人协助下脱外套、裤子及鞋子；⑤在大人协助下穿衣服；⑥帮忙做简单家务；⑦练习如厕及表达需求。

25～36个月：①模仿梳头、刷牙、洗衣等至少3件事情；②上厕所会拉下裤子；③明确表示要上厕所；④会穿没有鞋带的鞋子；⑤熟练使用汤匙；⑥会解开纽扣。

五、婴幼儿认知能力训练方法

认知能力是指人脑加工、储存和提取信息的能力，即人们对事物的构成、性能、与他物的关系、发展的动力、发展方向以及基本规律的把握能力。它是人们成功地完成活动最重要的心理条件。感知觉、记忆、注意、思维和想象的能力都被认为是认知能力。

1. 0～3个月宝宝认知能力的培养

（1）视觉训练　婴儿仰卧位，在小儿胸部上方20～30厘米用玩具，最好是红颜色或黑白对比鲜明的玩具吸引小儿注意，并训练小儿视线随物体做上下、左右、圆圈、远近、斜线等方向运动，来刺激视觉发育，发展眼球运动的灵活性及协调性。

（2）听觉训练　母亲的声音是婴儿最喜爱听的声音之一。母亲用愉快、亲切、温柔的语调，面对面地和婴儿说话，可吸引小儿注意成人说话的声音、表情、口形等，诱发婴儿良好、积极的情绪和发音的欲望。可选择不同旋律、速度、响度、曲调或不同乐器奏出的音乐或发声玩具，也可利用家中不同物体敲击声如钟表声、敲碗声等，或改变对婴儿说话的声调来训练小儿分辨各种声音。当然，不要突然使用过大的声音，以免婴儿受惊吓。

（3）触觉训练　婴儿面颊、口唇、眉弓、手指头或脚趾头等处对触压觉很敏感。可利用手或各种形状、质地的物体进行触觉练习。光滑的丝绸围巾、粗糙的麻布、柔软的羽毛、棉花、头梳齿、粗细不同的毛巾或海绵、几何形状的玩具均可让小儿产生不同的触觉感，有助于发展小儿的触觉识别能力。

（4）味、嗅、温度等感知觉训练　利用日常生活，发展婴儿各种感觉。如吃饭时，用筷子蘸菜汁给婴儿尝尝；吃苹果时让婴儿闻闻苹果香味、尝尝苹果味道；洗澡时，让婴儿闻闻肥皂香味；用奶瓶喂奶时，让孩子用手感受一下奶瓶的温度等，均有助于婴儿感知觉的发展。

2. 4~6个月婴儿认知能力的培养

（1）视觉训练

1）训练小儿追寻物体。用玩具声吸引小儿转头寻找发声玩具，每日训练2~3次，每次3~5分钟，以拓宽小儿视觉广度。

2）颜色感知练习。让孩子多看各种颜色的图画、玩具及物品，并告诉孩子物体的名称和颜色，可使婴儿对颜色的认知发展过程大大提前。

3）婴儿视力迅速发展的时期主要在半岁以前。可选择一些大小不一的玩具或物体，从大到小，让小儿用手抓握注视，然后放在桌上吸引小儿注视。还可训练小儿注视远近距离不等的物体，以促进视力发展。

（2）听觉训练

1）方位听觉练习：吸引孩子寻找前后左右不同方位、不同距离的发声源，以刺激小儿方位听觉能力的发展。

2）区分语调训练：根据不同情景，用不同语调、表情，使孩子逐渐能够感受到语言中不同的感情成分，逐渐提高对语言的区别能力。

3）让孩子从周围环境中直接接触各种声音，可提高对不同频率、强度、音色声音的识别能力。

3. 7~9个月婴儿认知能力的培养

（1）视觉训练

1）不断更新视觉刺激、扩大小儿的视野。教小儿认识、观看周围生活用品、自然景观。可激发小儿的好奇心，发展小儿的观察力。

2）利用图片、玩具培养小儿观察力。教小儿认识、观看周围生活用品、自然景观，并与实物进行比较。

（2）听觉训练

1）辨别声响。将同一物体放入不同制品的盒中，让孩子听听声响有何不同，以发展小儿听觉的灵活性。

2）发展对音乐的感知。仍以轻柔、节奏鲜明的轻音乐为主，节奏要有快有慢，有强有弱。让小儿听不同旋律、音色、音调、节奏的音乐，提高对音乐的感知能力。家长可握着小儿的两手教小儿和着音乐学习拍手，也可边唱歌边教孩子舞动手臂。这些活动既可培养小儿的音乐节奏感、发展孩子动作，还可激发小儿积极欢快的情绪，促进亲子交流。

3）敲敲打打。让小儿敲打一些不易敲碎的物体，引导小儿注意分辨不同物体敲打发出的不同声响，以提高小儿对声音的识别，发展对物体的认识能力。

4. 10~12个月宝宝认知能力的培养

（1）视觉训练　除了在日常生活中不断引导小儿观察事物，扩大小儿的视野外，还可培养小儿对图片、文字的注意和兴趣，培养小儿对书籍的爱好。教小儿认识实物、图片，把几种东西或几张图片放在一起让小儿挑选、指认，同时教小儿模仿说出名称来。也可以在婴儿经常接触的东西上标些文字，当婴儿接触到这些东西时，就引导他注意上面的字，增加他对文字的注意力和接触机会。外出时，可经常提醒他注意遇到的字如广告招牌、街道名称等。应尽早让婴儿接触书本，培养小儿对文字的注意力。教小儿识字应在快乐的游戏气氛中自然而然地进行，而不应该给孩子施加压力，硬性规定必须每日记多少字，以免造成孩子抵触心理。

（2）听觉训练　积极为婴儿创造语言环境，可促进婴儿更多地听到语言、熟悉语言和渐渐理解语言。用语言逗引婴儿活动和玩玩具，听磁带，观看周围的人物交谈，唱儿歌、唱歌曲给婴儿听。和小儿咿呀对话。

5. 1~1岁半幼儿认知能力的培养

（1）观察能力的培养　观察是一种有目的的感觉知觉活动，是发展智力的主要途径。儿童观察事物是通过各个感觉器官来进行的，因此，培养儿童的观察能力，应从发展视觉、听觉、嗅觉、触觉等感觉能力入手，从他们感兴趣的、注意到的事物开始，有意识地引导他们去观察事物。

（2）记忆力的培养　小儿的记忆是由感觉器官获得的信息积累而成的。有了记忆，小儿才能呈现出日新月异的进步。

1）实物记忆练习。让小儿根据记忆寻找所需要的玩具，如先让小儿看一个小球，然后把它收起来再让孩子在其他的玩具中找这种小球。

2）强化记忆练习。父母可以选择一些形象直观，与婴儿本人关系较为密切的东西和他感兴趣的事物来训练他的记忆。可教小儿认识爸爸、妈妈，自己的名字、五官和身体的主要部位，间隔一段时间，情景再重复。

（3）思维能力的培养　小儿的思维活动是以周围的实物和具体的活动为基础的。因此，在促进婴幼儿思维能力发展的诸因素中，最重要的就是给小儿创造一个有利于动手动脑的环境。

1）发展幼儿解决问题的能力。用语言指点并巩固孩子在解决实际问题过程中所取得成果，帮助他用动词如"伸出""倒转""挪动"等来表达他找到的解决办法。动词可以帮助孩子自己选出解决问题的方法，同时扩大在解决类似问题时使用这种方法的可能性。

2）发展思维的灵活性。教小儿用同种玩具进行不同的玩法并在日常生活中引导小儿注意观察一种物体的多种用途，以发展小儿解决问题的技巧。如教小儿用钥匙可以开锁，也可以撬开奶粉罐上的铁盖，捅开饮料瓶口的纸封，还可以当笔在泥地上画画等。筷子是用来吃饭的，但偶尔也可用它搅拌糨糊、药液，甚至当灯笼的提手等。

（4）想象力和创造力的培养

1）辨别音响。给孩子听不同的声响，让孩子判断是什么东西发出的声音。

2）手影表演。成人可利用灯光或阳光下的投影用手做成小鸟飞等动作，引导小孩子观看、想象。

3）看图片。通过看图片，认识图片中的人物、物品，说出"是谁?""在做什么?""是什么东西?""做什么用?"

6. 1 岁半～2 岁小儿认知能力的培养

（1）观察能力的培养

1）培养上下、里外、前后方位意识。如游戏时说："球在箱子里。""小车在箱子外面。"等。

2）辨别多少。如分糖果给家人，看看分的是否一样多，放桌上比比看谁多谁少。也可以用专门的图画，训练孩子认识多少。

3）比较高矮。让小儿看爸爸比妈妈高，孩子比妈妈矮。用玩具比比看，哪种动物高，哪种动物矮，或直接带小儿到动物园实地比较一下，也可看动物的画片，如小乌龟和小兔子，小猴子和长颈鹿，谁高谁矮? 若小猴子爬到高高的大树上，是不是比长颈鹿更高了?

4）指导小儿观察事物的特征，有助于随意注意的形成和发展。带小儿观察动物、自然景物，如"小猫在吃什么?""它怎么叫?""小鸟在哪里?""红色的花在哪里?""闻闻看什么东西香香的?"。

（2）记忆力的培养

1）词汇记忆。成人在讲述孩子较熟悉的故事，或教小儿念他熟悉的儿歌，或唱他熟悉的歌时，有意识地停顿下来让孩子补充，由简到难，开始让孩子续上单字，以后可逐渐让孩子续上一个词、一句话。这既可促进记忆力的提高，还可发展小儿的语言能力。

2）实物记忆。让小儿回忆起不在眼前的实物，可给孩子一件玩具，让他注视您将玩具放到盒中，盖上盖子，让他说出盒中玩具的名称。

（3）思维能力的培养

1）比较大小。用套蛋、套塔或大小不同的纸盒等玩具，教小儿依尺寸的大小，将小尺寸的套入大尺寸的玩具中，让孩子在游戏中进行比较、概括并做简单的分析。

2）按颜色特征将物体归类。在游戏中，成人可让孩子在各种颜色的物体中，将指定颜色的物体找出来。在游戏中，还可以让孩子按颜色分别放置物体。例如，将红色的木制小球放到红色盒子中，而将蓝色的小球放到蓝色盒子中等。

3）发展幼儿解决问题的能力。如教小儿用小锤子将小木板钉进潮湿的沙土中，用木棍将手拿不到的环拉到跟前等。

（4）想象力和创造力的培养

1）模仿游戏。游戏能促进孩子创造性想象的发展。成人可指导幼儿模仿日常生活情节的游戏，开始可由成人设想游戏的内容指导幼儿游戏。

2）有意识、有计划地培养孩子绘画，不仅可以发展孩子认识事物的能力，而且有利于发展手部小肌肉活动的能力，也有利于对孩子进行审美教育。进而可以逐步发展想象力和创造力，培养感受艺术美、自然美和社会生活美的能力。绘画还可培养幼儿独立活动和专心做事的好习惯，促进智力的发展。

3）培养听音乐和欣赏音乐的能力。音乐可以给人以美的感受，扩展幼儿对周围环境中各种不同事物的想象力，促进幼儿情感和智力的发育。小儿出生后的第一年是其音乐能力发展的起点，可通过培养孩子区分音的高低、音的长短、力度、音色、节奏、旋律等能力，来培养孩子的音乐感受力。熟悉的歌曲、有趣和有节奏的乐曲能发展幼儿的音乐想象力。

7. 2～2 岁半小儿认知能力的培养

（1）观察能力的培养

1）观察事物的特性。

① 比较形状。用一些不同形状的积木，也可用硬纸板剪成不同形状的纸卡，教小儿学会认识图形，如圆形、方形、三角形等，懂得选择同样的图形进行匹配。

② 比较远近。培养孩子远近意识。在日常生活中，可用含远近的词引导孩子行为，加强对远近概念的意识，如"和妈妈靠近点"。还可在游戏中，教小儿领会远近的意思。

③ 培养孩子观察得更全面，这样孩子可扩大观察的范围，促进思维的发展。带孩子到户外观察，教小儿学会先观察周围总体概况，再集中观察某一特定的事物。

2）发展幼儿注意力。要注意培养幼儿注意的持久性，集中性。

（2）记忆力的培养

1）复述话语。随着小儿语言能力的提高，可让孩子复述成人的话语。可从简单的短句开始，然后教长一点的句子如背诵歌词、儿歌、古诗等，以促进小儿记忆能力的提高。

2）数字记忆。虽然此时小儿对数字的概念还不清楚，但机械记忆能力强，通过数字记忆练习，可强化小儿机械记忆能力，如可教小儿记门牌号、电话号码、历史年代等各种数字材料。

（3）思维能力的培养

1）培养幼儿对因果关系的认识。让孩子看看吹风能使小风车旋转，还能使脸盆里的水出现波纹，将肥皂水吹出五颜六色的肥皂泡。这可激发幼儿的好奇心，激发其学习探究的热情，促进认知发育。

2）归类练习。可教小儿根据事物的某些性质练习分类。可按声音分类，将能发出声音和不能发出声音的东西归类，还可按颜色、形状、大小、用途分类等，以提高小儿归纳、概括的能力。

3）发展幼儿解决问题的能力。有意造成一些明显的错误，让孩子去发现，并鼓励他说出错误所在及解决办法，以培养小儿分辨问题的能力。

（4）想象力和创造力的培养

1）表演游戏。可根据故事或童话的情节和内容，让孩子表演，在表演游戏中，小儿可发挥自己的想象力和解决问题的能力。

2）绘画。通过绘画可以提高小儿手眼动作的协调性。引导小儿根据自己对周围世界各种事物和现象的认识，仔细观察自己所画图画的构图，看看由这些粗细不同的线条搭配成的图像轮廓是否像要画的事物。

3）音乐。幼儿两岁时就具有听成人有表情唱歌的能力，听歌曲可大大丰富幼儿的音乐听觉感受性。教幼儿留心听歌曲旋律的同时，还要教他留心听歌词。引导小儿注意乐器发出的声音表达的意思，让孩子根据歌词、旋律，构思与乐曲相符合的音乐形象。

8. 2 岁半 ~3 岁小儿认知能力的培养

（1）观察能力的培养

1）观察事物的特性。

① 比较长短。也可在纸上划线段，教小儿比较长短。还可比较长裤和短裤、长袖衫和短袖衫，长铅笔和短铅笔，长凳子和小方凳等。

② 比较厚薄。让孩子拿一本小画书，你拿一本更厚一点的书，同孩子比较，说"我的书比你的书厚""你的书比我的书薄"。然后，鼓励孩子寻找一本更厚的书，孩子就可以说上边的话，其后你再找一本更厚的，依此类推。以后可以倒过来玩，"我的书比你的薄。""你的书比我的厚。"这种游戏也可以用于比较被子、衣服等其他物品。

③ 综合比较。引导孩子善于发现近似事物中的不同点和不同事物中的相似点，来培养小儿观察比较的能力。

2）发展幼儿注意力。教小儿按成人的指示，集中精力完成一件事情或一种游戏。成人提示任务越具体，就越容易引导幼儿集中注意，明确注意的目的，在儿童完成作业时成人可不断给予帮助，赞许、鼓励幼儿正确的行为，表扬孩子的成绩。可利用比赛的形式，激发幼儿积极性，鼓励他集中精力。

（2）记忆力的培养

1）利用游戏培养记忆力。将幼儿熟悉的几种玩具，如小动物、小汽车、球等摆在桌子上，请小孩说出玩具的名称，然后用布把玩具盖上，成人从盖布下取走一个玩具，再将盖布打开，让幼儿看一看，少了什么玩具。也可以地上放几个圈，每个圈中放一个小动物玩具，表示小动物的家，然后让幼儿记住每个动物家的位置，并请小动物出来玩，最后再叫幼儿将小动物逐个送回"家"——即原来的位置。

2）图像记忆。让孩子看一张画有数种动物的图片，限定在一定时间内看完，开始时时间可长些，逐渐减少看的时间，然后将图片拿开，让孩子说出图片上有哪些动物，如果孩子记住的不多，还可以教他使用一些记忆的方法如"有翅膀、能飞的有哪些"？

3）在日常生活中培养小儿记忆。如小儿游玩回来，让孩子回想一下玩了什么东西，遇上了什么人，经过了什么地方等。还可在日常生活中，要求小儿按成人说的先后次序去做，逐渐可用语言指导小儿按指令先后做更多的事情。

（3）思维能力的培养

1）学会数数并理解数量的概念。

2）利用语言促进思维。幼儿在多样化的活动中发展了直观具体性思维，并有了简单的判断能力和推理能力，学会对各种物体或现象进行简单的比较、概括。并确定它们之间的联系。可经常用"为什么？""在哪里？""干什么？""怎么办？"等引导小儿思考。

3）发展幼儿解决问题的能力。让孩子预想事情的结果，从而教会孩子去思考、推理并学会应当怎样做，如冰糕一直拿在手中会怎样？让孩子先预想一下事情的结果后，做做实验看看。

（4）想象力和创造力的培养

1）角色游戏。随着年龄的增长，认知能力的加强，孩子逐渐能理解并模仿人们之间的关系。此时可引导小儿做扮演角色的游戏，可以让他注意现实生活中角色的特点，来丰富他的游戏情节，如上公共汽车观察售票员是怎样工作的？到理发店理发，留心观察理发师的一举一动等。

2）绘画。在幼儿能画出一些线条和形状后，成人可引导小儿将他所画的东西同实物做比较，这样孩子会更有兴趣在绘画中想象、构图。

3）音乐。培养孩子听音乐和欣赏音乐的能力。教孩子理解歌曲的内容，感受歌曲的思想感情，并要求孩子在唱歌时用歌声表达自己的内心情感，想象歌曲提供的音乐形象，从而激发幼儿的想象力。

 **技能训练**

技能训练1　为婴儿做被动操或主被动操

1. 婴儿被动操

（1）两手胸前交叉

预备姿势：婴儿仰卧，照护者双手握住婴儿的双手，将拇指置于婴儿手心，使婴儿握拳，放在身体两侧。

1）握住婴儿的双手，使婴儿两臂左右张开。

2）握住婴儿的双手，使婴儿两臂胸前交叉。

3）握住婴儿的双手，使婴儿两臂左右张开。

4）还原至预备姿势。

上肢动作，每套动作为四拍，一共两个八拍："1. 2. 3. 4. 5. 6. 7. 8" "2. 2. 3. 4. 5. 6. 7. 8"。

（2）伸曲肘关节

预备姿势：婴儿仰卧，照护者双手握住婴儿的双手，将拇指置于婴儿手心，使婴儿握拳，放在身体两侧。

1）握住婴儿左手，带动左前臂向上弯曲，做屈肘运动。

2）还原至预备姿势。

3）握住婴儿右手，带动右前臂向上弯曲，做屈肘运动。

4）还原至预备姿势。

上肢动作，每套动作为四拍，一共两个八拍："1. 2. 3. 4. 5. 6. 7. 8" "2. 2. 3. 4. 5. 6. 7. 8"。

（3）肩关节运动

预备姿势：婴儿仰卧，照护者双手握住婴儿的双手，将拇指置于婴儿手心，使婴儿握拳，放在身体两侧。

1）握住婴儿左手，带动左臂由下向上作圆形的旋转肩关节动作。

2）还原至预备姿势。

3）握住婴儿右手，带动右臂由下向上作圆形的旋转肩关节动作。

4）还原至预备姿势。

上肢动作，每个动作为四拍，一共两个八拍："1. 2. 3. 4. 5. 6. 7. 8" "2. 2. 3. 4. 5. 6. 7. 8"。

（4）伸展上肢运动

预备姿势：婴儿仰卧，照护者双手握住婴儿的双手，将拇指置于婴儿手心，使婴儿握拳，放在身体两侧。

1）握住婴儿的双手，双臂向外展平，掌心向上。

2）握住婴儿的双手，双臂胸前交叉，手背向上。

3）握住婴儿的双手，双臂向上举过头，掌心向上。

4）握住婴儿的双手，双臂向下，还原至预备姿势。

上肢动作，每个动作为四拍，一共两个八拍："1. 2. 3. 4. 5. 6. 7. 8""2. 2. 3. 4. 5. 6. 7. 8"。

（5）伸曲踝关节

预备姿势：婴儿仰卧，照护者双手置于婴儿脚外侧。

1）左手握住婴儿右脚踝，右手握住婴儿右脚掌。

2）抬起婴儿右脚踝，并握住婴儿右脚掌使脚背曲向小腿。

3）伸平脚背，放下婴儿右脚。

4）还原至预备姿势。

5）右手握住婴儿左脚踝，左手握住婴儿左脚掌。

6）抬起婴儿左脚踝，握住婴儿左脚掌使脚背曲向小腿。

7）伸平脚背，放下婴儿左脚。

8）伸平脚背，还原至预备姿势。

下肢动作，每套动作为八拍，一共两个八拍："1. 2. 3. 4. 5. 6. 7. 8""2. 2. 3. 4. 5. 6. 7. 8"。

（6）两腿轮流伸屈

预备姿势：婴儿仰卧，两腿伸直平放，照护者双手分别握住婴儿左右脚踝。

1）握住婴儿左踝部，抬起小腿，弯曲膝关节。

2）伸直左腿，还原至预备姿势。

3）握住婴儿右踝部，抬起小腿，弯曲膝关节。

4）伸直右腿，还原至预备姿势。

下肢动作，每套动作为四拍，一共两个八拍："1. 2. 3. 4. 5. 6. 7. 8""2. 2. 3. 4. 5. 6. 7. 8"。

（7）下肢伸直上举

预备姿势：婴儿仰卧，两腿伸直平放，照护者双手拇指置婴儿两小腿后中上端，其余四指握在婴儿两膝关节处。

1）握住婴儿两膝关节及小腿中上端处，将两腿自髋关节处屈曲缓慢上举至90度。

2）缓慢还原至预备姿势。

下肢动作，每套动作为四拍，一共两个八拍："1. 2. 3. 4. 5. 6. 7. 8""2. 2. 3. 4. 5. 6. 7. 8"。

（8）转体、翻身

预备姿势：婴儿仰卧，两臂伸直，照护者双手置于婴儿身体两侧。

握住婴儿前臂曲于胸部，一手垫于婴儿枕背部。

1）照护者左手握住婴儿左前臂，右手垫于婴儿枕背部。

2）将婴儿左前臂曲于胸部，并向婴儿右侧带动，同时右手将婴儿头背部缓慢推向右侧，从仰卧转为侧卧。

3）握住婴儿曲于胸部的左前臂向左侧推动，同时右手托住婴儿头背部缓慢从侧卧转体为仰卧。

4）还原至预备姿势。

5）照护者右手握住婴儿右前臂，左手垫于婴儿枕背部。

6）将婴儿右前臂曲于胸部，并向左侧带动，同时左手从婴儿右侧垫于头背部缓慢推向左侧，从仰卧转体为侧卧。

7）握住婴儿曲于胸部的右前臂向右侧推动，同时左手托住婴儿头背部缓慢从侧卧转体为仰卧。

8）还原至预备姿势。

全身运动，每套翻身动作为八拍，一共两个八拍："1. 2. 3. 4. 5. 6. 7. 8""2. 2. 3. 4. 5. 6. 7. 8"。

2. 婴儿主被动操

（1）起坐运动

预备姿势：婴儿仰卧，照护者单手握住婴儿双手手腕，另一手垫在婴儿枕部。

1）双手配合，缓慢牵引婴儿身体向上向前，诱导婴儿自己使劲坐起来。

2）双手扶持婴儿双手腕，稳定婴儿身体。

3）单手握住婴儿双手腕，另一手托住婴儿枕部，

4）双手配合，缓慢扶持婴儿身体向后，直至婴儿仰卧，还原至预备姿势。

每个动作为四拍，一共两个八拍："1. 2. 3. 4. 5. 6. 7. 8""2. 2. 3. 4. 5. 6. 7. 8"。

（2）起立运动

预备姿势：婴儿俯卧，双手支撑胸前，照护者双手置于婴儿腋下。

1）轻柔地托起婴儿由俯卧位起身至双膝跪地。

2）扶婴儿站起。

3）使婴儿双膝再次跪地。

4）还原至预备姿势。

每个动作为四拍，一共两个八拍："1. 2. 3. 4. 5. 6. 7. 8""2. 2. 3. 4. 5. 6. 7. 8"。

（3）抬腿运动

预备姿势：婴儿俯卧，双肘支撑身体，两手向前平放。照护者握住婴儿的两小腿上端及膝盖处。

1）照护者轻轻向上抬起婴儿双腿，只抬高婴儿的下肢，胸部不得离开床面。

2）还原成预备姿势。

每个动作一个八拍，一共两个八拍："1. 2. 3. 4. 5. 6. 7. 8""2. 2. 3. 4. 5. 6. 7. 8"。

（4）弯腰运动

预备姿势：让婴儿背向照护者站在前面，照护者一手扶住婴儿双膝，另一手扶住婴儿胸腹部，在婴儿前方放一玩具。

1）双手配合，有控制地让孩子弯腰前倾。

2）鼓励孩子拾取玩具。

3）孩子拾取玩具后，扶持孩子的身体向上。

4）还原成预备姿势。

每个动作一个节拍，一共两个八拍："1. 2. 3. 4. 5. 6. 7. 8" "2. 2. 3. 4. 5. 6. 7. 8"。

（5）抬身运动

预备姿势：让婴儿仰卧，照护者一只手托在婴儿腹部，另一只手轻握婴儿同侧上肢及肩关节处。

1）一手托起婴儿腹部，另一手配合使婴儿胸部抬起，鼓励孩子自己用力，使上半身抬高。

2）两手配合，使婴儿身体放下，还原成预备姿势。

每个动作一个八拍，一共两个八拍："1. 2. 3. 4. 5. 6. 7. 8" "2. 2. 3. 4. 5. 6. 7. 8"。

（6）转体翻身动作

预备姿势：婴儿仰卧，照护者双手置于婴儿身体两侧。

1）照护者左手握住婴儿双手，右手托在婴儿枕部，引导婴儿向右翻身至右侧卧位。

2）继续引导婴儿转体至俯卧位。

3）引导婴儿由俯卧位翻转至右侧卧位。

4）继续引导婴儿转体还原至仰卧姿势。

5）照护者右手握住婴儿双手，左手托在婴儿枕部，引导婴儿向左翻身至左侧卧位。

6）继续引导婴儿转体至俯卧位。

7）引导婴儿由俯卧位翻转至左侧卧位。

8）继续引导婴儿转体还原至仰卧姿势。

每套动作一个八拍，一共两个八拍："1. 2. 3. 4. 5. 6. 7. 8" "2. 2. 3. 4. 5. 6. 7. 8"。

（7）跳跃运动

预备姿势：让婴儿面对面站在照护者面前，照护者双手置于婴儿腋下。

1）稍用力将婴儿托起，使小儿双脚离开地面。

2）还原至预备姿势。

每个动作一个八拍，一共两个八拍："1. 2. 3. 4. 5. 6. 7. 8" "2. 2. 3. 4. 5. 6. 7. 8"。

（8）扶走运动

预备姿势：婴儿站立，照护者站在婴儿背后或前面，双手置于婴儿腋下。

1）照护者扶着婴儿向前走四步，一步一个节拍。

2）照护者扶着婴儿后退走四步，一步一个节拍。

每套动作一个八拍，一共两个八拍："1. 2. 3. 4. 5. 6. 7. 8" "2. 2. 3. 4. 5. 6. 7. 8"。

技能训练 2 带领幼儿做模仿操

1. 小闹钟

动作：身体站直，一、二、三、四：依次按向左侧、还原、向右侧、还原的顺序摆动身体。

配合语言：随着身体摆动节奏，嘴里念着"滴""答"，"滴""答"。

2. 洗脸

动作：一、二、三、四：右手伸开五指并拢，在脸前上下洗 4 次；

二、二、三、四：右手按顺时针转动 2 次；

三、二、三、四：左手伸开五指并拢，在脸前上下洗 4 次；

四、二、三、四：左手按顺时针转动 2 次。

配合语言：宝宝能干，自己洗脸。

3. 刷牙

动作：一、二、三、四：右手握拳，伸出食指，在嘴前方由上向下刷 4 次；

二、二、三、四：右手握拳，伸出食指，在嘴前方由下向上刷 4 次；

三、二、三、四：左手握拳，伸出食指，在嘴前方由上向下刷 4 次；

四、二、三、四：左手握拳，伸出食指，在嘴前方由下向上刷 4 次。

配合语言：宝宝能干，自己刷牙。

4. 拉手风琴

动作：两手握拳，两臂屈曲放于体侧，一、二、三、四：两手由胸前向体侧展开，八个音符展开、和拢八次。

配合语言：哆—唻—咪—发—嗖—啦—西—哆。

5. 小鸭走路

动作：小儿两手放背后，抬头，腰微弯。

一、二、三、四、五、六、七、八：向前走；

二、二、三、四、五、六、七、八：向后走。

配合语言：小鸭走路，嘎！嘎！嘎！嘎！

6. 小鸟飞

动作：小儿抬头挺胸，两臂侧平举，上下摆动，同时向前跑动。

配合语言：小鸟飞啊，小鸟飞啊。

7. 小白兔跳

动作：两手张开，掌心向前，放在头两侧做兔耳朵，双脚向前跳跃。

配合语言：小白兔，跳一跳。

技能训练 3 训练婴幼儿的语言能力

发展婴幼儿语言能力的方法很多，可根据宝宝实际情况，有选择地采用，进行培训。

方法一：教宝宝指认人与物。比如教他指着说："妈妈""爸爸""宝宝"，让他在具体的人与"妈妈""爸爸""宝宝"的词汇之间建立联系。然后再从指点东西开始教，比如宝宝对某件东西感兴趣，你就用手指点着告诉他这是什么，并教他指着那个东西说出物品名称。

方法二：教宝宝打招呼。比如：拍手是欢迎，挥手是再见。你可以跟他用玩具做游戏，教他和娃娃、毛绒兔、玩具熊打招呼，手把手地教他拍手、挥手，再拿着娃娃当木偶对他边做动作边说"欢迎""拜拜"。当宝宝学会这些动作后，遇到其他人时，在父母的提示下，他就可以自觉地打招呼了。这也算是最初的人与人之间的交往吧。

方法三：教宝宝用动词表示需要。宝宝刚学会一些简单的名词后，常常用名词表示动作或需要。比如：他要喝奶就指着奶瓶说："奶，奶。"他要拿球就指着皮球说："球，球。"这时，你不要急着把奶瓶或皮球给他，而是告诉他"喝""拿"的发音并用动作演示，让他跟着模仿体会这个语音与动作的联系。

方法四：做表情游戏教形容词。表情游戏是亲子间最常见的交流方式。照护者抱着宝宝，或与宝宝面对面坐着，然后用笑脸说："宝宝高兴，乐一个。"宝宝就会拍着小手乐。照护者说："生气。"宝宝会噘起小嘴。照护者说："伤心。"宝宝咧开嘴装哭。照护者要耐心地把这些词交给宝宝，再和宝宝轮流一边说一边做表情。这些双音节的词学起来有难度，宝宝暂时学不好没关系，只要能体会到词的意思就可以了。

方法五：鼓励宝宝发出主动语言。可有意设置一些交流情景，比如：当宝宝想吃糖时，把糖盒给他，他的小手自然是打不开的。他会着急地拍打盒子。此时他想要糖，"啊啊"迫切地表示。你张大嘴示范说"开"，等到他说出"开"时，再打开盒子。再比如：把宝宝喜欢的娃娃放在书柜里，他看得见，就是拿不到。他会牵着你的手，让你给他拿。你不要马上给他，而是教他说"要"，刺激他模仿你说话。

方法六：充分利用生活中吃饭、穿衣、游戏等各种活动，随时去和宝宝交流沟通，比如给孩子洗澡，就说："好宝宝，脱了衣服洗个澡，先洗头，再洗脚，胳膊大腿都搓搓，干干净净身体好。""洗完澡，穿衣服，穿上鞋，戴上帽，真是妈妈的好宝宝。"有意识地创造刺激宝宝说话的语言环境。

训练婴幼儿语言能力的过程中，你的眼睛一定要注视着宝宝，你的表情要丰富、肢体语言要活泼，声音柔软温和，语调缓慢夸张，传递的不只是词汇，更重要的是刺激孩子大脑语言中枢的发育。

技能训练4　训练婴幼儿的生活自理能力

1. 0～3个月婴儿自理能力训练内容（吸吮）

1）让宝宝横躺在妈妈怀里，脸对妈妈的乳房。宝宝的头应该枕在妈妈的前臂或者肘窝里，妈妈的前臂托住他的背，手托住他的臀部。

2）妈妈用另外一只手握住乳房，拇指在上方，另外四只手指头捧住下方，形成一个 C 字。注意手指头要离开乳晕一段距离。

3）用乳头逗引宝宝的下唇，或者轻轻地划过他的脸颊，觅食的本能会令宝宝转头向你。再次逗引他的下唇，轻声鼓励宝宝张大嘴，让他来含住乳头及大部分乳晕。婴儿的鼻子上翘，鼻孔冲外，下巴贴乳房，嘴唇呈外翻形状。

2. 4～6 个月婴儿自理能力训练内容

（1）伸手抓握奶瓶

1）刚一开始，宝宝可能无法抓住奶瓶，此时可帮他把手放在奶瓶上，为日后自己扶住奶瓶做好准备。奶瓶要有温温的感觉，宝宝才会喜欢把手放上去。在喂食时不要把宝宝的双手挡住，这样他才能将一只手或双手放在奶瓶上。

2）如果宝宝能够把手放到奶瓶上，就可以进行下一步的练习。看护者只握住奶瓶底部，留下中间位置让宝宝去抓握，再视状况调整奶瓶角度。

3）如果宝宝一直不喜欢抓握奶瓶，则可以给奶瓶套上一些不同材质的东西，如小袜子或运动用的护手圈，吸引宝宝想要触摸的欲望，同时增加不同的触觉体验。

（2）接受用汤匙喂食

1）大人与宝宝面对面，让盛有果泥的汤匙出现在宝宝的视线内（可靠近宝宝唇边），同时发出一些声音，以嗅觉、视觉与味觉吸引宝宝的注意。然后，做出张开嘴巴吞入食物的动作（表情可以夸张一点），激发宝宝模仿的兴趣。

2）在喂食时，先将汤匙平放在宝宝舌头上轻轻按一下，再把汤匙拿出，此时应鼓励宝宝做出合唇动作，以利用上唇把食物从汤匙上抿下来。刚开始宝宝可能会用舌头推出汤匙或去吸汤匙中的食物，一定要有耐心，陪着宝宝多多练习。

3. 7～12 个月自理能力训练内容

（1）自己拿住奶瓶进食

1）在喂食时，大人先帮忙扶着奶瓶，顺势拉着宝宝的手扶住奶瓶，再慢慢移动自己的手至奶瓶底部。

2）注意宝宝的喝奶姿势，避免呛奶或感染中耳炎。可在宝宝头部或上背部放一个枕头或软垫，使宝宝头部保持直立。

3）可以考虑使用比较轻的奶瓶，以便宝宝更好地抓握。如果宝宝的手臂控制力不佳，则建议改用带有握把的奶瓶。

4）即便宝宝已经具有自己拿奶瓶的能力，但是在宝宝喝奶时，仍然需要大人陪在旁边，以避免发生呛奶意外。

（2）吞咽糊状辅食 给宝宝提供煮得烂一点的粥、捣碎的香蕉、梨子等黏稠度较高的食物，鼓励宝宝的唇、舌做出主动进食的动作，甚至可把食物从不同方向的嘴角送入，让宝宝用舌头练习"舔"的动作。

1）如果宝宝一直吐着舌头将食物顶出，可用小而浅的汤匙向下轻压其舌头的中间部分，并以手指帮宝宝把下唇轻轻合上，让他吞下食物。

2）如果宝宝的舌头移动有困难，可用手指或压舌板在宝宝的口腔内朝各边轻推，帮助宝宝练习移动舌头。

3）1岁之内吃手可以帮助口腔动作更好的发展，不必担忧因此而养成坏习惯。当然要注意清洁卫生。

（3）自己拿食物吃

1）可以多提供一些半固体的食物，如小面包、起司片、凝胶状食物、煮得较烂的红萝卜条或切成条状的香蕉等，这些食物不需要真正的咬合即可溶化，能让宝宝轻松获得使用牙龈咬食物的乐趣。

2）不要提供坚硬、小碎块的食物，如花生、糖果、爆米花等，以免呛到宝宝。另外，在宝宝躺着、哭闹及移动时，不要让宝宝单独进食。

3）为了让宝宝的能力有更好的发展，不要怕孩子吃得一团糟。另外，还要留出足够的时间让宝宝去咬、吞，千万不要催促。

4）拉下头上的帽子

在宝宝头上戴上帽子，并抱着他照镜子，指着帽子说："宝宝戴帽子。"然后示范把帽子拿开，并说："宝宝摘帽子。"再帮宝宝戴上帽子，引导他自行拉下帽子。只要宝宝出现了拉扯动作，就算具备了该项能力。

4. 13~18个月幼儿自理能力训练内容

（1）用学习杯喝水

1）学习杯可挑选有趣、鲜艳的样式，以吸引宝宝的学习兴趣。

2）由于拿杯子需要使用到腕力，可挑选有把手的杯子，以方便宝宝抓握。

3）喝水需要抿嘴、吞咽，如果宝宝在1岁之后还是经常流口水，则表示其嘴巴闭合功能较差，需要多练习抿嘴动作，父母平时可跟宝宝玩嘴巴游戏，如发"唔""啊"等声音，以练习张嘴、闭嘴的动作。

4）要增加嘴部肌肉的张力，可让宝宝玩吹乒乓球的游戏，或是多咀嚼一些比较硬的食物。

（2）用吸管喝水

1）刚开始可用较细的吸管来练习，因为细、短的吸管更容易让宝宝的口腔肌肉发力，等到熟练之后，再换用长一点、粗一点的吸管。

2）"吹"的动作比较容易学习，但"吸"的动作则相对困难一些。父母可用软包装的饮料帮助宝宝练习，当宝宝无法顺利做出"吸"的动作时，可稍微挤一下饮料盒，这样饮料就被挤到宝宝口中，让宝宝感受到"吸"的作用。

（3）自行使用汤匙或叉子

1）可以先提供握柄比较粗、短的汤匙，以方便宝宝抓握。刚开始不必纠正宝宝的握姿，只要能够做出握汤匙的动作即可。随着宝宝的手腕动作越来越灵活，其抓握动作也会逐渐规范起来。

2）在使用汤匙时，请注意让其他餐具保持稳定，因为宝宝刚使用汤匙时，从碗中舀起食物的动作更像"戳"，稍不留意就容易把碗打翻。因此，不妨使用防滑垫或底部加有止滑垫的餐具。

3）为了让宝宝顺利用汤匙舀起食物，可先从泥状或糊状食物开始练习。如果要使用叉子，可将食物切成容易叉取的小块。

（4）咀嚼半固体食物

1）可先让宝宝自行拿取入口即可溶化的食物，如牙饼，让他慢慢摸索吃东西的方法。

2）逐渐提供小块、较软的食物让宝宝尝试，即便宝宝拒绝尝试，也不要很快放弃该食物，可以试着变换其他的拿取方式，只要宝宝愿意尝试，即使用手抓着吃也没关系。

3）提供多样化食物，鼓励宝宝积极尝试，以丰富咀嚼经验，比如含有纤维素的食物。只要宝宝能吃上几口，就要及时给予鼓励，这样宝宝对于吃东西就有了良好的感受，进而愿意继续尝试。

（5）如厕前的训练 在对宝宝进行如厕训练之前，最重要的就是他能够明确表达自己的生理状况，知道什么是尿尿或便便，并主动告诉大人。

1）应尽量掌握宝宝的排泄状况，可通过宝宝的动作（如双脚交叉、扭动）、表情（涨红的脸）来加以判断，把握其排泄规律，准确预测需要换尿布的时间，并在适当时机先询问宝宝："你是不是尿尿了？"让他理解尿尿与便便的意思是什么。

2）在比较准确地掌握宝宝的排便规律之后，慢慢把更换尿布的时间提前，引导宝宝直接在坐便器上解决大小便，为日后的如厕训练预做准备。

（6）用毛巾擦嘴

1）进食前可在宝宝身边准备一条小方巾，以便随时使用。

2）吃完之后，不必急着让宝宝用毛巾擦嘴，可先让他用舌头舔去嘴边的渍痕，这也是建立本体知觉的方式之一。让宝宝感受嘴边有残留饭粒，再用舌头灵活地舔去，舌头的活动能力得到强化，日后学习正确发音也更为顺畅。

3）刚开始使用毛巾时，可轻拉宝宝的手拿毛巾，做出擦拭动作，让宝宝了解擦嘴巴的意义，慢慢熟练这一动作。

（7）洗手

1）爱玩水可说是宝宝的天性，可以作为引导宝宝学习洗手的一大工具。

2）事先分解洗手的步骤，一步步教会宝宝。比如先踩在椅子上够到洗手台——拉起衣服袖子——湿手、打肥皂、搓手——打开水龙头冲水——擦干手。

3）在打肥皂时，可顺势教宝宝认识手掌、手背、各个指头及指缝。

4）不论用扭还是用扳的方式打开水龙头，都是一种手指训练，可试着让宝宝自己来，以便早日学会独立洗手。

5. 19～24个月幼儿自理能力训练

（1）用汤匙进食

1）先带着宝宝练习使用汤匙，拉着他的手做出"舀"的动作，并协助其把汤匙中的食物送至口中。

2）可搭配玩具进行练习，增强宝宝的学习动机。让宝宝从练习喂玩具娃娃开始，再运用到自己身上。

3）平常可多玩一些运用到手腕动作的游戏，如铲沙子，增加手腕活动的灵活度。

4）创造机会让宝宝与其他孩子一起用餐，增强其观察、模仿的意愿，尽快学会使用汤匙进食。

（2）咀嚼固体食物

1）可提供切成片的苹果或稍微硬一点的饼干，让宝宝练习用门牙咬断、用舌往后送并且吞咽，逐渐养成先吞下一口、再吃一口的习惯。

2）食物不要切得太细，多给宝宝提供练习机会，以学习咬断食物。比如肉条、烫过的西芹等切成小段的食品，都是宝宝练习咬断食物的好食材。

（3）在大人协助下练习刷牙

1）把牙刷放进口中，刚开始可能会让宝宝感觉不舒服，可先以牙刷套套在宝宝的手指上，让他慢慢接受刷牙。一开始可以不用牙膏，避免造成宝宝不适，刷牙后直接用清水漱口即可。

2）大人与宝宝一起刷牙，让他模仿大人的动作。由于刷牙牵涉手、嘴、眼的协调动作，所以不妨对着镜子练习，以便宝宝更好地掌握姿势。

3）刷牙时先从前面的牙齿刷起，再刷后面的牙齿。

4）鼓励宝宝自己刷牙很重要，但是碍于能力不足，宝宝刚开始很难真正刷干净，还需要大人的协助。因此，可以先让宝宝自己刷，最后再帮他从前到后完整地刷一次，确保口腔卫生。

（4）在大人协助下脱外套、裤子及鞋子

1）短袖衣服、短裤比长袖衣服、长裤更容易脱，建议从短裤、短袖衣服开始练习，不论用什么姿势，只要宝宝能顺利脱下衣服都可以。

2）脱衣服需要运用到关节动作，可依照宝宝的习惯帮他分解各种动作，以开襟式衣服为例，先解开衣服扣子或拉链，脱之前把衣服往前拉，再把手伸离袖子。可适时提供协助，让宝宝对脱衣服建立自信心，并提升学习意愿。

3）脱裤子时，先让他站着，协助他把裤子往下拉至大腿处，再让他坐下来，自己把裤子拉到脚踝处，然后把脚伸出裤管。

（5）在大人协助下穿衣服

1）先让宝宝分辨衣物的前后与正反面，协助他穿上一边，另外一边则可让他试着自己穿上。

2）穿裤子时，先让宝宝坐着，把脚伸进裤管，再把裤子拉至大腿处，然后起身把裤子往上拉，接着做最后的整理工作。

3）根据宝宝的能力发展，逐步提供难度高一点的衣物加以练习。

4）要给宝宝留出足够的练习时间，不要因为急着出门或其他原因而催促宝宝，更不要因为宝宝穿得不好而责备他，那样会打击其自信心，进而丧失继续学习的动力。

（6）帮忙做简单家务

1）在收拾玩具之前，要让宝宝知道玩具应该放在哪里，玩具的摆放位置最好是固定一处，让宝宝有明确的印象。每次玩玩具时，应陪着宝宝在固定的地方玩，并陪着他一起收拾。

2）做其他家务也是一样，大人一边做，一边让宝宝在旁边观看，时间一长，宝宝也想自己做做看。此时可准备宝宝的专属工具，如小抹布，邀请他一起擦桌子，事后给予及时鼓励。

（7）练习如厕及表达需求

1）先为宝宝准备可爱有趣的坐便训练器。

2）尽量抓准宝宝大小便的规律，感觉宝宝差不多要排便的时候，可先询问他是否需要上厕所，然后让他在坐便训练器坐上三五分钟，如果能够顺利排尿排便，一定要加以鼓励，以建立其自信心。

3）学习如厕的时间最好在夏天，万一弄脏衣裤也方便清洗。

6. 25～36个月幼儿生活自理能力的培养

（1）模仿梳头、刷牙、洗衣等至少3件事情

1）照护者平时做这些事情的时候，不论自己梳洗还是帮宝宝做，都要尽量让宝宝看到，以便他对这些事情产生印象。

2）很快，你会看到宝宝不时模仿大人的动作，比如给玩具娃娃梳头、刷牙等。这时，可在合适的时机（如早上起床后要梳头、吃过食物后要刷牙）主动把梳子、牙刷交到宝宝手上，让他对着镜子梳头、刷牙，或是在手洗贴身衣物时，让宝宝跟着一起洗自己的小手帕。

3）刚开始宝宝的动作不会太熟练，但是只要他愿意做，就尽量给他创造做的机会。可以把一连串的动作拆解成几个步骤，让宝宝从最简单的动作做起。

（2）上厕所会拉下裤子

1）先示范如何使用双手，将拇指伸进裤子、然后抓住裤子的两侧，最后将裤子脱下。

2）刚开始练习时，也许宝宝一时还不能把裤子脱到屁股底下。如果宝宝无法同时使用双手将裤子往下拉，那么可先教他将裤子的一边往下拉，随后再拉另一边，就这样重复拉扯，一直到脱下裤子为止。

（3）明确表示要上厕所

1）孩子是否能清楚表达自身的生理状况，与其表达能力有着密切关系，而表达能力需要平日一点一滴地积累，因此，协助宝宝拥有一流的表达能力非常重要。

2）在陪宝宝进行如厕训练时，一定要有足够的耐心，就算宝宝做得不够好，比如刚表达完"要上厕所"的意思，裤子就已经湿了，或是还没有来得及走到厕所就已经尿出来了等，也要加以包容。

3）不要因为如厕训练而训斥宝宝，否则容易让他对如厕一事产生恐惧，进而更难摆脱对尿布的依赖。

4）需要多多用心观察，尽量协助宝宝掌握好如厕的时间，适时加以提醒，逐渐让宝宝知道什么时候上厕所最合适。

（4）会穿没有鞋带的鞋子

1）让宝宝坐在小椅子上。

2）学习分辨左右脚，看哪只脚应该套进哪只鞋。

3）帮宝宝把鞋舌往外翻。

4）示范如何把脚放进鞋子（先把脚尖穿进鞋内，脚跟再往下踩入鞋内），另一只脚做重复动作，让宝宝跟着做一遍。

（5）熟练使用汤匙

1）先让宝宝拿铲子任意铲沙子。

2）大人和宝宝比赛，看谁铲沙子铲得比较多。宝宝本来就喜欢玩沙子，再加上比赛的刺激心理，玩起来更是乐此不疲，这样就能有效练习手腕动作，进而顺利地使用汤匙进食。

（6）会解开纽扣

1）可从大一些的纽扣开始练习，先把纽扣穿过纽扣洞的一半，然后让宝宝完成最后的解开动作，等熟练之后，再让宝宝独立解纽扣。

2）先让宝宝练习解开布偶衣服上的扣子，再练习解开自己衣物上的纽扣。

技能训练5　训练婴幼儿色彩、事物的识别能力

（1）识别大小　教小儿比较物体的大小，开始可选择形状类似、大小差别显著的物体来练习，如大娃娃与小娃娃，大杯子与小杯子等。

（2）识别形状　教小儿识别物体的各种形状，对发展观察能力十分有好处。先教小儿识别简单的几何形状，如圆形、椭圆形、三角形、正方形等，可用同种颜色的纸板如红色、黄色，剪成两套形状不同的图形如圆形、椭圆形、三角形、正方形，让小儿和家长分别拿一套，教小儿把他手中的圆圈重叠到家长的圆圈上，指给他看，这两个圆圈的形状是一样的"都是圆的。"再让他把圆圈与其它形状的纸板比较，告诉他是不一样的。

（3）识别颜色　先从基本的颜色红、黄、蓝、绿进行识别。小儿这时可能说不出颜色的名称，家长也不必在这个阶段要求幼儿说出颜色的名称，但应让幼儿明白"颜色"这个词的意思，懂得"这种颜色""那种颜色"的意思，使他意识到颜色也是物体的一种属性，发展观察力。可用一些大小相同、形状一样、颜色不同的积木方块进行练习，如成人手中拿一块红方块，要小儿从几个方块中挑选一个和成人手中一样颜色的方块。小儿学画时，让孩子注意到小草是绿色的，西红柿是红色的，让小儿拿绿色画笔画小草，红色的画笔画西红柿。在日常生活中，引导小儿注意周围物品的颜色，如妈妈的围巾是蓝色的，小儿的帽子也是蓝色的，这时便可告诉他这两件东西的颜色是一样的。

（4）训练注意力的稳定性　幼儿注意力短暂，不稳定，成人应帮助小儿更长时间地集中注意力于一个物体上或一种游戏中。如小儿玩皮球一会儿就扔掉，正要开始做其他的事情，母亲可拿起皮球，教他一些新的玩法，如教小儿用手使皮球在地面上旋转，或对着墙壁滚动皮球，使皮球碰向墙壁自动滚回来，或用球投篮等。

（5）扩大注意的范围　教注意物体之间的联系，发展注意力的稳定性和注意力的分配能力。在培养小儿观察力时，应多带小儿接触大自然，注意引导孩子调动多种感觉器官参与观察活动，可教小儿看日出日落，风吹草动，听鸟语、闻花香等。

第二节　照护起居

一、婴幼儿日间照护内容与照护方法

1. 婴幼儿饮食照护

1）孩子从出生到 6 个月，依靠纯母乳喂养就能够得到成长所需的一切营养，不需要、也不应该添加任何辅助食品，包括水。过早添加辅食，对孩子的健康有百弊而无一利。最常见的害处有以下几点：

① 婴幼儿的免疫系统十分脆弱，过早添加固体食品容易引发过敏症。等到时机成熟再添加辅食，孩子有能力接受，反之则可能造成孩子一辈子对某些食

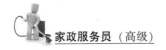

物过敏。

②婴幼儿的消化系统、肾功能尚未健全，过早添加固体食品增添不必要的负担，为将来埋下健康隐患。

③固体食物的营养，远远没有母乳完全。添加了固体食品，势必造成孩子对母乳摄取的减少，从而破坏营养的平衡。

2）孩子渐渐长大，生长发育的营养需求量变大，而母乳（或配方奶）已经无法提供足够的营养，所以从孩子满6个月时，在继续母乳（或配方奶）的基础上，就要开始添加辅食。在喂食孩子辅食时，要注意以下原则：（种类）从少到多，（量）从小到大，（性状）从稀到稠，循序渐进，逐渐加大，主辅分明（主食和辅食要分清，切忌主辅不分）。在1岁以前，奶是主食，其他是辅食，不要"主次不分"，4~6个月以前，奶占90%以上，7~8个月奶占80%，9~10个月奶占70%，11~12个月，可适当调整至50%~60%。

2. 婴幼儿睡眠的照护

1）安全感是宝宝自己睡的前提，4~6个月的婴儿，开始对周围环境有所响应，从这时开始，会对照护者的离去或独自一人产生紧张的情绪。让宝宝知道你在这里，可以给宝宝自己睡的勇气和信心。

2）布置一个宝贝喜欢的舒适小窝，充满童趣和温馨，孩子的安全感会油然而生。

3）宝宝独自睡觉的最初阶段，在宝宝睡前，讲些好听的故事或读孩子喜欢的书，平静地和宝宝互道晚安，将让宝宝有更多的安全感，在愉快的氛围中，使宝宝心情放松，产生想睡觉的感觉。

4）要有固定的作息时间，这可以使孩子每晚在大致相同的时间里，按同样的顺序整理房间、洗脸、刷牙，直至上床睡觉。

5）刚出生的婴儿平躺睡觉时，背和后脑勺在同一平面上，颈、背部肌肉自然松弛。婴儿头大，几乎与肩同宽，侧卧时头与身体也在同一平面。因此，没有必要使用枕头。孩子3个月后开始学抬头，脊柱颈段出现向前的生理弯曲。因此，为了维持生理弯曲，保持体位舒适，婴儿出生后3个月开始使用枕头。

3. 婴幼儿活动的指导

运动使婴儿食欲增加，睡眠时间延长，睡得深而熟。能提高免疫能力，增强对疾病的抵抗能力。适度的运动使肌肉的力量加大，提高身体活动的准确性、关节的灵活性、动作的协调性。婴儿的手部精细动作是婴儿大脑开发的钥匙。

婴幼儿的动作能力包括：身体、四肢的大肌肉运动能力；双手的精细运动能力。

婴幼儿的运动能力发展规律：首尾规律——从头到全身；近远规律——从躯干到四肢；大小规律——从大肌肉到小肌肉。

4. 婴幼儿早期智力启蒙

1）音乐不但能使婴儿心情愉快，还能促进宝宝的大脑发育，使他们变得更聪明。

2）和婴儿对话是非常重要的，也许有些母亲会认为，那就让孩子听电视的声音不是一样吗？但是，电视发出的是机械的声音，人的声音则是肉体的声音，两者是不一样的。如果让婴儿的头脑适应机械的声音，就会导致他对于母亲肉体的声音完全没有反应，这是造成自闭症的一大原因。

3）观察力并不仅仅是眼睛好耳朵灵的问题，而是在综合了视觉能力、听觉能力、触觉和嗅觉能力、方位和距离知觉能力、图形辨别能力、认识时间能力等多种能力基础之上发展起来的，是形成智力的重要因素和智力发展的基础。

5. 培养孩子早期阅读的习惯

1）听读启蒙法：采用朗诵、讲述的形式可集中儿童的注意力，诱发儿童阅读兴趣，丰富词汇、激发想象、萌发情感、拓宽视野，更为重要的是可以使孩子逐渐领悟语句结构和词意神韵，为孩子今后的广泛阅读打下基础。

2）讲述提问法：采用有问有答的形式可激发幼儿对阅读活动的兴趣，提高孩子对阅读材料的感受能力和理解能力，帮助幼儿掌握有序翻阅等基本阅读技能。

3）角色扮演法：与孩子以口头扮演或动作扮演等形式，担任阅读材料中某一角色的方法。可大大增强幼儿对阅读活动的兴趣，提高幼儿的语言、动作的表达能力，加深对阅读材料的理解。

6. 培养孩子的动手能力

灵巧的手是一个人大脑发育良好的标志之一，在大脑中支配手部动作的神经细胞有 20 万个，而负责躯干的神经细胞有 5 万个，所以大脑发育对手的灵巧具有重要性，而手动作的灵敏又会反过来促进大脑各个区域的发育。

1）指导孩子做手工。

2）锻炼孩子的自理能力。

3）提供各种结构材料，让孩子玩结构游戏。

二、婴幼儿计划免疫常识

计划免疫是免疫学在现实生活中的应用，是指根据某些传染病的发生规律，将有关疫苗，按科学的免疫程序，有计划地给人群接种，使人体获得对这些传染病的免疫力。从而达到控制、消灭传染源的目的。

预防接种是预防传染病保障儿童健康成长的重要预防措施。根据《中华人民共和国传染病防治法》，国家对儿童实行有计划的预防接种制度。对儿童进行计划免疫接种是家长和每个公民的责任。每一个健康的孩子都应该接受预防接

种。疫苗分类如下：

一类疫苗：是指政府免费向公民提供，公民应当依照政府规定接受免疫的疫苗，我国免疫规划确定的疫苗（简称国家免疫规划疫苗）包括卡介苗、乙肝疫苗、脊灰疫苗、麻疹疫苗、麻风腮疫苗、百白破疫苗、流脑疫苗、乙脑疫苗、甲肝灭活疫苗。

二类疫苗：是指群众自愿选择自费接种的疫苗，包括流脑 A＋C 疫苗、狂犬疫苗、麻疹风疹腮腺炎三联疫苗、口服轮状疫苗、伤寒疫苗、水痘疫苗、60 微克乙肝疫苗、无细胞百白破三联疫苗、流感疫苗、B 型流感嗜血杆菌结合疫苗（HIB）等。

三、婴幼儿常见异常情况及处置方法

1. 肠绞痛

孩子总是在傍晚或凌晨哭闹，而且不容易哄好，这往往是肠绞痛造成的。在孩子未满 4 个月之前，其肠壁神经发育还不成熟，肠道蠕动不规则，易蠕动过快，纠结在一起而导致肠痉挛疼痛抑或是肠胀气引起。婴儿肠绞痛的发作时间有两个高峰，分别是下午 4 点至 8 点和凌晨前后。发作时，孩子以高分贝的哭声和握拳踢腿的动作来表达。此时，应将婴儿竖抱头伏于肩上，轻拍背部排出胃内过多的空气，并用手轻轻按摩婴儿腹部，亦可用布包着热水袋放置婴儿腹部使肠痉挛缓解，如婴儿腹胀厉害，则用小儿开塞露进行通便排气，并密切观察婴儿，如有发热、脸色苍白、反复呕吐、便血等则应立即到医院检查，不可耽搁诊治时间。

2. 发热

发热是人体对抗某种感染的反应，有时宝宝体温升高，但身体其他方面正常，可在家护理观察。护理时要多喂温开水，不喜欢喝水的喂果汁也行；勤换汗湿的衣服；房间注意通风换气，不要穿过多衣服裹过多的被子；饮食宜清淡易消化；使用耳温计定时测量体温，若体温超过 38.5℃以上，须喂儿童专用退烧药，2 次喂药之间，可给予温水擦浴或酒精擦浴。但是，发热伴随咳嗽、气喘、惊厥、意识不清、呕吐等症状，就要及时去医院就诊。

3. 呕吐

婴儿呕吐有的并不严重，特别是有些吐奶并不意味着疾病，而是生理现象，或者是宝宝身体不舒服的表现。但如果呕吐伴随着精神不振，腹痛等，或是呕吐呈喷射性，频繁呕吐，就应该立即去医院就诊。

4. 流鼻血

孩子鼻黏膜脆弱，在干燥的天气下，需要更多血液流经鼻腔以提高温度与湿度，因此容易造成鼻黏膜充血而导致出血。流鼻血时，大人要镇静，并安慰孩子，同时采取一些简便易行的方法，尽快将鼻出血止住。可以先让孩子坐下，稍向前倾斜。一定要让孩子用口呼吸并捏紧鼻翼，使两个鼻孔封闭 10 分钟，连续捏住压迫 10 分钟，一般可以止住轻度鼻出血。过了 10 分钟发现鼻血仍然没有止住，应该马上去看医生。

5. 维生素 D 缺乏性的佝偻病

孩子时常啼哭、睡眠中易惊醒、出汗致枕部头发环形脱落，形成枕秃，严重者出现方颅、囟门迟闭，出齿迟，肋骨串珠，O 形、X 形腿，此时应立即去医院就诊。预防方法可自半个月起补充维生素 D，多在太阳下活动，但应避免烈日晒伤。

6. 缺铁性贫血

婴幼儿时期最常见的一种贫血，其发生的根本病因是体内铁缺乏，使机体出现消化道功能紊乱、循环功能障碍、免疫功能低下、精神神经症状以及皮肤黏膜病变等一系列非血液系统的表现。具体表现为孩子的皮肤黏膜、甲床苍白，疲乏无力，不爱活动，食欲不佳，注意力不易集中，易生病。轻度贫血宜多吃含铁量高的食物，如各种瘦肉、动物肝脏、动物血液、鸡蛋黄、绿色带叶蔬菜、黄豆及其制品、木耳和蘑菇、芝麻酱等。中重度贫血应及时去医院就诊。

四、婴幼儿湿疹、肺炎等常见病护理方法

1. 婴幼儿湿疹

婴幼儿湿疹又称"奶癣"，是婴幼儿时期常见的皮肤病，起病大多在生后 1~3 个月，1 岁以后大多数患儿逐渐自愈，少部分患儿迁延至幼儿期。湿疹大多发生在面颊、额部、眉间和头部，严重时躯干四肢也会出现。初起时为散发或群集的小红丘疹或红斑，逐渐增多，并可见小水疱，黄白色鳞屑及痂皮，可有渗出、糜烂及继发感染。患儿烦躁不安，夜间哭闹，影响睡眠，常到处瘙痒。由于湿疹的病变在表皮，愈后不留瘢痕。

婴幼儿湿疹的病因较复杂，其发病与多种内外因素有关，有时很难明确具体的病因。患儿往往由消化道摄入食物性变应原如鱼、虾、鸡蛋等致敏因素，使体内发生 I 型变态反应。此外婴幼儿皮肤角质层薄，毛细血管网丰富，以及内皮含水及氯化物较多，因而容易发生变态反应。此外，机械性摩擦如唾液和溢奶经常刺激，也是本病的诱因。护理不当如过多使用较强的碱性肥皂，还有些婴幼儿具有遗传过敏体质，某些外在因素如日光、紫外线、寒冷、湿热等物理因素，接触丝织品或人造纤维，外用药物以及皮肤细菌感染等，均可引起湿疹或加重其病情。

婴幼儿湿疹的护理：

1）保持皮肤清洁干爽。

2）留意宝宝周围的冷热温度及湿度的变化。

3）避免宝宝抓挠患处皮肤。

4）排除内源性或外源性的过敏源。

5）药物的使用。

6）积极防治便秘。

2. 婴幼儿肺炎

婴幼儿肺炎是婴幼儿期一种常见病，多发生于冬春寒冷季节及气候骤变时。患病后免疫力不持久，容易再次感染。患儿有发热、呕吐、烦躁及喘憋等症状，体温多在 38～39℃，亦可高达 40℃左右。新生儿可不发热或体温不升。弱小婴儿大多起病迟缓，发热不高，咳嗽与肺部体征均不明显。常见呛奶、呕吐或呼吸困难。呛奶有时很显著，每次喂奶时可由鼻孔溢出。咳嗽及咽部痰声，呼吸浅表、呼吸频率加快（2 个月龄内 >60 次/分钟，2～12 个月 >50 次/分钟，1～4 岁 >40 次/分钟），重症者呼吸困难，出现点头状呼吸、三凹征、呼气时间延长、鼻翼扇动等，口周或指甲青紫。

婴幼儿肺炎的护理：

1）保持室内空气流通、温湿度适宜。

2）饮食要求易于消化、多水分、高热量、高维生素。少量多餐。

3）保证孩子充分休息能够有效缓解病情。

4）强化皮肤护理。

5）保持呼吸道通畅。

6）按医生要求服用退烧药或采用物理降温法。

7）发现病儿病情加重的信号，应立即送医院救治。

8）合并佝偻病者应注意补充维生素 D 和钙剂。

9）孩子肺炎痊愈后，按年龄选择合适的锻炼方法，以增强体质。

3. 上呼吸道感染

上呼吸道感染是指鼻、咽部黏膜的病毒、细菌感染，是婴幼儿的常见病，表现为流涕、鼻塞、发热、轻咳、食欲下降、呕吐、精神不振等症状。

婴幼儿上呼吸道感染的护理：

1）宝宝感冒发烧咳嗽时以服用清热解毒、止咳化痰的中药为主；如果合并细菌感染，可以在医生的指导下服用抗生素。护理中还要观察婴儿的精神、面色、呼吸次数、体温变化等。

2）休息环境要安静舒适，保持室内空气新鲜，湿度和温度要适宜。

3）让孩子多休息，多喝开水，及时更换汗湿的衣物。

4）保持鼻咽部通畅，及时清除分泌物。

5）饮食宜清淡，少食多餐，可喝一些菜汁和果汁。

4. 秋季腹泻

由轮状病毒感染引起的，多发于每年9~11月，多见于4岁以下尤其是半岁以内的婴儿。是急性胃肠道功能紊乱的疾病。症状有咳嗽、发热、咽部疼痛、呕吐、腹痛等；大便每日数10次，多为水样或蛋花样，有的呈喷射状，无特殊腥味及黏液脓血。婴儿易出现不同程度的脱水，甚至合并脑炎、肠出血、肠套叠而危及生命。其护理方法如下：

1）对症护理。轻者不必禁食尽量减少哺乳的次数，缩短喂乳时间，暂停添加辅食等不易消化的食物；吃流质清淡的易消化的食物（如盐水、米汤、稀藕粉等）。病重者应禁食6~24小时。如症状缓解可逐步恢复饮食。进食必须由少到多，由稀到干。

2）对轻度脱水的患儿，可口服淡盐水补液；严重脱水的患儿应尽早去医院就诊。

3）做好大便后的清洁，每次用温水清洗臀部，擦涂护臀膏。

4）可服用肠道益生菌；配方粉喂养时换用无乳糖配方粉，母乳喂养时可加用乳糖酶。

5. 中耳炎

由于婴儿的咽鼓管尚未发育完善，容易积液，当眼泪或是奶汁流进宝宝耳朵时，会造成耳部细菌的大量繁殖，引发中耳炎，宝宝患中耳炎时，表现为耳朵疼痛，啼哭不止，常常会用手抓耳，伴发热、拒奶等症状，如果伴有鼓膜穿孔，还可见耳朵中有黄色的分泌物流出；听力减退。此时，应立即去医院就诊。其护理方法如下：

1）夜间喂奶时，应尽量抱起宝宝，防止因婴儿头部位置过低，其口含的剩余奶汁在熟睡后流入咽鼓管内而引起炎症。

2）喂奶速度不宜太快，宝宝哭闹时应暂停喂奶，以免咳呛将奶喷入咽鼓管。

3）宝宝哭泣、沐浴时要及时擦去耳朵上的水，以免流入耳道内。

 技能训练

技能训练1 为婴幼儿制订日间照护计划

1. 婴幼儿饮食照护计划

（1）在喂食孩子辅食时，要注意以下事项

1）分量不要太多。孩子食量较小，喂食辅食的分量不需要太多。

2）注意喂食的方式。喂食辅食时，可将食物盛装于碗或杯内，以汤匙喂食，让孩子逐渐适应成人的饮食方式及礼仪。

3）一次喂食一种新的食物。初期喂食辅食时，一次给予一种新的食物，将

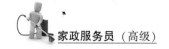
食物搅拌成泥糊状，量由少至多，浓稠度由稀转浓。

4）观察孩子的反应。喂食新的食物，应连续喂食几天，并注意孩子的身体反应，确定孩子一切正常（如无腹泻、呕吐、出疹子等症状），再更换另一种新的食物。

（2）制作辅食时，要注意以下事项

1）宜选择新鲜食材。水果宜选择橘子、柳丁、番茄、苹果、香蕉、木瓜等皮壳较容易处理、农药污染及病原感染机会少者。蛋、鱼、肉、肝等要煮熟，以免发生感染及引起宝宝的过敏反应。蔬菜类像胡萝卜、菠菜、青江菜、空心菜、豌豆、小白菜，都是不错的选择。在谷类碾磨加工成精米、精白面时，维生素 B1 会随着外皮白白丢失。虽然精米、面吃起来细腻可口，但长期吃会影响健康，所以要粗粮细粮搭配着吃。

2）制作辅食之前，要洗净食材、餐具及手，严格注意卫生问题。淘米时最好是用手把米粒中的杂质拣去，不要长时间浸泡，不要用热水淘，不要反复搓洗，不要淘米次数过多。

3）烹调的原则。孩子的牙齿及吞咽能力未发育完全，制作时要将食物处理成汤汁、泥糊状或细碎状，孩子才容易消化；初期给予孩子辅食时，食物浓度不宜太浓，如蔬菜汁、新鲜果汁，最好加水稀释；辅食尽量采用自然食物，不要添加调味料，如香料、味精、糖、食盐等；在食材的烹煮方面，忌油腻；烹调后的辅食，不宜在室温内放置过久，以免食物腐坏；制作辅食要注意食物温度，不宜放置在微波炉中加高温，以免破坏食物中的营养素。烹煮时不要加碱，维生素 B1 在碱性环境中极易被破坏，在煮稀饭或发面时加碱，都可使维生素 B1 被大量破坏，所以发面时最好用酵母而不要用小苏打。

（3）宝宝饮食禁忌　1 岁之内不要吃蜜：周岁内宝宝的肠道内正常菌群尚未完全建立，吃入蜂蜜后易引起感染，出现恶心、呕吐、腹泻等症状。宝宝周岁后，肠道内正常菌群建立，故食蜂蜜无妨。

3 岁以内不要饮茶：3 岁以内的幼儿不宜饮茶。茶叶中含有大量鞣酸，会干扰人体对食物中蛋白质、矿物质及钙、锌、铁的吸收，导致婴幼儿缺乏蛋白质和矿物质而影响其正常生长发育。茶叶中的咖啡因是一种很强的兴奋剂，可能诱发少儿多动症。

5 岁以内不要吃补品：5 岁以内是宝宝发育的关键期，补品中含有许多激素或类激素物质，可引起骨骺提前闭合，缩短骨骺生长期，结果导致孩子个子矮小，长不高；激素会干扰生长系统，导致性早熟。此外，年幼进补，还会引起牙龈出血、口渴、便秘、血压升高、腹胀等症状。

10 岁以内不要吃腌制品：10 岁以内的儿童不要吃腌制食品。原因有二：一是腌制品（咸鱼、咸肉、咸菜等）含盐量太高，高盐饮食易诱发高血压病；二是腌制品中含有大量的亚硝酸盐，它和黄曲霉素、苯丙芘是世界上公认的三大致癌物质。研究资料表明：10 岁以前开始吃腌制品的孩子，成年后患癌的可能性比一般人高 3 倍，特别是咽癌的发病危险性高。

不宜给孩子食用冰镇食品，如冰西瓜、冷饮等。冰镇食品容易引起胃粘膜血管收缩，不但影响消化，甚至有可能引起肠痉挛。

孩子不宜喝饮料，首先，饮料含热量较高易造成儿童肥胖，使孩子缺乏饥饿感，影响食欲。进入胃内的饮料还会稀释胃液，影响对食物的消化和吸收，导致孩子营养不良、贫血。还应注意某些特殊饮料，如人参、蜂王浆之类易导致儿童性早熟，易拉罐饮料含铝，影响儿童智力。

零食是大多数孩子喜爱的，有些高热量的零物虽好吃，却不能补充必需的蛋白质，孩子食用零食后，难得有饥饿感，也就没有进食的欲望了。零食宜选用坚果、海苔等天然食品，少食或不食油炸、膨化、味重的零食。

（4）孩子用餐原则　宜定时定点，切勿一边玩耍，一边进食或一边看电视，一边进食。

（5）饮水的原则　饭前不宜喝水，饭前喝水可使胃液稀释，不利于食物消化，使胃部充盈，影响食欲。睡前也不要给孩子喂水，年龄较小的孩子在夜间深睡后，还不能自己完全控制排尿，若在睡前喝水多了，很容易遗尿。即使不遗尿，一夜起床几次小便，也影响睡眠。

（6）心理因素不容忽视　小儿食欲与神经精神状态密切相关，小儿在进餐时不应责骂或训斥，不要强迫进食，进餐应在轻松愉快的气氛中进行。

（7）孩子正确吃水果的方法　应首选当季水果；挑选时也要选择那些新鲜、表面有光泽、没有霉点的水果。吃水果前应将水果清洗干净，用淡盐水浸泡 20 分钟，再用流动水冲净后食用。吃水果的最佳时间是把吃水果的时间安排在两餐之间。

水果要与宝宝体质相宜，了解宝宝的体质和水果的性质、营养成分，尽量给宝宝吃与体质相适宜的水果。每天吃的水果不超过三种，控制宝宝的水果摄入量。尤其是肥胖的宝宝要避免高糖分的水果。

2. 婴幼儿睡眠的照护计划

1）让宝宝听到你的声音。照护者无论身在家里的任何地方，都要让宝宝听见你的声音，让他清楚知道你就在附近；对宝宝的情绪反应随时做出响应。

2）布置一个宝贝喜欢的"窝"。如果宝宝有单独的房间，最好把它装点成色彩斑斓、别致的"儿童乐园"，墙上贴一些靓宝宝的照片和孩子喜欢的动画人物。小床及其周围更透着你的独具匠心。例如，把小床布置成一条小船、军舰、大汽车或胖胖熊，周围挂上卡通小动物、带有悦耳声音的小玩具、漂亮的贴画等做装饰，再把宝贝平时喜欢的玩具摆在床边，告诉他，小动物是他的保护神。

童趣和温馨迷漫，孩子的安全感会油然而生。

3）睡前故事加晚安。宝宝单独睡觉的最初阶段，在宝宝睡前多陪他一会儿，坐在他的床边，轻拍他的背部，讲些好听的故事或读孩子喜欢的书，也可和宝宝一起听配乐童话故事，或放一段轻松、优美的音乐。之后，平静地和宝宝互道晚安，再和宝宝一起向娃娃、玩具、宠物说晚安。应在宝宝的卧室晚上开着一盏夜灯，这会使他感到舒适，同时也方便你晚上到宝宝的房间去看他。

4）早睡早起讲究规律，要有固定的作息时间，每天叫宝宝起床的时间最好相差不要超过10分钟，使宝宝形成时间观念。

5）哄宝宝入睡的禁忌。一忌：摇睡；二忌：陪睡；三忌：搂睡；四忌：蒙睡；五忌：热睡；六忌：亮睡。

6）为宝宝选择枕头。刚出生的婴儿平躺睡觉，不需要使用枕头。婴儿出生后3个月开始使用枕头。婴儿枕头高度以3~4厘米为宜，并根据婴儿发育状况，逐渐调整枕头的高度；枕头的长度与婴儿的肩部同宽最为适宜。枕芯质地应柔软、轻便、透气、吸湿性好。婴儿的枕芯要经常在太阳底下暴晒，枕套要常洗常换，保持清洁。

3. 婴幼儿活动的照护计划

1）经常和宝宝玩捉迷藏的游戏，不断变化方位，并伴之以语言，使宝宝在感受躲藏快乐的同时接受有关方位词语的刺激。

2）可以有意识地让宝宝帮着取放东西，比如"把书架最上面的书给妈妈""把皮球放在桌子下面"等。带宝宝出去时要有意识地让宝宝记路，训练宝宝的方位感。

3）引导宝宝进行涂鸦练习，边画边在颜色、形状、方位等方面进行引导，比如"下面有绿绿的草地，上面有红红的太阳，太阳下面还有小鸟在飞呢，有的飞得高、有的飞得低……"

4）和孩子一起做抛球、滚球等球类游戏。

4. 婴幼儿早期智力启蒙照护计划

（1）视觉能力训练

1）带宝宝到大自然中多看美丽的风景。

2）把房间布置得色彩柔和而又漂亮。

（2）听觉能力训练

1）可以让宝宝多听动人的音乐。

2）多和宝宝进行对话。

（3）触觉能力训练

1）给宝宝洗澡时，用不同柔软度的刷子摩擦宝宝的身体。

2）把宝宝包在床单里做大摇船的游戏，会使宝宝的平衡能力、方位和距离知觉能力得到培养。

5. 培养孩子早期阅读习惯的照护计划

（1）听读启蒙法　由照护者抑扬顿挫地朗读文学作品，引导孩子听和看的阅读形式。孩子听读越早越好，内容选择要生动有趣，由浅入深。关键是照护者要有拳拳之心，能循循善诱。

（2）讲述提问法　照护者与孩子拥坐在一起，采用讲述，或边讲边提问、解释疑难，引导幼儿阅读并理解阅读材料。注意要以亲切的态度与孩子共读，当孩子初学阅读，或阅读有困难时，以及提出共读请求时，可采用此种方法。

（3）角色扮演法　照护者与孩子以口头扮演或动作扮演等形式，担任阅读材料中某一角色的方法。例如：说某一角色的语言，做某一角色的动作等。注意使用适合角色的语气、语调和动作，并投入地进行扮演，切勿敷衍了事。

6. 培养孩子动手能力的照护计划

1）指导孩子做手工，如折纸、剪贴。

2）锻炼孩子的自理能力，如整理玩具、打扫房间、洗小物品。

3）提供各种结构材料，让孩子玩结构游戏，如积木、插塑、拼装玩具、橡皮泥、沙石、冰雪等。

技能训练 2　带领婴幼儿进行计划免疫

宝宝需要在身体足够健康的情况下才能够接受疫苗接种。在准备带宝宝接种疫苗时，先初步判断孩子的身体状况是否适合疫苗接种，如果有疑问，应及时和接种医生联系，将宝宝当时的身体情况详细反映给接种医生，听从医生的建议。

准备接种的前一天给宝宝洗澡，当天最好穿清洁宽松的衣服，方便露出胳膊的衣服，便于医生施种。

携带《儿童预防接种册》、尿片、湿巾、水杯。人工喂养的孩子需携带奶瓶，奶粉。

接种前应与医生进行有效交流。将宝宝的既往病史及近一周的身体情况详细反映给医生，并出示相关病史资料，让医生能够做出最准确的判断，确定孩子能否接受此次疫苗接种。并了解即将接种的是什么疫苗？预防哪种疾病？有什么不良反应？有以下情况的儿童一般应禁忌或暂缓接种疫苗：

1）患有皮炎、化脓性皮肤病、严重湿疹的小儿不宜接种，等待病愈后方可进行接种。

2）体温超过 37.5℃，有腋下或淋巴结肿大的小儿不宜接种，应查明病因治愈后再接种。

3）患有严重心、肝、肾疾病和活动型结核病的小儿不宜接种。

4）神经系统包括脑、发育不正常，有脑炎后遗症、癫痫病的小儿不宜

接种。

5）严重营养不良、严重佝偻病、先天性免疫缺陷的小儿不宜接种。

6）有哮喘、荨麻疹等过敏体质的小儿不宜接种。

7）当孩子有腹泻时，尤其是每天大便次数超过4次的患儿，须待恢复两周后，才可服用脊灰疫苗。

8）最近注射过多价免疫球蛋白的小儿，6周内不应该接种麻疹疫苗。

9）感冒、轻度低热等一般性疾病视情况可暂缓接种。

10）空腹饥饿时不宜预防接种。

宝宝在接种疫苗后，应当用棉签按住针眼几分钟，不出血时方可拿开棉签，不可揉搓接种部位。照护者应和孩子在医院留观半个小时，孩子身体无特殊情况，方可离开医院。

接种疫苗后，务必要保证接种区域的清洁工作，避免被细菌或病菌感染。24小时后方可洗澡。口服脊灰疫苗后半小时内不能进食任何温、热的食物或饮品。接种百白破疫苗后若接种部位出现硬结，可在接种后第二天开始进行热敷以帮助硬结消退。

孩子在接种的1周内，要注意休息。不要吃辛辣刺激性食物以及鱼、虾等容易导致身体过敏的食品。打过针的局部会稍有痒感，要防止孩子搔抓，以免感染。打针后，有的孩子会出现短时间的轻度发热，精神不振，食欲稍差或哭闹不宁的反应，这些都属于疫苗接种后的正常反应，可多喂孩子一些温开水，不必特殊处理，数日后即可恢复正常。但如果反应强烈且持续时间长，就应该立刻带宝宝去医院就诊。

疫苗接种后的异常反应：是指在疫苗的可靠性以及接种过程的规范性得到确保的情况下，受种机体仍然出现了组织功能、器官损伤的反应。表现为发生局部或全身皮疹、瘙痒、红肿、水泡、淋巴结肿大等，应及时到医院就诊。极少数孩子可能发生过敏性休克，应立即送医院抢救。

常见的异常反应：

（1）过敏性皮疹　常常是和荨麻疹一般大小，表现出淡红色的皮疹，有时皮疹颜色也有可能会是深色的。出现时间常常为事后的几个小时或是几天之内。

（2）过敏性紫癜　常常有大小不一样的出血点等，经常会伴有关节肿痛，严重的话还会出现消化道过敏。出现时间同上。

（3）过敏性休克　头痛、面色苍白、休克。出现时间常常在几分钟后。

（4）晕厥　轻微者四肢发冷、恶心想吐，但在较短时间内患者就会自行缓解。严重者面色苍白，情况严重的话还会出现昏迷。

技能训练3　及时报告婴幼儿异常情况

婴幼儿常见异常情况的观察分为：看、听、摸、检查四个方面；

1. 看

1）精神：正常表现为表情自如，对刺激有反应，灵敏，吃睡正常；异常表现为表情呆滞，对刺激反应迟钝，欲睡；反应差，昏睡，无表情。

2）面色：正常表现为红润；异常表现为青紫、暗灰、苍白、发黄。

3）进食：正常表现为正常、稍减少；异常表现为明显减少、拒食。

4）大便：正常表现为规律软便；异常表现为排便次数不正常、大便性状、气味、颜色异常。

2. 听

1）哭声：正常表现为响亮连续、哭喊；异常表现为阵阵哭闹、有气无力。

2）呼吸：正常表现为呼吸均匀；异常表现为呼吸粗大、呻吟、节律异常。

3. 摸

皮肤和四肢的温度：正常表现为温暖；异常表现为发热、发凉、冰凉。

4. 检查

（全身情况）：皮肤，颜色、光泽、破损；四肢的活动，姿势、自主活动、对刺激的反应；腹部情况，软硬度、大小。

技能训练4 遵医嘱照护湿疹、肺炎等常见病症婴幼儿

1. 婴幼儿湿疹的照护

1）保持皮肤清洁干爽。给宝宝洗澡的时候，宜用温水和不含碱性、香料的沐浴液来清洁宝宝身体。洗澡时，沐浴液必须冲净。洗完后，抹干宝宝身上的水分，再涂上非油性的润肤膏，以免妨碍皮肤的正常呼吸。患有湿疹的宝宝，要特别注意皮肤皱褶的清洁。若头部湿疹流液结痂，须轻柔地擦洗头部，除去疮痂。如果疮痂已变硬粘住头发，则可在患处涂上宝宝护理油，软化疮痂后再行清洗。

2）避免受外界刺激。照护者要经常留意宝宝周围的冷热温度及湿度的变化，不要给宝宝捂得过于严实，使湿疹加重。患儿尤其要避免皮肤暴露在冷风或强烈日晒下。夏天，宝宝运动流汗后，应仔细为他抹干汗水；天冷干燥时，应替宝宝涂上防过敏的非油性润肤霜。不要让宝宝穿戴易刺激皮肤，如羊毛、丝、尼龙质地的衣帽。

3）修短指甲。若患上剧痒的异位性皮炎或接触性皮炎，照护者要经常修剪宝宝的指甲，减少抓伤的机会。

4）如果患儿对母乳过敏，母亲可暂停吃鸡蛋，少吃或不吃牛乳、海鲜或刺激性强的食物，可尝试给患儿喂哺羊奶或使用代乳粉喂养。为了防止婴儿食物过敏，一般在开始试用新的辅食时，必须从少量开始，逐渐增加，如无过敏，经过7～10天后再增添另一种新的辅食。1岁以内的孩子只食用鸡蛋的蛋黄。在没有明显证据时，最好不要随便禁食某类食品。不提倡为了避免过敏，而使宝

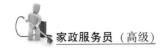

宝得不到应有的营养。

5）治疗效果好的药膏大多含有激素，这类药物外用过多会被皮肤吸收带来副作用，长期使用还会引起局部皮肤色素沉着或轻度萎缩。患儿在停药后，往往会复发。不宜长期大面积涂抹。如果湿疹化脓感染时，应及时去医院诊治。

6）宝宝的湿疹可外用炉甘石洗剂止痒，内服益生菌促进肠道菌群生态平衡，具有刺激和调节天然免疫及获得性免疫的功能，对湿疹等过敏性疾病的防治有一定效果。

7）为防止过敏源在肠道内停留时间过久，应积极防治便秘，保持小儿大便通畅。

婴幼儿肺炎的护理：

1）室内空气流通。室温以18～20℃为宜（新生儿可提高到20～24℃），并保持适当湿度（约60%），以防呼吸道分泌物变干而不易咳出。

2）供给充足水分，饮食要求易于消化、多水分、高热量、高维生素。高烧病儿多给流质饮食，如牛奶、米汤、豆浆、蛋花汤、鱼汤、牛肉汤、菜汤、果汁等；退烧后可加半流质饮食，如煮烂的面条、米粥、豆腐花、蛋羹等。少量多餐，重症不能进食者给予静脉营养。

3）保证孩子充分休息及足够的睡眠对于缓解病情很有好处。病孩的房间要安静，尽量减少探视；将测体温、换尿布、喂药等操作集中起来一次做完，以免影响孩子的休息。肺炎急性期应严格卧床，恢复期可下床适当活动。

4）强化皮肤护理。孩子发烧出汗多，要及时更换衣服，并用热毛巾将汗水擦干；卧床较久的患儿要经常给他翻身，以免产生褥疮。注意穿衣盖被均不宜太厚，过热反而会使病儿多汗、烦躁而诱发气喘，加重失水呼吸困难。

5）保持呼吸道通畅，经常翻身更换体位，轻轻拍打孩子的背部，便于痰液顺利排出。安静时可平卧，如有气喘，可将病儿抱起或用枕头等物将背垫高呈半躺半座位，可增加肺通气，减少肺瘀血。

6）对高烧患儿，照护者要按医生要求服用退烧药，服退烧药后要给病儿多喝水，以助出汗退热。如体温在38.5℃以下，可采用物理降温法，如酒精擦浴、冷水袋敷前额等。对营养不良、体弱的病儿，不宜服退烧药或酒精擦浴，可用温水擦浴降温。

7）照护者若发现病儿烦躁不安、面色发灰、喘憋出汗、口周青紫、脉搏明显加快、高热，提示病情恶化。患肺炎的新生儿若吸乳不好、哭声低微、呼吸加快时，均是病情加重的信号，应立即送医院救治。

8）合并佝偻病者应注意补充维生素D和钙剂，病情好转后，应适度接受日晒。伴维生素A缺乏症或麻疹肺炎，应给予维生素A治疗。

9）孩子肺炎痊愈后，体质较弱，容易反复，照护者不要掉以轻心，特别要注意加强锻炼，可根据年龄选择适当的锻炼方法。如果孩子整日居住在门窗紧闭的居室内，对外界空气适应能力就差。到户外活动时，注意适当增加衣服。感冒流行时，不要带孩子到公共场所去，家里有人患感冒时，不要与孩子接触，避免交叉感染。

复习思考题

1. 为什么把朗读或者跟孩子阅读作为培养孩子能力的第一项措施？
2. 形成孩子智力的重要因素和智力发展的基础是什么？
3. 对轻度脱水的患儿，可口服什么液体补液？
4. 模仿操的作用是什么？
5. 影响语言发展的因素有哪些？

第六章

照护病人

培训学习目标

掌握对病人的生活护理和康复护理的知识及实际操作步骤和方法。

第一节 生活照护

一、管灌膳食营养搭配要求

1. 搅拌管灌膳食

1）奶类、肉类、蛋类、豆制品中所含的蛋白质。

2）植物油中所含的脂肪。

3）淀粉、糊精、乳糖、蔗糖、玉米糖浆中所含的糖类。

4）蔬菜、水果中所含的纤维。

2. 聚合搭配

1）酪蛋白钙或钠、大豆蛋白、乳清蛋白中所含的蛋白质。

2）大豆油、玉米油等植物油，中链脂肪酸（MCT）中所含的脂肪。

3）水解玉米淀粉、蔗糖、葡萄糖聚合物中所含的糖类。

4）大豆中所含的纤维。

3. 元素搭配

1）水解蛋白质、游离氨基酸中所含的蛋白质。

2）葵花籽油等植物油，中链脂肪酸（MCT）中所含的脂肪。

3）葡萄糖、葡萄糖聚合物中所含的糖类。

4. 单类成分

可分为：糖类、脂肪、蛋白质、维生素、矿物质。

二、病人健康生活内容与生活环境要求

2000 年世界卫生组织提出了"合理膳食、戒烟限酒、心理平衡、体育锻炼"的健康促进新准则。

1. 合理安排膳食

合理安排膳食包括健康的饮食和良好的饮食习惯两大方面。健康的饮食是指膳食中应该富有人体必需的营养，同时还要避免或减少摄入不利于健康的成分。良好的饮食习惯包括按时进餐、坚持吃早餐、睡前不饱食、咀嚼充分、吃饭不分心、保持良好的进食心情和气氛等。

2. 坚持适当运动

生命需要运动，过少和过量运动都不利于健康。护理人员应根据病人的年龄、身体状况和环境选择适合的运动种类。让病人量力而行，循序渐进，持之以恒。最简单的运动是快步走，每天快步走路 3 千米，或做其他运动 30 分钟以上。每周至少运动 5 次。运动的强度以运动时的心率达到 170 减去年龄数为宜。例如一个 50 岁的人运动时能够使心率达到 120 就比较合适。最好能够保持心率加快、身体发热这种状态 15 分钟以上。

3. 改变不良行为

1）吸烟不仅浪费金钱，影响环境，危害安全，而且与高血压、慢性支气管炎、冠心病、癌症等多种疾病有直接关系，严重危害健康。吸烟是人类严重的不健康行为。21 世纪应是一个以不吸烟、不敬烟为时尚的时代。

2）长期大量饮酒会损害人体的肝脏、肾脏、神经和心血管系统。

3）毒品（海洛因、大麻、冰毒、摇头丸等）麻醉人的神经，危害极大，所有的人都应该远离毒品。切不可与别人共用针头注射毒品，否则极易传染艾滋病和肝炎等疾病。

4）保持忠贞的爱情，遵守性道德。

5）无规律的生活习惯会扰乱人体的生命节律，降低人体的免疫力，使疾病发生率增高，对健康极为不利。因此应该起居定时、按时作息、保证充足的睡眠。睡前不喝茶或咖啡，进食不过饱。心情平静，避免焦虑或激动，不做剧烈运动。

6）娱乐有度，不放纵，如不看通宵电影，不打通宵麻将，听音乐音量不过大。

7）不喝生水或不清洁的水；不吃不洁或腐败变质的食物。

8）不随地吐痰，不乱扔垃圾，不践踏草坪，不毁坏树木，不浪费资源等。

4. 保持平和心态

生活中要注意让自己的思想跟上客观环境的变化，不断变换角色，调整心

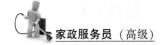

态。在与他人和社会的关系上要能够正确看待自己、正确看待他人、正确看待社会，保持良好的人际关系，适应社会。要树立适当的人生追求目标，控制自己的欲望。这样就会保持愉悦的一生。幸福感完全是个人的心理感受——知足者常乐！人生在世，健康为本，千万不要因名利得失损害健康！

5. 自觉保护环境

人类生存的环境对人的健康十分重要，每个人都要遵守保护环境的法律法规，遵守社会公德，在日常生活中注意自觉养成保护环境的良好习惯，如节约资源（水、电、煤、煤气和天然气、纸张、汽油、木料等）；不污染环境（不随地吐痰、不乱扔垃圾、分类回收垃圾、慎用洗涤剂等）；为保护环境贡献力量（植树造林、保护绿地、保护野生动物等）。

6. 学习健康知识

建立健康的生活方式需要懂得健康知识，知识是不断调整自己行为的指南针。在当今新知识层出不穷的时代，健康知识也在不断更新，只有注意不断学习新的健康知识，抵制迷信和各种错误信息的影响，才能使自己的生活方式更健康。

7. 生活环境要求

病人由于身体状况的限制对环境有比较高的要求，室内温度最好保持在20℃左右；湿度相对恒定，为50%～60%；定时通风换气，每天至少早、中、晚三次，每次 30 分钟；屋内色彩色调根据不同病人的状况可选择的有红色、黄色、橙色、蓝色、绿色和青色；定期消毒、灭菌等。

 技能训练

技能训练 1　能为病人制作 9 种以上常规膳食

1. 土豆焖牛腩

1）牛腩用冷水冲洗干净，切成 3 厘米大小的方块，将牛肉块放入锅中，加入足量的冷水（水量以完全没过牛肉块为准）大火烧沸后继续煮制 2 分钟，待血沫完全析出后，将牛肉块捞出洗净。

2）将洗净的牛肉块放入电饭煲内胆中，加入八角、桂皮、香叶、生抽。

3）加入柱候酱和姜片、料酒，搅拌均匀。

4）接着放入适量的水，电饭煲调到焖的程序，让牛肉在电饭煲里焖 40 分钟。

5）将焖好的牛肉取出，放入锅中。

6）再将事先切好的土豆和胡萝卜块放入锅中。

7）小火继续炖煮 25 分钟，调入适量的盐即可出锅，如图 6-1 所示。

图 6-1 土豆焖牛腩成品

2. 黄豆焖猪蹄

1）将干黄豆提前泡发约 1 小时，将斩好的猪蹄洗干净，放进煮沸的水中焯水，去掉血沫。

2）炒锅里放入少量植物油爆香姜片和蒜粒以及豆瓣酱，放入猪蹄，翻炒至表皮金黄。

3）放入料酒、豆瓣酱、生抽、老抽、冰糖、盐，让每一块猪蹄都沾满酱料。

4）把浸泡过的黄豆沥干水，加入到猪蹄中，翻炒均匀，往锅内注入没过猪蹄的开水烧开，再把锅中的所有材料倒入到电饭锅中，再放入胡萝卜块，按下煮饭键，自动煮熟，即可上桌，如图 6-2 所示。

图 6-2 黄豆焖猪蹄成品

3. 虾皮鸡蛋炒菠菜

1）鸡蛋打散备用。

2）菠菜择洗干净。

3）菠菜切成寸段。

4）热锅凉油，将鸡蛋炒熟，盛出备用。

5）利用余油小火将虾皮煸出香味。

6）开大火，将菠菜下入锅中，快速翻炒。

图 6-3 虾皮鸡蛋炒菠菜成品

7）菠菜变色后加鸡蛋。

8）加少量盐翻炒均匀出锅，如图 6-3 所示。

4. 清炒苋菜

1) 苋菜清洗干净，蒜切小片。

2) 锅中放少许植物油，加入蒜炒出香味。

3) 加入苋菜大火翻炒至变色，加盐翻炒均匀出锅，如图6-4所示。

图6-4　清炒苋菜成品

5. 砂锅藕带

1) 藕带轻轻去皮后洗干净，斜切成薄片；肉切小块备用；青红椒切大丁、蒜切片。

2) 锅热油，先放入肉炒至变色；加入藕带一起翻炒。

3) 加适量盐和酱油调味调色，翻炒均匀；砂锅烧热，把炒好的藕带移至砂锅，小火再加热一分钟即可，如图6-5所示。

图6-5　砂锅藕带成品

6. 番茄炒蛋

1) 番茄洗净，底部划十字口，用沸水烫一会儿撕去表皮后，去蒂切块。

2) 番茄沙司加点清水调开，备用（调这个汁的目的，是让番茄炒出来更多汁）。

3) 鸡蛋磕入碗里，加半个鸡蛋壳的清水，充分搅散（这样炒出来的鸡蛋，口感更蓬松）。

4) 锅中放植物油烧热，放入鸡蛋液炒散后盛出。

5) 锅中放植物油烧热，放入番茄块翻炒。

6) 待番茄变软出汁后，调入白糖和盐，倒入调好的番茄沙司汁，翻炒。

7) 放入炒好的鸡蛋，炒均匀即可，撒入葱花，增添香味，如图6-6所示。

图6-6　番茄炒蛋成品

7. 肉末烧豆腐

1）豆腐洗净切成1厘米左右见方的小块。

2）把豆腐浸泡在热盐水中约10分钟，然后捞出沥干水分备用（可以去除豆腐中的豆腥味，而且可以排出豆腐中的多余水分，使豆腐在烧制的过程中不易破碎）。

3）肉馅中放入干淀粉（可以避免肉馅口感发柴），腌制五分钟。蒜切成蒜碎，葱切成葱段，小葱切末备用。

4）炒锅中倒入少许油，待油温六成热时，放入肉馅并迅速滑散。

5）待肉馅稍稍变色后，倒入酱油、料酒、蒜和葱段，翻炒均匀。

6）把豆腐倒入，同时注入约为豆腐一半高度的清水，大火煮2分钟；加入盐、糖调味。

图6-7　肉末烧豆腐成品

7）倒入水淀粉，待汤汁黏稠后撒上小葱出锅，如图6-7所示。

8. 五味干丝

食材：白豆腐干、熟笋丝、榨菜丝、熟肉丝、熟鸡肉丝、嫩姜丝、香菜、芝麻油、生抽、盐、白糖。

1）准备好食材，尽可能地将各种丝切到最细。

2）焯烫干丝、姜丝。

3）加上鸡丝、肉丝、姜丝、笋丝、榨菜丝、香菜。

4）把上述几种食材一起拌匀，浇上料汁。

5）出锅，如图6-8所示。

图 6-8　五味干丝成品

9. 小炒素面

食材：面条、韭菜、胡萝卜、油、盐、葱、蚝油、凉白开水、鸡精。

1）备好各种食材。

2）煮沸水后，加入面条，煮 1~2 分钟，捞出面条，将其放至凉的开水中。

3）将胡萝卜丝与韭菜炒熟。

4）捞面条至炒菜锅中，搅拌使二者均匀，出锅，如图 6-9 所示。

图 6-9　小炒素面成品

技能训练 2　依据医嘱为病人制作管灌食

当患者有吞咽困难、意识不清以及脑梗等疾患导致吞咽功能障碍而无法自行进食时，需遵医嘱进行管灌食作为供给患者食物、水分的营养途径。由于疾病原因，往往通过管灌食供给膳食的时间较长，营养成分及配制必须合理，方能维持病人对营养素的需求和增强对疾病的抵抗能力。配制何种管灌食应根据家庭的经济状况及患者的实际需要增减食物的种类，管灌食病人需要一个适应过程，开始时注食应少而清淡，以后逐渐增多。第一、二天以混合奶为主，每次 200~300 毫升，3 小时喂一次，如无特殊情况，从第三天开始即可进料理膳食，每日分 4~6 次，每日总量在 1500~2000 毫升之间，温度以 38~40℃为宜。

1. 混合奶的配方及配制

（1）混合奶的配方　牛奶 800 毫升，米粉 20 克，鸡蛋 4 个，奶粉 25 克，香油 15 毫升，食盐 5 克，浓米汤 100 毫升，蔬菜汁 100 毫升。

（2）混合奶的配制方法　将鸡蛋与奶粉、米粉、浓米汤混合，搅拌数分钟，直到均匀为止。然后将牛奶、蔬菜汁煮沸，稍凉一会即冲入之前搅好的混合食物中，边冲边搅，勿使鸡蛋结块，加入香油、食盐、滤去粗渣，待温度适宜即可进行管灌食。

2. 料理膳食的配方及配制

（1）料理膳食的配方　在配制料理膳食时应选用多种食物，即每天的食谱中应包括米、面等主食及肉类、蛋类、鱼类、奶类、豆类、蔬菜类、水果类、油、盐等，使长期食用的患者既有动物蛋白又有植物蛋白，既有动物脂肪又有植物油，另外糖类、无机盐、微量元素、维生素均应考虑。

（2）料理膳食的配制方法

1）根据患者营养需要，首先制定平衡膳食食谱，然后按食谱需要确定每日各种食物用量。

2）把各种食物单独加工制成熟食，如鸡蛋蒸熟，大米蒸成米饭，肉类、鱼类烧好去骨切成小块，根茎类蔬菜切成小块煮烂。

3）待上述食物冷却后，把多种食物放入豆浆料理机里。根据黏稠程度加入适量的营养汤调制，以看不见食物颗粒为止。

4）除酸奶和果汁外，其他食物可全部混合在一起。

5）根据患者所需餐饮，将混合后的食物均匀分成几等分，储存在冰箱内，每次喂量的多少根据医嘱执行，剩下的食物放置冰箱内保存，食物储存时间不超过 24 小时。

配制好的料理膳食根据医嘱要求按时按量注入管内。根据病情所需要进食的水果，也可加入料理机内粉碎去除渣，注入管内。

技能训练 3　指导病人保持健康的生活方式

1）饮食方面。最应遵循的原则，包括："食物要多样、饥饱要适当、油脂要适量、粗细要搭配、食盐要限量、甜食要少吃、饮酒要节制、三餐要合理。"

2）起居方面。要有规律，生活起居必须"有常"，坚持按时作息，合理地安排起居作息，保持良好的生活习惯，坚持有规律的生活制度，并与大自然的活动规律相适应，顺应生物钟的要求。

3）睡眠方面。保证充足的睡眠，睡眠是人生活中的一个重要组成部分。人的一生有 1/3 的时间是在睡眠中度过的，好的睡眠对恢复体力、增强智力、保证健康十分重要。没有睡眠就没有健康。睡眠是机体自我保护的重要生理功能。睡眠不仅能使身体得到休息，恢复体力，还能让大脑得到休息，恢复脑力。睡眠时，植物神经系统能集中精力完成消化吸收、营养和能量的转化储备等工作。某些内分泌功能在深睡时变得更加活跃，如生长激素、松果体素的释放增加等，

免疫系统也可以在熟睡中得到强化。通过睡眠，人们能够获得全身心的休息、恢复和调整。要保持健康，就必须重视睡眠对健康的作用。

4）戒烟限酒。众所周知，吸烟对人体健康是有百害而无一利的；酗酒对人体的危害是毋庸置疑的，但适量饮酒的保健作用也是肯定的。

5）适量运动。运动作为一种健身方法，就要讲究科学性，根据病人的不同身体状况，来选择运动项目，为病人制订适合的运动方案。

6）注意平时穿棉质、宽松的衣物，勤剪指甲，不熬夜，保持室内通风。

 第二节　康复护理

一、瘫痪病人肢体康复训练方法及注意事项

对于瘫痪的病人来说，肢体的康复训练是他们每天都必须要做的事情。只有坚持康复训练，他们才有可能恢复行走能力。康复训练的过程是很艰辛的，所以瘫痪病人需要有很强的意志力才能坚持下去。瘫痪病人的肢体康复训练有患侧卧位、健侧卧位、仰卧位、向患侧翻身、向健侧翻身、桥式运动、抱膝运动、肩关节屈曲、肘关节伸展、前臂旋后、髋关节屈曲、髋关节伸展、踝关节背屈等活动方法，在技能训练一节有详细的介绍。帮助瘫痪病人进行肢体康复训练需要注意的主要事项为必须遵照医嘱执行，千万别自作主张随意进行。另外，要做好康复训练前后的准备工作，如准备饮用水、干净的毛巾、替换内衣等，还要在精神上鼓励病人坚持康复训练。

二、压疮的形成机理与护理方法

1. 压疮的形成机理

对于长期卧床的病人来说，如果护理不当或者病人的个人卫生不够干净的话，便容易产生压疮。那么压疮究竟是怎么来的呢？压疮或称压力性溃疡，是由于身体局部组织长期受压，血液循环障碍，持续缺血、缺氧，营养不良而致软组织溃烂和坏死。所以在护理病人的压疮时要特别的细心。

2. 压疮的护理方法

根据病人所得压疮的程度将压疮的护理分为三个阶段。

第一阶段的护理重点是清洗病人的局部创面，避免局部组织的持续刺激。

第二阶段的护理重点是对病人创面的保护。

第三阶段的护理重点是帮助病人去除压疮的坏死组织，并且促进肉芽组织生长。

3. 压疮护理的注意事项

第一，护理人员要主动热情地与病人进行有效的沟通，掌握病人消极的心

理因素，对待病人要诚恳、关心、体贴，言语温和，要尊重他们的生活习惯，理解他们因病痛而做出的一些违背常理的现象，谅解他们的过失和不配合。向他们介绍压疮对康复的影响，耐心讲解压疮形成的因素和预防措施。对沟通不便的患者，可用手势、精辟字等方式尽快与病人沟通，增加病人对护理人员的信任感。承认护理技术的重要性和必要性。通过交流，了解其情绪变化，使其情绪稳定，鼓励患者树立战胜疾病的信心，积极配合治疗和护理。

第二，护理人员要帮助病人预防肺部感染。压疮病人是丧失运动能力的，所以容易引发多种疾病，从而影响了深呼吸及有效咳嗽，痰液不能排出，可引起呼吸道感染，尤其是下呼吸道感染。因此护理人员应当每天帮助病人肺部听诊2次，听双肺呼吸音是否清晰，是否有湿性音，有异常及时处理，必要时拍胸片。护理人员还要帮助病人进行口腔护理，早晚各1次，要及时增加病人的饮水次数，夜间也不能间断，少量多次饮水。适当的锻炼也可帮助病人提高机体免疫力。如果是清醒的病人，护理人员可以让病人做吹气球训练，以增加肺泡通气量和减少气道阻力。鼓励患者尽可能活动上肢，如扩胸运动。护理人员要协助病人咳嗽排痰，如果病人咳嗽无力，护工可用右手食指和中指按压总气管，以刺激气管引起咳嗽。此外，护理人员还要每两个小时为病人翻身、叩背一次。

第三，护理人员要帮助病人间歇地解除压力。对于那些不能自行翻身的患者应2小时协助翻身1次，减轻受压部位压力。瘫痪的清醒患者或躁动患者易向患侧翻身而使患侧受压，影响血液循环，而患侧肢体通常有营养不良或水肿，一旦受压易发生压疮。平卧位时在患侧身下垫软垫，使患者处于患侧稍定于健侧的体位，即使患者健侧用力翻转时，也不会使患侧受压。可将患者三步翻身全过程划分为上半身、双下肢、腹臀部分步进行翻身，侧卧位翻身时使人体与床成30度，以减轻局部所承受的压力，仰卧位时可在背后垫棉垫或其他松软的弹性物体，利用这些物体对臀部产生的弹力来缓冲重力对骶骨的压迫。病情危重不宜翻身时应每1~2小时用约10厘米厚软垫垫于患者肩胛、腰骶、足跟部，增加局部的通透性，减轻受压部的压力使软组织交替受压。因此，预防压疮关键有效的措施是清除压迫，恢复受压部位的血液供应。

第四，护理人员要给病人做好皮肤保护。护理人员要及时帮助病人清理有损于皮肤的各种浸渍性液体，要经常检查病人的受压部位，并且保持病人的床铺干燥、平整、清洁。当病人出汗时，护理人员要及时为病人把汗给擦掉，同时也要注意病人的保暖。保持大小便失禁患者及引流液污染患者的卫生清洁，皮肤易出汗处清洁后涂擦爽身粉等，可有效预防因潮湿因素给患者带来的不适，预防压疮的发生。

第五，护理人员要给病人增加营养，增加营养的方法包括良好的膳食，肠

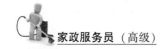

内营养，静脉营养等，应根据病情选择不同的方法，尽快恢复内环境平衡。

第六，护理人员要建立压疮监控记录。在病人的床头建立翻身表，表中记录翻身时间、体位等，翻身要严格按时间表进行，不得随意更改，翻身前后要对压疮易发部位的皮肤认真检查并记录结果。

三、心肺复苏技术应用范围与操作方法

1. 心肺复苏的应用范围

心肺复苏是人们在遇到紧急情况时最常用的一个救治方法。因为心肺复苏救护适用于任何突发疾病或突然事故如触电、淹溺、塌方、急性心肌梗死等导致的呼吸心搏骤停，而身体本身的状况和机能还属基本正常。而年事高、生理功能衰老，危重疾病、意外伤害导致脏器功能衰竭或致命性的外伤、大出血，机体无法承受者不适用心肺复苏范围。

2. 心肺复苏的操作方法

在给病人进行心肺复苏的操作时，护理人员必须要做到以下几点：

（1）判断病人是否存在意识　先在病人耳边大声呼唤，再轻轻拍病人的肩部，如病人对呼唤和轻拍没反应，可判断病人无意识。

（2）向周围的人们呼救求援　当护理人员判断病人无意识时，应该立刻寻求周围人的帮助，并及时拨打急救电话。

（3）调整病人的体位　对于意识模糊的病人而言最好的体位就是仰卧位，并且要将病人放在坚硬的平面上（如水泥地面等）。

（4）打开病人的气道　护理人员应该在最短的时间内将病人衣领口、领带等全部解开，接着用手帕或毛巾等将病人口鼻内的污泥、土块、痰、呕吐物等异物抠出来。

打开病人气道的方法，开放气道有三种方法：

1）仰头提颏法如图6-10所示。如果病人的颈椎没有损伤，就可以用这种方法。护理人员站立或跪在病人的右侧，用手掌外侧缘放在病人前额向下压迫；同时将另一只手的食、中指并拢，放在病人颏部的骨性部分并且向上提起，使得颏部及下颌向上抬起、头部后仰，这样便可以开放病人的气道了。

2）仰头托颌法如图6-11所示。护理人员站立或跪在病人的右侧，用手掌外侧缘放在病人前额向下压迫；另一手拇指与食、中指分别放在两侧下颌角向上托起，使病人头部往后仰，这样便可以开放气道了。在实际操作的过程中，这种方法不仅效果可靠，而且省力、不会给病

图6-10　仰头提颏法

人造成或加重颈椎损伤。

3）双手拉颌法如图6-12所示。如果病人已经发生颈椎损伤，用双手拉颌法可避免加重颈椎损伤，但是这种方法不便于口对口吹气。护理人员站立或跪在病人头顶端，肘关节支撑在病人仰卧的平面上，两手分别放在病人头部两侧，分别用两手食、中指固定住病人两侧下颌角，手掌外侧缘固定住两侧颞部，拉起两侧下颌角，使头部后仰，这样便可以打开气道了。但是不管采取哪种方法，都应该使病人的耳垂与下颌角的连线同病人仰卧的平面垂直，这样气道才可以开放。在心肺复苏的过程中，护理人员应使病人的气道始终处于开放状态。

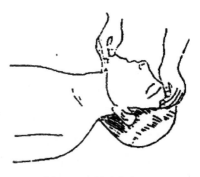

图6-11　仰头托颌法

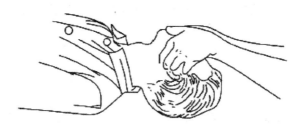

图6-12　双手拉颌法

（5）判断病人是否存在呼吸　在判断病人是否有呼吸时要做到"一看、二听、三感觉"。看，就是看病人胸部有无起伏，如果有起伏说明病人存在呼吸，反之则没有；听，就是护理人员将耳朵贴在病人口鼻处听有无喘息，如果有喘息说明病人有呼吸，反之则没有；感觉，护理人员将脸靠近病人面部感觉有无微弱的鼻息，如果有鼻息，说明病人有呼吸，反之则没有。护理人员在看、听、感觉的过程中同时也要在心中默数：1001，1002，1003，1004，1005，如果5秒钟以内没有呼吸，就可以判断为呼吸停止。

（6）为病人进行人工呼吸　在给病人进行人工呼吸时，口对口吹气是一种快捷、有效的人工通气方法，护理人员呼出气体中的氧气足以满足病人的需要。如口腔严重损伤，不能口对口吹气时，可口对鼻吹气。当护理人员确定病人无呼吸后，立即深吸气后用自己的嘴严密包绕病人的嘴，同时用食、中指紧捏病人双侧鼻翼，缓慢向病人肺内吹气两次。当没有足够的氧气供应时，护理人员应该注意每次吹气量为700~1000毫升（或10毫升/千克），每次吹气持续两秒钟，吹气时见到病人胸部明显起伏即可；有氧气供应时（氧浓度40%），每次吹气量为 400~600 毫升（或 6~7 毫升/千克）。如果只进行人工通气，通气频率应为 10~12 次/分钟。吹气过程中，应始终观察病人胸部有无起伏运动。对于非专业人员在给病人进行心肺复苏时，不需要通过检查颈动脉是否搏动来决定是否需要进行胸外心脏按压或电除颤，只要检查其他体征就可以，包括有无自发性呼吸、咳嗽及身体的自主运动等。在给病人检查脉搏时应用食、中指触摸颈动脉（位于胸锁乳突肌内侧缘），而绝不可选择桡动脉。检查时间不得超过 10 秒钟。如不能确定循环是否停止，应立即进行胸外心脏按压。

（7）给病人进行胸外按压　胸外心脏按压是重建血液循环的重要方法，正确的胸外按压可以使病人的心排血量达到正常时的 1/4~1/3、脑血流量可达到正常时的 30%，这样就能保证机体最低限度的需要。在进行按压时，通过按压胸骨，使胸腔内压力增高，促使心脏排血。放松时，胸腔内压力降低，且低于静脉压，从而使静脉血回流于右心，即"胸泵原理"；另外，心脏直接受到挤压也产生排血。放松时，心腔自然回弹舒张，使得静脉血回流于右心，即"心泵原理"。在给病人徒手胸外心脏按压时，护理人员要根据病人身体位置的高低，站立或跪在病人身体的任何一侧均可。必要时，应将脚下垫高，以保证按压时两臂伸直、下压力量垂直。按压的部位应该是胸骨中下 1/3 交界处的正中线上或剑突上 2.5~5 厘米处。

那么怎么确定按压的部位呢，常用以下两种定位方法：

1）食、中指并拢，中指指尖沿病人靠近自己一侧的肋弓下缘，向上滑动至两侧肋弓交汇处定位，即胸骨体与剑突连接处；另一手掌根部放在胸骨中线上，并触到定位的食指；然后再将定位手的掌根部放在另一手的手背上，使两手掌根重叠；手掌与手指离开胸壁，手指交叉相扣。

2）一手掌根部中点与两乳头连线中点重叠，中指长轴与两乳头连线平行一致；另一手掌根部重叠其上，双手手指交叉相扣。在给病人按压时，护理人员的两肩应该正对病人胸骨上方，两臂伸直，肘关节不得弯曲，肩、肘、腕关节成一垂直轴面；以髋关节为轴，利用上半身的体重及肩、臂部的力量垂直向下按压胸骨。一般要求按压深度达到 4~5 厘米，可根据病人体型大小灵活掌握，按压至可触到颈动脉搏动即可。按压频率为 100 次/分钟。此外还要注意口对口吹气与胸外心脏按压的比例，口对口吹气与胸外心脏按压的比例为 2：30，即每做 2 次口对口吹气后，立即做 30 次胸外心脏按压。

在给病人进行按压时，要注意以下几个方面：①确保正确的按压部位，既是保证按压效果的重要条件，又可避免和减少肋骨骨折的发生以及心、肺、肝脏等重要脏器的损伤。②双手重叠，应与胸骨垂直。如果双手不重叠放置，则使按压力量不能集中在胸骨上，容易造成肋骨骨折。③按压应稳定地、有规律地进行。不要忽快忽慢、忽轻忽重，不要间断，以免影响心排血量。④不要冲击式地猛压猛放，以免造成胸骨、肋骨骨折或重要脏器的损伤。⑤放松时要完全，使胸部充分回弹扩张，否则会使回心血量减少。但手掌根部不要离开胸壁，以保证按压位置的准确。⑥下压与放松的时间要相等，以使心脏能够充分排血和充分充盈。⑦下压用力要垂直向下，身体不要前后晃动。正确的身体姿势既是保证按压效果的条件之一，又可节省体力。⑧最初做口对口吹气与胸外心脏按压4～5个循环后，检查一次生命体征；以后每隔4～5分钟检查一次生命体征，每次检查时间不得超过10秒钟。

四、病人忧虑、恐惧、焦虑、抑郁等情绪的疏导方法

大多数时候，病人的内心是忧虑、恐惧、焦虑和抑郁的。所以在跟病人交流时首先要做一个好的倾听者，在认真倾听病人谈话内容的同时，要注意通过病人说话的声调、频率、面部表情、身体姿势及移动等，尽可能捕捉、理解患者所传达的所有信息。想要做一个好的护理人员必须要做到以下几点：

1）要主动问候病人，缩小与病人之间的距离。使用四性语言，即礼貌性、解释性、安慰性、保护性，主动向病人问候。

2）安排一定的时间、环境去倾听病人说话。

3）护理人员在跟病人沟通的过程中应当全神贯注，不能因为病人说话的异常发音或语气等分散自己的注意力。

4）护理人员应当进行适时、适度的提问，不随意打断患者的谈话，将病人的谈话听完整，不要急于判断。

5）护理人员应当仔细体会病人的话语，了解并确认沟通过程中患者要表达的真正意思。

6）注意患者所表达的非语言性信息，同时要采用面部表情和身体姿势等非语言信息给予响应，表明自己在认真倾听。

7）护理人员要及时劝导病人正确对待疾病。人到老年，机体逐渐老化，易生各种疾病，本是意料之中的事，符合事物发展规律，大可不必惊慌失措，六神无主。每个老年人对晚年生病应有充分的思想准备，有思想准备与无思想准备，甚至疑虑重重，其治病效果是大不一样的。

8）护理人员应当让病人明白既来之则安之的道理。鼓励病人配合医护人员积极治疗，并及时排除各种影响治病的消极心理情绪。病人对治病应抱有信心，不急躁，不消沉，不畏惧。要始终保持镇定、冷静、沉着、乐观、开朗的心情，与病魔做顽强的抗争。

9）护理人员要帮助松弛病人的精神紧张。教导病人学会放松精神，降低紧张感、焦虑意识，使病人应付困境的信心增强。

10）除了语言沟通外，护理人员还可采用其他的方法帮助病人减缓忧虑、

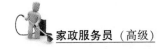

恐惧、焦虑、抑郁等情绪。如玩小游戏、听音乐、读书看报、做适当的运动、短途的游览等，丰富多彩的生活是最好的转移注意力调节情绪的治疗方法。

 技能训练

技能训练1　遵医嘱给瘫痪病人做肢体被动运动

1）当病人侧卧位时，病人的患侧在下，头枕枕头，后背用枕头支撑；然后护理人员帮助病人患侧上肢前伸，并且手心向上；患侧下肢伸展，膝关节微屈；健侧上肢自由位，下肢呈迈步位并放置在枕头上。

2）当病人健侧卧位时所用的训练方法是：让病人头枕枕头，健侧在下；护理人员用枕头将病人的患侧上肢垫起，上举约100度；接着用枕头将病人的下肢垫起，并且帮助病人患侧下肢屈髋、屈膝；而病人的健侧肢体则可以自由摆放。

3）当病人仰卧位时，护理人员应该注意让病人头枕枕头，患侧肩部和臀部用枕头支撑；让病人的头稍转向患侧，患侧上肢伸展，下肢稍屈曲、肩关节外展，但这种方法尽量少用。

4）护理人员帮助病人向患侧翻身训练时，首先让患者仰卧，双手叉握，患手拇指压在健侧拇指上；接着护理人员帮助病人双上肢伸直，指向天花板，下肢屈曲；让病人双上肢向患侧摆动，借助惯性带动身体翻向患侧；健侧下肢跨向前方，调整为患侧卧位。

5）护理人员帮助病人进行向健侧翻身训练时，患者仰卧，双手叉握，患侧拇指压在健侧拇指上；双上肢伸直，指向天花板，用健侧脚钩住患侧小腿；双上肢向健侧摆动，同时伸健侧下肢，借助于惯性带动身体翻向健侧。

6）护理人员帮助病人做桥式运动时，首先让病人仰卧、屈膝；然后将病人的臀部从床上抬起，并保持骨盆呈水平位；此时护理人员可以用一只手向下压住患者的膝部，另一只手轻拍患者的臀部，帮助其抬臀，伸髋。

7）护理人员帮助病人做抱膝运动时，首先让病人仰卧，双腿屈曲；然后让病人双手叉握，抱住双膝；接着让病人将头抬起，轻轻前后摆动，使下肢更加屈曲；护理人员可帮助固定患手，以防滑脱。

8）病人在做双手叉握的自我活动时，首先让病人两手叉握，患侧拇指位于最上方，并稍外展；接着让病人双上肢充分前伸；鼓励病人尽可能抬起上肢，然后上举至头顶上方。

9）护理人员在帮助病人进行肩关节屈曲活动时，需要用一手扶住病人的患肩，另一手握住病人的患腕；帮助病人向前、向上抬起患侧上肢并且指向天花板，保持肘关节伸直。

10）护理人员在帮助病人进行肩关节外展活动时，需要用一手扶住病人的患肩，另一手握住病人的患腕；并且帮助病人将患侧上肢在水平面上向外移动，与躯干成直角。

11）护理人员在帮助病人进行肘关节伸展活动时，应该让病人仰卧，护理人员用一手握住病人的上臂，另一手握住病人的腕部；接着帮助病人将肘关节由屈曲位缓慢地拉至伸展位。

12）护理人员在帮助病人进行前臂旋后活动、腕及手指伸展活动时，应当让患者仰卧，肘关节屈曲，前臂立于床面；护理人员用一只手握住病人的上臂，另一手握住病人的腕部，握住腕部的手使前臂做由内向外的旋转动作；此外，护理人员还需要用一手拇指将病人患侧拇指伸直，其余四指握在患侧拇指根部与腕部之间；另一手将患手其余四指伸直，双手同时向手背侧压。

13）护理人员在帮助病人进行髋关节屈曲活动时，应当让患者仰卧。护理人员用一手放在病人膝后部，另一手握住病人的足跟并以前臂抵住脚掌，使足与小腿成 90 度角；接着帮助病人上抬小腿，使髋关节及膝关节屈曲。

14）护理人员在帮助病人进行髋关节伸展活动时，应当让患者仰卧，护理人员用一手托住病人患侧膝关节，另一手握持病人的足跟，然后两手用力，使患侧下肢向上活动，伸展髋关节。最后，护理人员用一手固定病人的健侧下肢，另一手将病人的患肢缓缓放下。

15）当护理人员帮助病人进行髋关节外展活动时，应当让患者仰卧，下肢伸直。护理人员用一手托住病人的膝部，另一手从病人的踝关节内侧握持足跟。最后护理人员两手用力，帮助病人水平向外活动下肢，髋关节外展。

16）当护理人员帮助病人进行踝关节背屈活动时应当让患者仰卧，下肢伸直。护理人员一手握住病人的踝关节上方，另一手握紧病人的足跟及跟腱并以前臂抵住脚掌。最后帮助病人向下用力拉足跟，使踝关节背屈。

技能训练 2　照护压疮病人

照顾压疮病人是护理人员必须要会的一项技能。护理人员照顾压疮病人必须要做到以下几点：

1）清洗病人的局部创面。避免局部组织的持续刺激，在帮助病人清洗完毕后要帮助病人涂油以保持局部皮肤湿润，可以给病人涂凡士林油、石蜡油或蛋黄油。同时也要配合红外线理疗，促进深层组织的血液循环。

2）对病人创面的保护。当病人表皮的水泡不大时，护理人员应该要保护好水泡，避免水泡破裂而给病人造成更大的伤害。如果病人身体表面的水泡较大且易破裂时，护理人员应在无菌的操作环境下用注射器将渗出液抽出，然后给病人的创面涂油，并且用透气薄膜覆盖或用新鲜鸡蛋膜覆盖住伤口，再在外层用无菌纱布覆盖住。在这里要注意一下薄膜应该每周更换 1 次，而外层纱布则需要每天更换一次，在更换纱布的同时护理人员也要注意观察创面情况。此外，

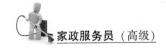

病人创面周围组织要用外科换药方法进行消毒，以免病人感染细菌。

3）帮助病人去除压疮的坏死组织，并且促进肉芽组织生长。首先要将病人的坏死组织和脓胎清除，然后再用1∶5 000高锰酸钾溶液冲洗创面，将云南白药用70%酒精调成糊状涂于患处，上层覆盖油纱条引流，最外层覆盖纱布。每次清创换药都要在无菌操作下进行，一般隔日换药1次，重度感染可每日换药1次。因为换药太勤快会影响肉芽组织生长。

技能训练3　应用心肺复苏技术救护危重病人

1）判断病人是否存在意识。

2）向周围的人们呼救求援。

3）调整病人的体位。

4）解开病人衣领口、领带等，快速清理病人口鼻内的污泥、土块、痰、呕吐物等，打开病人的气道。

5）判断病人是否存在呼吸。

6）为病人进行人工呼吸。

7）给病人进行胸外按压。

技能训练4　观察并及时疏导病人的不良情绪

1. 如何观察病人的不良情绪

由于病人长期受到疾病的困扰，所以时不时会有一些不良情绪表现出来，当病人有不良情绪的时候，护理人员应及时的对病人进行心理的疏导。

观察病人不良情绪的方法：

1）面部表情的观察：主要从面色及五官的情况进行推断。如面色晦暗、厌食表示心情沮丧，双眉竖立、面带怒容表示愤怒等。

2）体态表情的观察：主要通过病人身体的动作来推断。如垂头丧气表示忧愁，手舞足蹈表示得意，捶胸顿足表示悔恨等。

3）言语表情的观察：主要通过病人的言语声调、速度等进行推断。如呻吟表示痛苦，尖叫表示恐惧，笑声表示快乐，低沉而缓慢的语调表示畏惧、哀求等。

2. 如何疏导病人的不良情绪

那么如何疏导病人的不良情绪呢？作为一名护理人员，应当要做到以下几点：

1）耐心、认真地倾听病人的诉求。倾听可以拉近与病人之间的距离，这样病人就会愿意对护理人员说出他自己的烦恼。倾听不仅是指听到对方说话这样一种单纯的生理过程，而是包括了生理的、认识的和情绪的过程。

2）要注意与病人的谈话方式：在与病人交谈时用鼓励的、愉快的声音，配合适当的接触、抚摸等表示对病人的关注和安慰。对于在发怒的病人，首先向病人表示理解。尽可能转移其注意力，这样既尊重和重视了病人的要求，又有效地处理了病人的意见；对哭泣的病人，待其发泄完后再耐心倾听哭泣的原因，使病人得到安慰，让病人的情绪安静下来。

3）护理人员要有好的工作态度。好的工作态度是保证治疗效果的重要一环，护理人员的一言一行都会给病人情绪带来极大的影响。为此，在疏导病人的过程中要注意自己的言行，及时向病人传递有益于康复的信息，护理人员要以良好的语言和规范的操作技术获得病人的认可，从而增强病人治愈的信心。护理人员应当通过积极的暗示，改善病人的心理状态与适应方式，以消除或减轻病人的不良情绪。

4）除了上面的几点要求之外，护理人员也要经常与病人进行互动，玩一些小游戏，不仅可以让病人开心更可以增进与病人之间的感情。比如说可以跟病人玩一些猜谜语的游戏，先由护理人员出题病人猜，谁输了就唱一首歌作为惩罚。还有最简单的石头剪刀布的游戏，这个游戏虽然简单，但是可以锻炼病人的手指活动能力，输了的人可以唱歌作为惩罚或者真心话大冒险。

复习思考题

1. 健康生活方式对饮食有何要求？
2. 管灌膳食营养搭配有几种？
3. 压疮是由什么引起的？如何护理？

第七章

培训指导与管理

培训学习目标

1. 能培训初级、中级家政服务员。
2. 能评估初级、中级家政服务员工作绩效。
3. 家政服务员择业注意事项。
4. 能指导初级、中级家政服务员工作。

第一节　职业培训

一、初级、中级家政服务员培训内容与教学技巧

1. 家政服务业初级培训内容

首先要帮助家政服务员认识到自己的工作价值。家政服务是一个朝阳产业，是靠劳动获取报酬的工作，更是一个极具服务色彩的重要职业，不再是以前的"佣人、下人"。家政服务员是一个家庭的"全职贤内助"，并已成为城市家庭的重要一员，给千万家庭带来欢乐与幸福，更让无数的农村人从乡村走进了城市，让无数的失业职工重新获得了工作的机会，在人格尊严上和雇主是平等的。职业无贵贱，不同的只是社会分工不同。所以，从事家政服务也一样能体现自己的价值。

初级家政服务员要求掌握五项技能：婴幼儿看护、卫生清洁、做饭、洗衣、礼仪礼节及生活常识。

（1）婴幼儿看护　具体要求：能安全照顾婴幼儿；了解婴幼儿哭闹原因并能解决；会清洗、消毒奶瓶，了解冲奶、洗浴程序；会帮助婴幼儿穿脱衣服、换尿布。

具体操作：安全照顾婴幼儿

以婴幼儿的安全为首要，其他家务为辅。

1）0～1岁的婴幼儿喂奶。

① 抱：一手托住婴幼儿臀部，一手轻扶其背让婴幼儿轻靠在肩上。

② 洗：婴幼儿衣物单独洗。使用专用的婴幼儿洗涤用品及专用清洁盆；如用尿布，清洁完后还要用开水煮10分钟再晾晒。

③ 消毒奶瓶：先清洗奶嘴及奶瓶，再用沸水煮，奶瓶先煮7分钟后再煮奶嘴及熟料圈3分钟。注意：沸水一定要盖过所有消毒物品，关火后用夹子夹出，沥干水，放在专用奶瓶箱里保存。

④ 冲奶：视婴儿大小，新生儿从每日100毫升开始，每日增加50毫升/千克，按一平勺奶粉加60毫升的水的比例配制；放温开水，再加奶粉摇匀后加盖；测试奶温，滴一点在手腕内侧；按1秒滴1滴的速度为宜。

⑤ 喂奶：让婴儿斜躺在身体的一侧，用一只手环抱住婴儿，另一只手握奶瓶，奶瓶与婴幼儿的嘴呈90度，让婴儿吮吸整个奶头，喂食时间大约5分钟左右。喂完后，让婴儿伏在一肩侧，用手轻拍婴儿背部，使其避免打饱嗝。

⑥ 剩奶：放入冰箱保存24小时。

⑦ 奶粉保存：放在干燥、防潮的地方，尽量一个月用完。

⑧ 加热：隔水加热或放微波炉半分钟，食用时摇匀。

⑨ 哄睡：采取右卧位放置。

⑩ 喂水：两顿喂奶之间必须喂水。

2）0～1岁婴幼儿沐浴以及日常照顾。

① 沐浴：水温：38～40℃；准备：澡盆、毛巾、浴巾、沐浴露、洗发水、爽身粉、（润肤油）、衣物；操作方法：为婴儿脱衣后，先洗眼睛及整个脸部，再洗头，后洗上下身、四肢及背部、臀部，抱出水面，用大毛巾裹好，擦干头发和身体后抹爽身粉或润肤油，最后裹尿布。

注意事项：避免把沐浴露、洗发水弄到眼睛和耳朵里；避免各种不良刺激。

② 穿、脱衣服：按从上到下，从里到外的顺序穿，圆领的先整成圈；衣服不要太多点缀的东西；最好纯棉；动作要轻柔，不过度拉扯。

③ 换尿布或纸尿裤：及时更换，注意舒适、安全；换尿布时要轻轻地用尿布边缘擦掉大部分粪便，用卫生纸把屁股擦净，1岁左右的婴儿可准备一些玩具或图书来分散注意力；换尿布时要充满爱心，要充分利用这个机会用说话来沟通；换完后用清水和肥皂洗手；注意室内的温度以及水的温度，防感冒。

④ 哭闹原因：饥饿；尿布湿了或有大便；环境不好；不安全感（换人照

顾）；身体不适。

⑤ 嬉戏：嬉戏时要注意远离火、电、煤气；远离阳台；不带其进入厨房；把刀具利器放在高处；多和婴儿说话，做游戏。

3）1~3 岁幼儿的日常照顾。

① 掌握孩子的活动规律：1 岁半左右的幼儿一般已能独立活动，并逐渐学会跑、跳、攀登楼梯、越过小障碍等全身性动作。学会玩弄和运用各种物体的能力，如用杯子喝水，拿匙吃饭，用手帕擦鼻涕，自己穿衣、扣纽扣、洗手等。但因缺乏经验和调节控制能力，易摔倒、撞伤。

② 要注意饮食的调配：1 岁以上孩子的食物从乳类过渡到以粥、饭为主。食物的质量、分量，既要适合小孩的口味，又要容易消化、吸收。

③ 给幼儿提供各种颜色鲜艳的玩具：2 岁的孩子能辨别一些颜色，3 岁时能充分识别不同颜色的物体。让幼儿看电视时不要超过 20 分钟，同时最好开一盏小灯，减少光亮对眼睛的刺激。

④ 要注意保护幼儿的耳朵：婴幼儿耳道短而直，异物易爬入；耳咽管短而宽，易感染引起中耳炎；洗头时要防止水进入耳道，同时避免巨大声音和噪声，以免损伤婴幼儿的听觉。

⑤ 要保证婴幼儿每日充足的饮水量，注意不喝冰水和碳酸饮料。

⑥ 养成良好的卫生习惯：1 岁以后逐渐减少尿布的使用，逐渐开始穿满裆裤。

⑦ 安全：进电梯，过马路时要时刻牵着手（两岁以上小孩）。

实操练习：人人动手，主管指导、检查，做记录。

（2）卫生清洁 具体要求：掌握卫生打扫程序及注意事项；掌握家居卫生"两个重点"及"三个部分"。

具体操作：

1）个人内务整理：个人梳洗→整理床铺（叠被子，枕头与被子各放一头）→打扫房间；保持睡房干净、整齐，自己的物品摆放得有条理，衣物常洗，鞋子常刷；注意经期卫生，注意保暖。

2）卫生工具及清洁用品介绍：

① 使用工具：吸尘器、拖把、扫把、垃圾铲、垃圾袋、干湿抹布、百洁布、厕擦、水桶、毛刷等。

② 清洁保养用品：洗洁精、去污粉、洁瓷灵、玻璃清洁剂、家居亮洁剂、皮革保护液、地板蜡、清厕剂、空气清新剂、杀虫剂、消毒剂、肥皂、洗衣粉等。

③ 清洁方法：地板：视毛巾大小叠四个面或八个面，从角落里开始往外擦，边擦边往后退，不要用毛巾来回擦，擦后用毛巾把灰尘、纸屑、毛发兜起来抖

到垃圾篓里。玻璃：先用湿毛巾沾清洁剂擦，再用湿清洁布洁一遍，最后用报纸擦一遍。

3）家居卫生重点区域：厨房、卫生间。

厨房的卫生包括以下几个方面：

① 地面和墙壁的卫生清洁。

地面的清洁：擦地前可用热水将油污的地面润湿，使污渍软化，然后在拖把上倒一些醋，再拖地。如果发滑，可用废报纸擦地面。

墙壁瓷砖的清洁：将清洁剂倒在抹布上擦拭，再用清水冲洗。瓷砖缝难清洗，可用旧牙刷刷洗。

纱窗的清洗：先用扫帚扫除纱窗表面上的灰尘，用15克洗洁精加清水500克，搅匀后用刷子蘸着在纱窗上轻刷一遍，再用抹布在正反两面都揩一遍。

② 厨房洗涤池的清洁。厨房洗涤池的种类主要为水泥、搪瓷、不锈钢等类型，因此，清洁时，应根据洗涤池的质地，选择清洁的方法。不锈钢用海绵擦拭，禁用钢铁刷子刷。

③ 餐具清洁。先洗油污轻的，再洗油污重的。清洁后用抹布抹干，再放进消毒柜消毒。

④ 炊具清洁。清洁后用毛巾擦干。

⑤ 抽油烟机清洁。烹调前3分钟左右打开抽油烟机，烹调结束后，继续让它继续工作5分钟，然后关机。全程工作，不能时开时停；用抹布抹干，再擦干，后检查，眼看到手摸到之处无污点不粘手；集油箱上可套保鲜膜，清洁时可直接扔掉。

一个标准的卫生间的卫生设施一般由三大部分组成：洗面设备、便器设备和淋浴设备。它的清洁主要有以下几个方面：

① 卫生间地面、墙面清洁。卫生间的地面和墙面一般用的是瓷砖的材料。瓷砖接缝处的污垢大多是霉斑、水垢、肥皂泡等。清洁时只要用湿布蘸上去污液擦拭即可，或喷洒含氯类漂白剂，用水冲洗待干后再涂上蜡油。避免湿抹布上的沙粒、金属屑划伤瓷砖。

② 卫生间用具清洁。卫生间的用具，主要是指浴盆、坐便器、抽水马桶、脸盆、浴缸等。

坐便器的清洁：以清洁剂加水清洗。清洁时要特别注意水圈边缘及水封下方排水口处；坐便器盖用布蘸清洁剂擦拭，也可用醋。擦干水后要把马桶盖盖上。

浴缸的清洁：使用清洁剂清洗，如果有绣，可用盐与醋混合加热捂20分钟，再擦拭。切勿使用"百洁布"清洗浴缸，否则会使底部防滑层和表面搪瓷刮伤。

浴盆、洗面盆的清洁：用柔软的海绵，温水及专用洗涤剂擦洗。清洗面盆之前，应先把摆放在台面上的卫生用品擦拭一遍。

③ 卫生间通风换气。

通风换气：使用卫生间时要打开通风扇，不使用时打开卫生间门。

消除异味：在便池里放上卫生丸；将泡过的干茶叶或干橘皮在卫生间里燃烧；打开小香精盖子放到卫生间里。

④ 沐浴后及时清理浴缸及地面，避免毛发杂物堵塞下水道。

4）家居卫生"三个卫生"：上部、中部、下部。顺序：从上到下、从里到外、由点及面。

① 上部：通常是指天花板。

② 中部：指手臂伸出去，手能触摸到的地方，如桌、椅、门、窗等。

③ 下部：通常是指地面。

必须掌握：玻璃的清洗方法；瓷砖地板的清洁保养；木地板的清洁和保养方法。

注意事项：抹布分开使用；专用清洁桶、盆、清洁剂；按照一定顺序；物品轻拿轻放，放回原位；节约用水；注意安全；随手清理，保持清洁；清洁完倒垃圾，套上干净的垃圾袋。

实操练习：人人动手做，主管指导、检查，做记录。

（3）做饭 具体要求：正确使用电饭煲，能煮适量饭菜，掌握炒、凉拌、蒸三种制作菜肴的方式，了解雇主家人的口味。具体操作：

1）煮饭。根据雇主家人多少而煮适量米饭。用另外的器皿清洗大米后把米倒进电饭锅，放适量水，擦干水，擦干电饭煲底，放进电饭煲内胆中时左右转动一下，插上电源按下按钮或"煮饭"钮。

2）做菜。烹调就是将切好的净料，通过加热和调味，制成一个熟的完整的菜肴。"烹"就是加热，"调"就是调味。

① 炒：是将食物倒入热油锅中搅拌至熟的烹调法，又可分为下列5种：

生炒——材料不加腌浸即下锅炒。

清炒——先加腌浸，拌生粉或面粉后下锅炒。

滑炒——先加腌浸，下油炸一下然后再炒，炒起后鲜嫩。

熟炒——先煮或蒸，待材料熟透，切丝或切片后再炒。

干炒——将材料沾上面粉或生粉下锅炒。

例如蒜茸炒菜心：热油下锅，放蒜茸，约10秒后再把洗净的青菜下锅，旺火爆炒后放盐起锅。

② 凉拌：把调味汁浇在材料上的烹调法。多用于凉菜，由于这些是冷的菜，所以又名凉拌。

例如凉拌刀拍黄瓜：黄瓜削去皮，剖成两半，用菜刀拍至微碎，切成块状待用。将黄瓜置于盘中，撒上酱油、醋、白糖、味精、食盐，淋入香油。待调料渗入拍碎的黄瓜块后即可食用。

③ 蒸：是把材料放进蒸笼加盖或盘，再把蒸笼放在烧着开水的锅内，借蒸汽把食物热熟的烹调法。又可分为下列 5 种：

清蒸——将新鲜材料撒上盐、胡椒，加葱、姜一起蒸。

干蒸——不腌浸调味品，也不调味，蒸熟后才调味。

粉蒸——先加入腌浸调味汁，扑上粉再入蒸笼蒸熟。

酒蒸——洒上酒之后才蒸。

扣蒸——先加以腌浸，油炸之后再蒸。

以清蒸鲈鱼为例：把洗净的鲈鱼刀工处理后，抹上盐，鱼肚里放生姜片及葱段后装盘，浸放 3 ~ 5 分钟，沸水蒸至 8 分钟起锅后，切葱段后放在鱼身上，淋生抽，热油均匀浇葱丝之上即可。

3）灶具使用：先开煤气管道或煤气罐的阀门，再旋转灶具的按钮，使用完后，先关煤气管道或煤气罐的阀门，再关灶具。

4）厨具使用：安全使用锅、煲汤罐，勿干烧。

实操练习：人人动手，主管指导、检查，做记录。

（4）洗衣　具体要求：知道衣物分开洗涤，会使用洗衣机，衣物分类叠放，初步掌握衣物熨烫。

具体操作：

1）衣物洗涤。

① 手洗：白色衣物和深色及鲜艳颜色的衣物分开洗；内衣和袜子单独洗，小孩的衣物单独洗，自己的衣物单独洗。

② 机洗：水管接上，电源插上，衣物分类后装进洗衣桶，开水管，加入洗涤剂，按"电源"按钮，选洗涤方式后洗涤，洗完后拿出来晾干。

2）衣物晾晒。易串色的分开晾晒。最后晾反面，用夹子夹住衣物。对于圆领的纯棉内衣和运动服，衣架应从底部穿入晾晒干。

3）衣物叠放。分类叠放整齐，放在指定的地方。

4）衣物熨烫。熨斗调至"关"的位置，加水，不同衣服选用不同温度熨烫，深色衣物熨反面。熨好后用衣架挂起来，待干后再挂在衣柜里。衣物熨完后把熨斗收起来。熨衣过程中，如需终止熨衣，应拔掉电源插头。熨衣完毕，倒出熨斗里的水通电 5 分钟，拔掉插头，冷却后收起来。

实操练习：人人动手，主管指导、检查，做记录。

（5）礼仪礼节及生活常识　具体要求：注意个人卫生，掌握"六种日常交际礼仪"，以正确的坐、站、走姿，知道三个紧急电话，会使用对讲设施，会用钥匙开锁，正确摆放物品，了解安全常识，节约用水、用电，会使用一般家用电器。

具体操作：

1）个人卫生：坚持早晚刷牙，一个星期至少洗两次头、剪一次手指甲及脚趾甲，天天洗澡，勤换衣物。做到头发梳理整齐无异味，身体无异味，指甲无污垢，每天保持脸部清洁。饭前便后洗手，使用洗手间要锁门，使用完后要冲洗马桶。注意经期卫生，卫生巾不直接丢入马桶，卷起来放入垃圾篓。

2）个人着装：整洁、清洁、朴素、美观；不穿太透明、领口太低、太紧身、太艳丽的服装；讲究时间、地点、场合的着装原则，注重服装搭配（色彩、身材、脸型）。

3）六种日常交际礼仪。

① 能正确称呼雇主家人及亲戚。

② 早上主动问好，使用礼貌用语，态度谦和，晚上道晚安。

③ 接打电话：听到电话铃响两遍后拿起电话先说："您好，这里是某某家，请问您找谁？"如果雇主在家，要说"请您稍等"。如果雇主不在家，要问清楚对方如何称呼，如"请问您贵姓？"用笔在纸上记下具体事情及对方如何称呼，如"请问还有什么需要我转告的吗？"得到回答后，说"再见"后轻轻放下电话。如果是打私人电话，则应先得到雇主同意，雇主同意后也尽量用简短的语言说清楚事情，使用完后要向雇主致谢。

④ 接待客人：有客人来访，问清后开门，门把手在左，应用右手开门，给客人准备拖鞋，引客人进门入座，倒茶；倒茶七分满，双手奉上，并面带微笑说"请您用茶"。雇主招待客人时要退至一边，不要插话或加入议论。如果客人手上有礼物，不能贸然上前接过。送客要送到电梯口。

⑤ 就餐礼仪：食物摆放上桌后，餐具也应相应摆放上桌，筷子不直接摆放在桌上。落座后，等主人先动筷子再夹菜。夹菜时筷子不随意在菜盘里乱翻，尽量吃自己面前的菜，吃食物时，不开口大笑，咀嚼食物不出响声。如果先吃完，要说"请大家慢用"再离开餐桌。

⑥ 面试礼仪：家政服务员面试前要做好面试准备，整理好自己的仪表仪容，不紧张，有自信。与雇主见面时，面带微笑，要有正确的走姿，得到允许后入座，动作要轻，距离两步远，眼睛平视，表情柔和，认真回答问题，不要抢话，不要答非所问，可适当称呼雇主孩子，但禁止动作过于亲昵。面试结束，先跟雇主说"谢谢您，再见"，点头致意后，放好椅子，勿出响声，转身离去。

整个面试过程注意说话的语气、音调、音量，如实介绍自己，不矫情。目的是让雇主"一见钟情"。

4）坐、站、走姿。

坐：双腿并拢，身体直立，不跷腿，不摇晃。

站：挺胸收腹，双手交叠放在身前。

走：脚跟先着地，穿拖鞋时，要把脚提起来走路。

5）记住三个紧急号码。

匪警：110

火警：119

急救：120

6）安全常识。使用对讲：听到门铃响拿起话筒，问清来访者再确定是否开门。开门锁：左手把钥匙插入锁孔，朝一个方向转动，如果转不动，就朝反方向转动，左手握门把手，锁开了后直接开门。进出雇主家随手关门锁门，记得带钥匙。煤气：进屋发现有煤气味，先打开窗户，再关阀门，不开灯，不使用电话和明火。电梯：如被困，按警铃求助。过马路：绿灯亮才能行，走人行横道、人行天桥和地下隧道，不翻越栏杆。

7）节约用水。珍惜用水、节约用电。杜绝长流水长明灯。

8）安全使用家用电器。

①微波炉：使用专门加热器皿，不能把不锈钢、铁类金属器具放入微波炉；不能使用带金边和金色花纹的碗和盘子放入微波炉内加热食物；不能加热带壳的（如鸡蛋）和密封的食物，以免发生危险；微波炉正常使用时，不要随意开门。

清洁：拔掉电源，用中性清洁剂、温水及软布擦拭，坚持每天清洁。

②消毒柜：餐具清洁擦干后放入消毒柜，插上电源，按下"消毒"按钮即可。使用后拔掉电源，定时清理集水箱，清理方法同微波炉一样。

③电冰箱：冰箱分冷藏和冷冻，冷藏箱内食物要分类摆放，时间不超过三天，生食放下面，熟食密封后放上面，买回的蔬菜放冰箱前不要清洗，如冰箱有异味可放入一个柠檬或柚子皮；冷冻箱内放食物不超过一个月，食物冷冻时最好贴上标签。

清洁：拔下电源，取出所有食物，抽出储物箱，用抹布蘸清洁剂清洁擦干后再把食物放回原位，再清洁外沿，插上电源。

④吸尘器：用单独插座，插上电源，根据清洁的物品选择档式，地毯用强档，地板用中档，窗帘用弱档。吸尘前先打扫一下，吸尘时按一定顺序，先吸角落。

清洁：取下集尘袋，用毛刷清洁即可。

⑤风扇：拔下电源，拆下风叶，有网的拆下外围网，清洁擦干各部件，接着安装好即可。

2. 家政服务员中级培训内容

要求掌握五项：育婴、卫生清洁、烹饪、衣服熨烫、礼仪礼节及生活常识。

（1）育婴　具体要求：熟练掌握冲奶、喂养、添加辅食；独自安全照顾婴幼儿；熟练为婴幼儿沐浴；能哼唱催眠曲和儿歌哄婴儿入睡；能做简单亲子游戏；掌握婴幼儿"二便三浴四具"。

具体操作：

1）冲奶：初级家政服务员已掌握冲奶的具体方法，中级家政服务员在这一点上要熟练操作。

2）辅食添加及制作；婴幼儿四个月大时就要开始添加辅食。泥糊状食物能提高婴儿的咀嚼功能，对其发展语言能力有益。

添加原则：①由少到多；②由稀到稠（由汤改为稀饭，再由稀饭改为软饭）；③由细到粗（由水到泥，再到碎等）；④由一种到多种。辅食添加不可过快，每种食物应试用一周，如有消化不良立即停止。

营养基础：①糖多；②蛋白质；③脂肪少；④蔬果不互代；⑤少吃肥肉；⑥清淡少盐；不吃过多肉类食品及油炸食品；⑦进食量与活动相伴；⑧饮食结构应做到数量足、质量高、品种多、营养全；⑨由乳类为主，其他食物为辅，转化成食物为主，乳类为辅；⑩孩子晚餐少吃糖及动物性脂肪等食物。

依不同出生年岁喂食：0~2个月：孩子出生15天，可服用浓缩鱼肝油滴剂1~2滴，补充维生素D，促进钙的吸收，服新鲜果汁1~2匙，温开水3~4匙。

3~4个月：①新鲜菜叶、西红柿、山楂等原汁，开始1~2匙，温开水稀释，熟悉后喝原汁；②鱼肝油3~4滴，不能过多，以免中毒；③蛋黄半个，菜泥15克，一天喂两次，哺乳前。

5~6个月：①以淀粉类的为主，粥、米粉3匙；②需补铁、肝泥、动物血、肉末等。

7~9个月：①禽肉类，豆制品；②碎菜加在粥中喂食。

10~12个月：把瘦牛肉、瘦猪肉加在面条里、粥里喂食。

喂食注意事项：①提供多样味觉刺激，避免挑食；②婴儿对熟悉食物偏爱，对新口味恐惧是正常的防护本能；③可让婴儿先添一下，吃吐反复5~15次，才会毫无戒心地享受新的食物；④喂食有耐心，少量多次提供，吃后给予热情鼓励，也可自己做出师范动作；⑤调整食物色、香、味、形，诱发食欲。

菜泥、菜汤的制作：菠菜、白菜、莴笋叶等切碎，加少许盐再加水煮沸15分钟；将菜捣成泥状，将粗纤维除去就是菜泥，可直接喂食。

蛋黄泥制作：鸡蛋冷水煮，水开后五分钟去壳，取少量水或米汤，将熟蛋黄捣成泥，用小勺喂。

蛋黄粥制作：两匙大米洗净加水120毫升，浸泡1~2小时，微火煮40~50分钟，再把适量蛋黄研磨后加入粥锅内，再煮 10 分钟。可用于 5 个月左右的婴儿。

胡萝卜泥的制作：胡萝卜洗净切小块，煮沸以文火慢煮 15 分钟，加少许盐，取出压碎成泥状，再加牛奶、水和香油，煮沸即可。

选择搭配好食材，适时制作固体食物：在进餐前要让孩子洗手并坐好；进餐中，专心吃饭，细嚼慢咽；餐后督促孩子漱口和擦嘴。①孩子 6 个月后能吃一些固体食物；②在乳牙增多时，增加固体食物，可训练咀嚼动作并促进长牙；③从吸吮到用碗勺再到咀嚼固体食物的过程中，食物形式和饮食行为都发生变化，这对婴儿的食欲有好处；④烹调制作要科学，由"软烂"为主，逐渐增加硬度，菜面点以"碎小，精巧"为主，要清淡少盐；⑤保持食物的营养素，蒸焖要比泡饭少损失营养，蔬菜先洗后切，吃肉时要喝汤。

注意事项：

①辅食是主要食品；②循序渐进增加；③不要以成人是否喜欢定为标准。

实操练习：能独立完成辅料制作。主管监督，做记录。

3）哼唱催眠曲：《小燕子》《摇篮曲》等。

4）亲子游戏（躲猫猫游戏）：婴儿在四五个月大的时候，就可以让宝宝认识到，他看不见的东西并不等于不存在。一旦有了这种认识，婴儿会惊奇地发现：世界并不仅仅是他看得见的空间。所以，要促进宝宝对空间的理解，可以玩玩躲猫猫游戏。游戏方法：准备一块干净的手帕，就可以开始游戏了。

用手帕把脸遮住，问宝宝："我呢？我在哪里？"然后把手帕从脸上拿下来，对宝宝说："我在这儿呢。"同样用手帕遮住宝宝的脸，叫宝宝的名字："宝宝呢？宝宝在哪里？接着拿开手帕看着宝宝，对宝宝说："宝宝在这儿呢。"

用躲猫猫游戏来培养宝宝的行走能力。宝宝在将近一岁的时候，一般能够自己扶着东西慢慢走了，但是还不能走稳，胆子比较小。可以借躲猫猫游戏来锻炼宝宝的行走能力。

游戏方法：准备好一个宝宝喜欢的小玩具，将宝宝抱到沙发旁边的毯上，旁边放上这个小玩具，让宝宝自己玩。然后悄悄离开，躲到一个家具的后面，轻轻叫宝宝的名字，逗引宝宝自己扶着沙发站起来，并且慢慢走来寻找你。与婴儿一起玩躲猫猫游戏，既可以锻炼宝宝的认识能力，也可以锻炼宝宝的运动能力，同时也促进了亲子之间的感情。

5）"二便三浴四具"。二便：是指大小便。婴儿使用一次性纸尿裤要选择合适码；2 ~ 3 小时更换一次，有大便立即换；便前便后洗手，清洗消毒；6 个月以后可练习坐便，10 ~ 12 个月在成人提醒下知道是否有大小便；1 岁半至两岁培养主动坐便。注意事项：训练婴儿大小便时，不能过急。

三浴：温水浴、空气浴、日光浴是婴儿保健最基本的方法，方便实用简单，可刺激皮肤，调整内脏功能，增强抵抗力。

水浴：人体在水中散热大于空气（洗澡、洗脸、洗脚水温为 35 ~ 40℃；1 ~ 3 个月室温 24 ~ 26℃）；冷水浴：水温在 28℃左右，室温 20 ~ 22℃，每次 3 ~ 5 分钟，洗完后立即包好，擦干并按摩。

日光浴：2 个月开始防佝偻病，夏天戴帽子，防阳光直射眼睛。夏季：9 ~ 11 点晒太阳，15 ~ 17 点晒太阳，从 3 分钟至 15 分钟，逐渐延长；冬季：10 ~ 14 点晒太阳，有病时暂停，日光浴后给婴儿喂水，冬季时勤开窗。

空气浴：①适合在 25℃以上进行；时间根据婴儿的不同年龄和身体条件而定，5 ~ 10 分钟为宜；③可从四肢做起，秋天可缓加或春天慢减衣服，可增加抵抗力（对外界环境更适应）。

四具：是指卧具、餐具、玩具和家具。婴儿抵抗力弱，适应外界环境能力差，应严格消毒。

卧具：每周清洗一次被褥（用婴儿专用洗涤剂），如有大小便先洗污物，后进行清洗。每天用清洁的湿布擦婴儿床；衣服要柔软、宽大、纯棉，最好无扣子，有条件每天换，经常清洗、消毒；与大人衣物分开洗，用适当比例的消毒水浸泡 10 ~ 20 分钟，洗去奶渍、污渍。用清水清洗至无泡沫，晒 1 小时。别用樟脑球收藏。

餐具：奶瓶、奶嘴（7 个月以前）；碗筷（用自来水清洗；如消毒伤寒或痢疾的碗筷应煮沸 10 分钟，用清水清洗后再煮 5 分钟；病毒性肝炎的煮 30 分钟，洗后再煮 5 分钟）。

玩具清洁和消毒：选出经检验合格的玩具，对玩具清洗和晾晒。木制玩具，用煮沸的肥皂水烫洗；塑胶或橡胶玩具用 0.2% 漂白粉溶液浸泡；毛棉制的玩具，放在阳光下暴晒 6 小时。

家具清洁和消毒：婴儿的手、口部位动作多，所以在婴儿活动范围内的家具每天需要消毒、清洁；可以用干净的湿布擦拭灰尘，使用合格的消毒剂。

（2）卫生要求　具体要求：初级以上，能看懂清洁剂、消毒剂的说明并正确使用；了解多种消毒方法；了解不同面料沙发的清洁方法；正确清洁、收藏皮类衣物；正确清洁、收藏鞋类。

具体操作：

1）选用适当的清洁剂、消毒剂（84 消毒液）、漂白剂。

2）消毒方法：

物理方法：①煮沸消毒：将要消毒的物品放在水中煮沸 15 ~ 20 分钟，煮的时候，水一定要盖过所煮的物品；②自然通风：打开门窗，让室内空气对流，一般通风换气半个小时左右；③擦拭洗涤：用温水或清水进行清洗；④日光暴晒法：被褥及书报拿到室外暴晒 6 个小时，并定时翻动以晒透。

化学方法：①浸泡法：将物品浸没于消毒剂内，掌握时间和浓度；②擦拭法：用抹布沾消毒剂溶液擦拭物品；③熏蒸法：加热消毒剂，掌握时间和浓度；④喷雾法：借用喷雾器消毒。

3）沙发清洁：皮类沙发，用湿布轻抹，如有油，可用肥皂水轻抹，用冷水清洗；毛绒类沙发，用毛刷沾稀释酒精刷，再用电吹风吹干。

4）皮类衣物：①使用"皮衣光亮剂"清洁上光后再阴干；②如果需要熨烫，则用"牛皮纸垫烫"，温度45℃左右，要轻、快，忌焖烫；③收藏时，放适量樟脑丸或外面罩件旧衣服，再悬挂。

5）鞋类：连续穿同一双鞋不超过三天。

皮鞋：怕潮湿、太阳晒、火烤。①用软布或软毛刷拭去厚尘；②如淋水，先抹净，再吹干，后刷鞋油；③新鞋，可用生鸡油或凡士林擦一遍，干透后用布擦，再上鞋油，不怕雨淋水溅；④收藏时，最好在面上抹一层动物油。

运动鞋：①用洗衣粉洗刷，洗刷干净后，放在清水中浸泡2分钟左右，再漂洗后晾干；②白色运动鞋，洗后可涂一层白鞋粉，鞋帮和鞋底胶边可用白色普通卫生纸贴上，干后揭去。

实操练习：人人动手，主管做记录。

（3）烹饪 具体要求：在初级基础上，能基本调制"三种"复合味，菜肴初步具备色、香、味；能做三种拿手菜；了解煲汤程序及注意事项，并能动手煲三种汤。

具体操作：

1）三种复合味：糖醋味、鱼香味、麻辣味。

糖醋味的主要调料：盐、白糖、醋、麻油等。方法：将盐和糖调成甜中有咸的味道，再加入醋。顺序不能乱。比例为：咸味25%，糖味40%，醋30%。

鱼香味的主要调料：盐、酱油、醋、泡红辣椒、生姜、葱、蒜末、料酒等，最重要的是泡椒和泡姜，醋少用。

麻辣味的主要调料：干辣椒、花椒粉、辣椒红油、豆瓣酱、盐、味精、糖、豆豉等。注意：先调色，再加酱油、盐、糖提味，最后加花椒。

2）三种拿手菜：清蒸鱼、水煮菜心、糖醋排骨。

3）煲汤：骨头红萝卜玉米汤的做法：骨头先洗净焯水，生姜拍碎，放入适量水入煲内，骨头、生姜放进锅里，大火煲开，改用小火，此时放红萝卜、玉米；视辅料软硬程度定煲煮时间，两个小时后加适量盐即可。

实操练习：人人动手，主管做记录。

（4）衣物熨烫 具体要求：在初级基础上，认识面料；了解洗涤标识、晾晒标识、熨衣标识；能安全使用、清洁、保养电熨斗。

具体操作：

1）认识面料：吸汗、舒适但易皱的为棉织物（cotton）、麻织物（linen）、丝织物（silk）、毛织物（wool）；易洗快干、不怕虫蛀，但不透气、不柔软的为涤纶（polyester）、腈纶（acrylic）、人造棉（rayon）。

2）熟悉不同衣物的洗涤标识、晾晒标识及熨衣标识，具备丰富的洗涤标识知识。

实操练习：要求熨衣熟练，主管做记录。

（5）礼仪礼节和生活常识　具体要求：在初级基础上，融洽地与人相处；自律、自省、独立地处理生活中的小事；增加自我保护意识；懂得常用英语单词的意思。

具体操作：

1）相处。与成年男士相处须做到"三要"：要落落大方，要礼貌相待，要保持一定距离。"五不要"：不要超出常规，不要取笑打闹，不要借机单独相处，不要改变对他的称呼，不要含糊笑纳给予的礼物。

与成年女士相处：尊重亲近，亲切相称；尽量按她的要求做；洗涤和保管她的物品时要倍加细心；对她的爱好表示肯定。

与孩子相处：保持亲切的关系；报以爱心，善待孩子；多表扬，多鼓励；祝贺生日和年节；正确对待缺点与错误。

与老人相处：陪伴老人聊天，不让老人孤独；理解老人心态（时而开朗，时而烦躁）；尊重老人的个性；关注老人的健康；照顾老人饮食，根据饮食习惯，科学合理搭配；妥善化解矛盾，不当面顶撞，要宽容忍耐。

与邻居相处：见面主动打招呼，尊重他们，不背后议论。

2）自我保护。不贪占小便宜；进出雇主家留意是否有跟随者；外出就餐时，中途不离开，如确需离开，回来后不再饮用桌上茶水和饮料；单独外出时，看紧手提包和手机。

3）掌握一些基本的英语单词。早餐：breakfast；午餐：lunch；晚餐 supper；星期日：Sunday；星期一：Monday；星期二：Tuesday；星期三：Wednesday；星期四：Thursday；星期五：Friday；星期六：Saturday；牛奶：milk；碗：bowl；筷子：chopsticks；勺子：scoop；一月：January；二月：February；三月：March；四月：April；五月：May；六月：June；七月：July；八月：August；九月：September；十月：October；十一月：November；十二月：December。

实操练习：以聊天的方式进行，做记录。

二、家政服务员工作绩效报告内容与编写方法

1. 初级家政服务员工作绩效报告内容

评估初级家政服务员的工作绩效要充分依据《国家职业技能标准　家政服务员》，并按照标准中的要求，重点考察其应知、应会的内容，见表7-1。

表7-1 初级家政服务员工作绩效评估表

姓名：　　　　　　岗位工种：　　　　　　考评时间：

内容项目		考评内容	考评要求	评定结果
职业基础	工作态度	择业态度		□一般 □好 □非常好（满分为5分；好为4分；一般为3分）
		从业心态与服务意识		
	安全卫生	安全意识		
		卫生状态		
	礼貌礼仪	言谈、举止文明程度		
		人际交往能力		
		待客能力		
家庭餐制作	制作主食	调拌馅料		□一般 □好 □非常好（满分为30分；好为24分；一般为18分）
		鉴别主食成熟性状		
		使用炊具、燃气灶具、电器		
		蒸、煮、烙制主食能力		
		购买烹饪原料和食物		
	烹制菜肴	制作丁、片、块、段、条、丝、茸		
		配制常见菜肴		
		蒸、炒、炖、拌、煎、煮、炸制菜肴		
生活常识		紧急号码的拨打		□一般 □好 □非常好（满分为20分；好为16分；一般为9分）
		安全常识		
		节约用水		
		使用、清洁电器		
家居清洁	清洁家居及用品	清扫、擦拭、清洁地面熟练程度		□一般 □好 □非常好（满分为20分；好为16分；一般为9分）
		卧室、书房、起居室清洁地面熟练程度		
		厨房、卫生间及其附属设施清洁状况		
		使用清洁剂、消毒剂		
洗涤衣物	洗涤摆放衣物	识别衣物洗涤标识		□一般 □好 □非常好（满分为15分；好为12分；一般为9分）
		选用洗涤剂		
		手洗常见衣物		
		使用洗衣机洗涤常见衣物		
		折叠、摆放常见衣物		
照料婴幼儿	料理饮食	为婴幼儿调配奶粉		□一般 □好 □非常好（满分为30分；好为24分；一般为18分）
		为婴幼儿喂奶、喂饭和喂水		
		清洁婴幼儿餐具		
	料理生活	给婴幼儿盥洗		
		给婴幼儿穿、脱衣服		
		抱、领婴幼儿		
		给婴儿换尿布		
		照料婴幼儿便溺		
		处理轻微外伤和烫伤		

2. 中级家政服务员工作绩效报告内容

中级家政服务员工作绩效的评估方法与初级家政服务员基本相同，见表7-2。

表7-2 中级家政服务员工作绩效评估表

姓名： 岗位工种： 考评时间：

内容项目	考 评 内 容		考评要求	评 定 结 果
职业基础	工作态度	择业态度		□一般 □好 □非常好（满分为5分；好为4分；一般为3分）
		从业心态与服务意识		
	安全卫生	安全意识		
		卫生状态		
	礼貌礼仪	言谈、举止文明程度		
		人际交往能力		
		待客能力		
制作家庭餐	制作主食	蒸制主食		□一般 □好 □非常好（满分为35分；好为28分；一般为21分）
		煮制主食		
		烤制主食		
		烙制主食		
	制作菜肴	蒸、炒、炖、拌、煎、煮、炸制菜肴		
		宰杀禽类和鱼类		
		进行干货涨发处理		
洗烫保管衣服	洗烫衣物	清洁羽绒类制品		□一般 □好 □非常好（满分为25分；好为20分；一般为15分）
		清除衣物的常见污渍		
		熨烫衬衫、裤子、裙子		
	保管衣物	保管不同种类的衣、物		
		进行衣物防霉、防虫处理		
照料婴幼儿	饮食料理	为婴幼儿制作主食		□一般 □好 □非常好（满分为35分；好为28分；一般为21分）
		为婴幼儿制作辅食		
	生活料理	安排婴幼儿的日常生活		
		给婴幼儿洗澡		
		培养婴幼儿的卫生与睡眠习惯		
		对婴幼儿常见病进行生活护理		
	启蒙教育	使用普通话与婴幼儿进行语言交流		
		给婴幼儿讲故事、唱儿歌		
		陪伴婴幼儿玩游戏		

技能训练

技能训练1　能培训初级、中级家政服务员

教学基本要求：通过理论知识培训，使学员了解家政服务员职业道德、择业与就业常识、安全与卫生常识、礼仪常识、法律常识；了解家庭餐制作，家居清洁，衣物洗涤摆放，照料婴幼儿。

技能训练2　能评估初级、中级家政服务员的工作绩效

职业评估的目的是给受评估的对象一个择业发展方向的指引。评估所能提供的信息是否完整，信息指向性是否明确，直接关系到择业者的就业趋向。因而，职业评估的编写必须内容全面、真实，结构合理，具有可操作性，见表7-3。

表7-3　职业评估表

姓名		性别		年龄		文化程度	
兄妹排行		籍贯性质		父母情况			
技能特长				求职意向			
评估内容、综合分析							

性格特质：

责任感：

人际沟通能力：

智力水平与思维方式：

职业倾向：

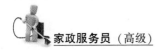

（续）

姓名		性别		年龄		文化程度	
兄妹排行		籍贯性质		父母情况			
技能特长				求职意向			
评估内容、综合分析							

评估要点总结：

评估报告建议：

职业评估人		报告撰写人		报告审核人	
评估日期		撰写日期		审核日期	
报告单位		联系方式			

第二节 职业指导

一、家政服务员择业内容及注意事项

1. 职业指导的基本内容

1）向求职者介绍本地区社会经济发展与就业状况。

2）介绍劳动就业政策。

3）介绍劳动力市场供求状况。

4）提出个人应采取的对策建议。

5）向求职者介绍避免蹈入就业误区的方法、策略。

2. 职业指导的基本方法

（1）群体指导　根据求职者的具体状况，进行群体指导。事先应充分了解求职者群体在就业选择中所遇到的问题和希望通过指导所要了解的相关情况。

（2）个体指导　通过与求职者直接接触面谈，并根据其就业选择的具体情况，提供相应的指导帮助。

3. 从业指导的原则

（1）实用性原则　进行从业指导的目的，在于为求职者提供相应的职业岗位从业标准，促使其提高素质或按岗位的从业条件努力去工作。因此，从业指导必须有很强的实用性，所提出的从业条件一定要具体、可行，对从业者个人素质、基本能力状况判断要有具体的标准，不可随意而定。

（2）客观性与发展性原则　从业条件是依据职业岗位实际操作的要求提出来的，也是根据人们社会职业活动的实践总结出来的，同时，它也是随着人们社会职业活动的发展而发展的。因此，职业指导人员对从业条件的把握一定要具有客观性、发展性的观点，即在提出某种职业岗位从业要求的时候，一定要有实际依据，这种依据是在大量的实际操作的基础上总结概括出来的，相对规范的，同时也是随着科技进步、分工、专业化的发展而不断变化的。

（3）针对性原则　从业指导是人-职业匹配过程中调整具体职业岗位同具体求职者之间相互适应关系的一种指导与帮助。因此，要求从业指导的内容要具有很强的针对性。对求职者来说，是针对其选择的具体职业岗位从业条件要求，来对他（她）现有的职业素质条件和基本能力状况进行衡量、判断，具体进行指导帮助。

4. 从业指导的方法

（1）个体面谈指导　一般是在职业介绍服务过程中，根据求职意愿和所选择的专业、工种方向，向其介绍拟选专业、工种方向的具体从业条件，以便于进行下一步的具体考虑。

（2）群体面授指导　一般是到学校、培训机构或者企业，对求职者群体，如各类学校毕业生、培训结业生、企业员工等进行某类或某些专业、工种具体从业条件的介绍，说明该类专业、工种在一定市场供求状况下从业要求的特点。

（3）现场实景观摩指导　一般是带领求职者群体到某类专业或岗位、工种的实际工作环境进行观摩，以便更实际地了解该类专业或岗位工种的具体从业要求。

（4）影视资料观摩指导　一般是根据群体求职者的实际需要，组织其观看某类专业工种的有关影视资料，便于群体求职者对某专业、工种的从业状况有更加深入的了解。

5. 家政服务员职业活动过程中的生活指导

（1）人际关系指导　家政服务员工作的过程首先是与雇主相处的过程，因此，家政服务员入户后，必须和雇主建立起良好的人际关系，只有雇佣双方建立起和谐的人际关系，家政服务员在服务的过程中才能心情愉悦，工作顺利。否则，双方的合作将无法继续，家政服务员就会失去这份工作。因此，必须提供必要的指导。

（2）指导初、中级家政服务员要勤俭节约　节约是一种美德，在城市生活中要特别注意对水、电、燃气的节约。现在我国正处于发展阶段，能源十分紧张，特别是水资源的短缺情况，已严重地影响到人民群众的生活，有许多来自农村的家政服务员，由于长期的生活习惯，不太注意节约水、电和天然气等自

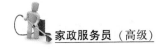

然资源。

（3）指导初、中级家政服务员学会控制自己的情绪　家政服务员难免在工作和生活中遇到烦心的事，如果不能理智地控制自己的情绪，势必会表现出来，不良情绪的流露不仅有可能造成雇主的误解，也可能会给服务工作带来不良后果。因此，要指导初、中级家政服务员学会控制和调节自己的情绪，并努力学习文化知识和服务技能，培养自己的道德修养，不断提高自身素质。

（4）指导初、中级家政服务员正视挫折和紧张心理　在现实生活中，面对遭受的挫折，不能一味地责怪自己，沉迷于痛苦之中，要多对家人和自己信赖的朋友倾诉，以得到他们的帮助。

大多数初级家政服务员在初次迈进雇主家门时，都不可避免地会产生心理紧张，这是十分正常的情况。适度的紧张不仅能提高工作效率，而且还有助于家政服务员适应瞬息万变的社会环境。但是，如果过度紧张，则可能会在工作中手忙脚乱，忙中出错，甚至不能适应服务环境，从而影响到正常服务工作的开展。

（5）指导初、中级家政服务员学会办理存款、汇款　许多家政服务员为了方便或由于不会办理存款、汇款而将大量现金带在身上，这种做法既不方便，又易将钱丢失，在某些情况下还容易与雇主产生误会。

（6）指导初、中级家政服务员掌握安全生活常识，增加自我防护的能力　通过对家政服务员安全常识的指导，使其掌握安全用电、用天然气的方法及防火、防盗、防止意外事故的知识与职能，避免在服务的过程和现实生活中发生人身和家庭财产安全事故。

二、指导初级、中级家政服务员工作

1. 择业指导

择业指导也称为就业指导，是职业指导人员对从事或准备从事家政服务的求职者选择职业工种的指导，主要是依据家政服务员市场的供求状况和求职者本人的条件、意愿，帮助求职者了解市场供求状况，使其根据主、客观条件，合理选择职业。

（1）工具与资料

1）进行就业指导所必需的相关用品，配备登记表、纸、笔，必要时准备心理素质测试题册和相关测试工具。

2）本地区当年与上年劳动力资源供需状况资料。

①本地区当年与上年家政服务人力资源供需状况资料。

②本地区当年与上年各类家政服务人员素质状况分析资料（受教育程度、专业技能、数量比例分析）。

③本地区当年与上年外来劳动力资源状况资料，本地区下岗、失业人员数

量状况资料。

④ 劳动合同到期终止后需重新择业人员数量状况资料。

⑤ 本地区当年与上年劳动力资源需求情况资料，即劳动力市场需求状况信息资料。

3）本地区当年与上年经济与社会发展状况、发展趋势状况资料。

① 经济增长速度、产业结构状况与劳动就业容量状况资料。

② 地区经济与社会发展状况、产业结构变化状况资料。

③ 地区经济政策发展、变化状况资料。

4）政策变化与现实制度改革的有关情况资料。

① 劳动就业与相关政策变化情况资料。

② 职业技术教育、中等教育、高等教育改革情况资料。

（2）程序与内容

1）对来电咨询的求职者，为其预约指导、培训时间，并在登记表上记录其姓名与联系方式。

2）接待来访的求职者，并在登记表上记录其基本情况。

3）指导求职者选择安全、合法的择业途径。

① 通过劳务市场择业。城镇失业人员、农村进城务工人员可以直接到劳务市场、职业介绍所求职，直接通过家政服务机构谋求工作，是比较简单、方便的择业方式。

② 通过亲朋同乡择业。利用亲朋同乡的关系。相互介绍进入城市从事家政服务工作，是目前农村劳动力进城务工人员普遍采取的择业方法之一。这种方法虽然比较原始，但还是比较实用。这种方法也有明显的弊端，即由于是私人之间的相互介绍，双方没有签订服务合同，一旦发生服务纠纷，求职者的合法权益难以得到保障。

③ 通过劳务信息择业。目前城市中信息服务非常发达，在报纸、杂志、网络上都可以获得大量有关家政服务员的招聘信息。

④ 通过劳务输出择业。有组织的劳动力输出是当前农村剩余劳动力进入城市择业的主要方法之一。有组织、有计划的定点输出可以有效保证求职者在输出地得到快速妥善的安置。

4）指导求职者做好择业前的准备工作，包括健康、证件、物品、心理素质、个人形象等多方面的准备。

5）职业能力指导。指导求职者在择业前应掌握从事家政服务员工作应知、应会的知识和能力。

6）指导求职者掌握面试技巧。面试是择业能否成功的重要步骤，因此，要指导求职者必须高度重视面试的过程。

7）指导求职者正确选择雇主。雇主与家政服务员是一种极为特殊的合作方式，雇主与家庭服务员之间的合作，其困难程度远远超过其他的服务行业。雇主与家政服务员之间有着身份、家庭、文化背景、受教育程度的不同，在脾气、性格、秉性上都存在着巨大的差异。因此，在选择雇主时要特别注意这些细节。同时，要告诫求职者的安全入职的基本要素。

（3）注意事项

1）以温和、亲切的态度接待来访、来电的求职者，耐心、细致地解释其所咨询的问题。

2）根据不同求职者的不同情况和不同需要，提供具体帮助。

2. 工作指导

工作指导即从业指导，高级家政服务员根据雇主需求对求职者所进行的指导，主要是介绍各种岗位的从业素质、技能要求，在了解求职者素质、基本技能的基础上指导求职者参与培训，促进求职者更好地提高素质和服务技能，适应从业要求。

（1）工具与资料

1）纸、笔、登记表。

2）职业岗位分类资料。

3）有关职业岗位从业条件资料。

4）当前本地区家政服务员需求状况资料。

5）当前本地区家政服务员供给状况资料。

6）当前本地区教育培训机构与专业设置状况。

（2）程序和内容

1）指导家政服务从业人员树立正确的服务观念。家政服务作为社会的一种需求，它具有明确的工作内容、工作范围、工作要求，具有不同的服务级别，具有明确的职业定位，家政服务的从业人员没有理由轻视自己的职业。

2）指导家政服务从业人员克服世俗观念。在当今的社会里，职业只是用来区分工作的标志，人们所从事的职业虽然有所不同，但都是在为社会服务，只是服务的对象有所不同而已，并无高低贵贱之分。

3）指导家政服务从业人员克服自卑心理。指导家政服务从业人员充分认识自己工作的意义。家政服务工作满足了社会的需求，同时也为失业人员、农村剩余劳动力提供了就业岗位。家政服务从业人员通过自己的劳动脱贫致富，改善家庭生活质量，在服务的过程中学习了许多知识，增长了才干，为农村的社会主义建设培养了建设人才，家政服务工作是利国、利民、利己、正当而高尚的职业。

4）指导家政服务从业人员正视自己，树立明确的职业定位。指导家政服务从业人员客观面对自身逆势，实事求是地看待自己的不足，使自己在从业过程中能够量力而行，不好高骛远。指导家政服务从业人员在尽心尽职完成自己本职工作的同时，要掌握好服务尺度，做到服务有度。在服务过程中应主动征求雇主意见，接受他们的工作指导，千万不要反客为主。

5）指导家政服务从业人员要服从雇主的合法管理。做事要符合雇主的意愿，否则，可能导致徒劳而无功。家政服务从业人员应在家政服务合同规定的框架里服从雇主的管理，将满足雇主的合法服务需求作为自己的工作标准。

6）指导家政服务从业人员尊重雇主的生活习俗。家政服务人员来自全国不同的区域，各地有着不同的生活习俗，家政服务从业人员原有的生活习俗与雇主的生活习俗有着很大的差异。当两种生活习俗发生冲突时，家政服务从业人员应当努力改变自己的习俗，顺应新的工作环境和生活习俗。

7）指导家政服务从业人员工作要有计划性，讲究工作效率。指导初、中级家政服务员要依据雇主的服务要求，将日常工作与临时性工作加以区分，并制订工作计划，合理安排工作的进程，合理安排工作时间，做到劳逸结合，事半功倍。

8）指导家政服务从业人员勤奋好学，努力提高服务技能。家政服务从业人员在实际工作过程中必然会遇到许多原来不会做的事情，需要向雇主请教，否则，轻则影响对雇主家庭的服务质量，重则会给雇主的人身、财产带来损失。

9）指导家政服务从业人员要信守合同，守时守信。新时期的家政服务人员从事的是一种职业，是职业就要讲究职业道德，信守服务合同是对家政服务人员的基本要求，每一个家政服务人员都要自觉遵守行业有关规定，积极维护行业声誉，维护家政服务人员自身形象，做一名合格的职业家政员。

10）指导家政服务从业人员敢于维护自己的合法权益。指导家政服务员在做好家政服务工作的同时，要努力学习相关的法律常识，增强自觉维护自身合法权益的意识和能力。

（3）注意事项

1）对从业条件要求要有正确的认识和把握。从业指导的核心是尽量准确地讲清楚从业条件，要做到这一点，前提是在职业分类的基础上，有一套规范的、科学的、完整的职业岗位从业条件体系。

在当前家政服务职业指导现实工作中，一般是依据雇主提出的从业条件，同时比照职业岗位的一般性要求，在适当考虑劳动力资源实际状况的情况下，再结合家政服务职业岗位的从业条件要求。故在职业指导实际工作中，在依据这样的"标准"做从业指导的时候，话不要说得过于绝对，要有余地。

2）对选择不同类型职业岗位的求职者从业指导要区别对待。一般来讲，对于一般家务劳动（洗衣、做饭、搞卫生）的从业条件以操作技能的熟练程度为

主要从业条件，年龄、体力、文化程度等为次要因素；对于照料婴幼儿的从业条件则明显要求从业者具有专业技能，且要求从业者应具有一定的工作经历与经验，尤其要求从业者应具有安全意识，而年龄、健康状况、潜在能力等因素次之。还有照料孕妇、产妇、新生儿、护理老年人、护理病人等，其要求的从业条件均有所侧重。因此，在对求职者进行从业指导时，要区分岗位类型，划分从业条件主次，这样有利于求职者依次进行选择。

复习思考题

1. 中级家政服务员培训的内容和方法是什么？
2. 初级家政服务员工作绩效评估包含哪些内容？
3. 怎样对初级家政服务进行职业指导？

试 题 库

一、判断题（对的画√，错的画×）

1. 水果拼盘类菜肴具有赏心悦目，增加食欲的功能。（　　）

2. 果盘的选择对于水果拼盘的艺术表现具有重要作用，因此应当选择名贵的水晶或金银餐具作为水平拼盘的盛装器皿。（　　）

3. 软体类动物品种比较多，包括腹足类、瓣鳃类、头足类三大类。（　　）

4. 用生碱水比用熟碱水发料发料效果好。（　　）

5. 鱼香味具有色泽红亮，咸鲜香辣，鱼香味浓，葱姜蒜味突出的特点。（　　）

6. 制作清汤时主要使用小火，在相对静止的状态下使原料的营养成分溶出。（　　）

7. 制作茸泥菜肴时，在茸泥中加入蛋清是为了使成品形态饱满、油润光亮、口感细腻、气味芳香。（　　）

8. 能够反映熘法实质特点的主要是烧汁熘、淋汁熘、卧汁熘三种技法。（　　）

9. 爆不属于快速翻炒成菜的技法。（　　）

10. 糕类米粉面团是指用米粉为主要原料，经加糖、水或油拌制而成的面团，根据成品的性质，其又可分为松质糕米粉面团和黏质糕米粉面团。（　　）

11. 插花的礼仪行为是人们在生产和生活中，运用插花进行的社交方式。（　　）

12. 西式插花强调几何图形的轮廓清晰，花材需从花器口水平外伸，这时，只有使用花插才能达到定位效果。（　　）

13. 春天采集的花草，需连根采，洗去泥土才能插，否则容易失水萎蔫。（　　）

14. 倒 T 形插花的水平结构与竖直结构等长时，整体均衡性好。（　　）

15. 草坪草最适合生长的土壤 pH 是 5.5 ~ 6.5。（　　）

16. 狗牙根和黑麦草都是暖地型草坪草。（　　）

17. 在草坪种植过程中，采用种子繁殖的优点是成坪速度快。（　　）

18. 桩景第一片位置选留枝宜树高的1/2以上。（　　）

19. 插花作品中要尽量掩盖人工雕琢的痕迹。（　　）

20. 园林植物栽培及应用方向模块的重点是城市园林绿地规划、花卉与树木繁殖、栽培及应用，园林植物选择及资源开发利用等。（　　）

21. 孕妇如果长时间的情绪不佳会引起胎儿的脑血管收缩。（　　）

22. 音乐胎教法主能刺激胎儿的感觉器官。（　　）

23. 怀孕20周时，胎儿的听觉功能已完全建立了。（　　）

24. 抚摸胎教还能激发起胎宝宝活动的积极性，促进运动神经的发育。（　　）

25. 妊娠期糖尿病对母儿均有较大危害。患者糖代谢多数于产后能恢复正常，但将来患1型糖尿病的机会增加。（　　）

26. 患有妊娠期高血压疾病的孕妇膳食须提供充足的热量、蛋白质，控制食盐的摄入，每日低于5克。（　　）

27. 产妇每次哺乳前用温水毛巾清洁乳头、乳晕，注意切忌使用酒精或肥皂擦洗，以免引起乳房局部皮肤干燥、皲裂。（　　）

28. 哺乳前热敷乳房，可促使乳腺管畅通。（　　）

29. 生理产后会阴部与侧切伤口的产妇宜取患侧卧位。（　　）

30. 新生儿病理性黄疸出现的时间较早，出生后不到12小时即可出现。（　　）

31. 婴儿被动操适用于0～6个月的婴儿。（　　）

32. 孩子降生后第一声啼哭，并不是语言，因为它不具备语言的思维特征。（　　）

33. 宝宝到了3岁，词汇量可以达到100多个。（　　）

34. 孩子认字可以发展左脑。（　　）

35. 1岁之内吃手可以帮助口腔动作有更好的发展，不必担忧因此而养成坏习惯。（　　）

36. 在会脱衣裤之前，必须先学会穿衣裤。（　　）

37. 婴儿视力迅速发展的时期主要在半岁以前。（　　）

38. 从出生到12个月，依靠纯母乳喂养就能够得到成长所需的一切营养。（　　）

39. 吃水果的最佳时间是把吃水果的时间安排在两餐之间。（　　）

40. 为了维持生理弯曲，保持体位舒适，婴儿出生后6个月开始使用枕头。（　　）

41. 健康生活方式中要求饮食要少样。（　　）

42. 管灌膳食营养搭配有 3 种。（　　）

43. 单类成分可以分为 4 种。（　　）

44. 营养搭配主要的有 4 种。（　　）

45. 病人居住环境要定期消毒、灭菌。（　　）

46. 压疮是由于身体局部组织长期受压，血液循环障碍，组织营养缺乏，致使皮肤失去正常功能，而引起的组织破坏和坏死。（　　）

47. 护理人员在帮助病人进行髋关节屈曲活动时应当让患者仰卧。（　　）

48. 护理人员在跟病人进行交流时不需要注意病人说话的声调、频率、面部表情、身体姿势及移动等，也不需要捕捉、理解患者所传达的所有信息。（　　）

49. 在给病人进行心肺复苏时，首先要做的就是向周围的人求救。（　　）

50. 当病人有不良情绪的时候，作为一名护理人员不需要跟病人进行沟通，让病人自己解决就好。（　　）

51. 初级家政服务员应该了解家庭的常见清洁用品和用具的使用方式。（　　）

52. 高级家政服务员不需要指导初、中级家政服务员学会办理存款、汇款。（　　）

53. 从业指导必须要有很强的实用性，所提出的从业条件一定要具体、可行。（　　）

54. 向用人单位介绍本地区社会经济发展与就业状况是职业指导的基本内容之一。（　　）

55. 中级家政服务员不需要进行职业道德培训。（　　）

56. 培训初级家政服务员制作家庭餐时，理论课时应多于实践教学课时。（　　）

57. 进行从业指导是为了对求职者提供相应的职业岗位从业标准。（　　）

58. 高级家政服务员应向初、中级家政服务员提供必要的人际关系指导。（　　）

59. 职业评估的目的是给受评估对象一个择业发展方向的指引。（　　）

60. 初级家政服务员学习洗涤摆放衣物时应以技能实际操作演习为重点。（　　）

二、选择题（将正确答案的序号填入括号内）

（一）单选题

1. 属于腹足类的原料是（　　）。

A. 河蚌　　　　B. 皱纹盘鲍　　　　C. 牡蛎　　　　D. 蛤蜊

2. 碱发是将干制原料置于碱溶液中进行涨发的过程，下列适合碱发的原料是( )。

A. 蹄筋　　　　B. 木耳　　　　C. 腐竹　　　　D. 香菇

3. 生碱水是将冷水和碱面和匀，溶化后所得。通常情况下生碱水的浓度为( )。

A. 1%　　　　B. 5%　　　　C. 0.1%　　　　D. 0.5%

4. 制汤最佳料水比为( )。

A. 1∶1　　　　B. 1∶5　　　　C. 1∶2　　　　D. 1∶10

5. 按汤的味型分，"蘑菇鸡汤"属于( )。

A. 单一味汤　　B. 素汤　　　　C. 三吊汤　　　　D. 复合味汤

6. 下列属于旺火速成烹饪技法的是( )。

A. 炖　　　　　B. 煨　　　　　C. 熘　　　　　D. 烧

7. 将经过加工处理的原料经开水焯烫后，放砂锅中，加足量的汤水和调料，用旺火烧开，改用小火长时间加热，直至汤汁浓稠，原料完全松软成菜的技法是( )。

A. 煨　　　　　B. 扒　　　　　C. 炒　　　　　D. 爆

8. 先将糯米粉、粳米粉按制品要求的比例掺和，再加入水、糖、香料等，拌粉。经静置一段时间后上笼蒸熟，蒸熟后立即将粉料放在案板上搅拌，揉搓至表面光滑不粘手为止的是( )。

A. 硬质糕米粉面团　　　　　　　B. 黏质糕米粉面团

C. 松质糕米粉面团　　　　　　　D. 其他类米粉面团

9. 团类米粉面团是将两种粉按一定比例掺和后采用一定的方法（烫粉、煮芡）揉制成的米粉面团，两种粉是糯米粉和( )。

A. 籼米粉　　　B. 血糯米粉　　C. 粳米粉　　　　D. 黑米粉

10. 世界上咖啡产量占全球 3/4 以上的国家是( )。

A. 哥伦比亚　　B. 印度尼西亚　C. 秘鲁　　　　D. 巴西

11. 以下中属于观花类的是( )。

A. 文心兰　　　B. 绿萝　　　　C. 巴西木　　　D. 天门冬

12. 影响植物萎蔫的主要外因是缺少( )。

A. 光照　　　　B. 养分　　　　C. 水分　　　　D. 乙烯

13. ( )的生长优劣是观赏植物能否发挥优质潜力的关键。

A. 根系　　　　B. 花　　　　　C. 叶　　　　　D. 茎

14. 柳、桃的叶形为( )。

A. 倒阔卵形　　B. 条形　　　　C. 披针形　　　D. 阔椭圆形

15. 百合切花采收过迟会导致( )。

A. 花蕾不能正常开放　　　　　　B. 花蕾生长过量

C. 花朵开放不足　　　　　　　　D. 影响包装、运输和瓶插寿命

16. 下列( )花卉最适宜"国庆"节花坛布置。

A. 一串红、百日草、孔雀草、万寿菊

B. 雏菊、金盏菊、金鱼草、藿香蓟

C. 雏菊、金盏菊、三色堇、桂竹香

D. 矮牵牛、三色堇、香雪球、藿香蓟

17. 常春藤常绿藤本，茎借气生根攀缘，单叶互生，革质，花淡绿色，花期( )。

A. 8～9 月　　　B. 6～8 月　　　C. 5～7 月　　　D. 10～11 月

18. 剑山是( )插花中常用的固定花材的工具。

A. 日本式　　　B. 东方式　　　C. 西方式　　　D. 现代式

19. 《盆景制作》中说："……早在西汉就出现了盆栽( )的记载。"

A. 南天竹　　　B. 雀梅　　　C. 石榴　　　D. 米兰

20. 苏派的造型是( )。

A. 云片式　　　B. 对拐　　　C. 圆片式　　　D. 临水式

21. 孕妇情绪不稳定，或大怒、大悲，胎动均会( )。

A. 增强　　　B. 减弱　　　C. 暂停　　　D. 消失

22. ( )是孕育的关键时期，胎儿的大部分组织器官在此阶段形成。

A. 孕中期　　　B. 孕晚期　　　C. 孕早期　　　D. 整个孕期

23. 音乐胎教法能刺激胎儿的听觉器官，最佳的时间应从怀孕的( )周开始，便有计划地去实施。

A. 12　　　B. 16　　　C. 20　　　D. 24

24. 在怀孕( )周时，这个时候，胎儿的听觉功能已完全建立了。

A. 16　　　B. 20　　　C. 24　　　D. 28

25. 孕妇要保证充足睡眠，每日不少于 10 小时，睡眠时宜取( )卧位。

A. 平　　　B. 半坐　　　C. 左侧　　　D. 右侧

26. 孕妇应进行积极的有氧运动，如散步、孕妇操等，以不感到疲劳为宜，时间为一天( )次。

A. 4　　　B. 3　　　C. 2　　　D. 1

27. 白色恶露持续( )周干净。

A. 一　　　B. 二　　　C. 三　　　D. 四

28. 产妇子宫在产后( )日下降至骨盆腔。

A. 3　　　B. 7　　　C. 10　　　D. 14

29. 剖宫产术前禁水 6～8 小时，禁食 6～12 小时，术后 6 小时候可进食

（　　）等流质食物。

　　A. 牛奶　　　　　B. 豆浆　　　　　　C. 糖水　　　　　　D. 米汤

　　30. 产褥期禁止性生活，产后（　　）天，经医生检查恢复良好，则可以正常性生活。

　　A. 28　　　　　　B. 30　　　　　　　C. 42　　　　　　　D. 60

　　31. 我们把朗读或者跟孩子阅读作为培养（　　）能力的第一项措施。

　　A. 写作　　　　　B. 运动　　　　　　C. 思维　　　　　　D. 语言

　　32. （　　）个月的孩子可以训练自己拿住奶瓶进食。

　　A. 4~6　　　　　B. 7~12　　　　　　C. 12~15　　　　　　D. 15~18

　　33. 视觉训练：婴儿仰卧位，在小儿胸部上方（　　）厘米用玩具，最好是红颜色或黑白对比鲜明的玩具吸引小儿注意。

　　A. 10~20　　　　B. 20~30　　　　　C. 30~40　　　　　　D. 30~40

　　34. （　　）以内的婴儿并非不需要盐，而是从母乳或配方奶中吸收的盐分足够了。

　　A. 3个月　　　　B. 6个月　　　　　C. 1岁　　　　　　　D. 2岁

　　35. 请绝对不要让（　　）岁以前的婴幼儿看电视。

　　A. 1　　　　　　B. 2　　　　　　　C. 3　　　　　　　　D. 4

　　36. （　　）是形成智力的重要因素和智力发展的基础。

　　A. 视觉能力　　B. 听觉能力　　　　C. 触觉和嗅觉能力　D. 观察力

　　37. （　　）是与孩子拥坐在一起，采用讲述，或边讲边提问、解释疑难，引导幼儿阅读，理解阅读材料。

　　A. 讲述提问法　B. 角色扮演法　　　C. 听读启蒙法　　　D. 自由阅读法

　　38. 若体温超过（　　）℃以上，须喂儿童专用退烧药。

　　A. 37.5　　　　B. 38.5　　　　　　C. 39　　　　　　　D. 40

　　39. 轮状病毒感染，多发于每年（　　）月。

　　A. 1~3　　　　　B. 4~6　　　　　　C. 7~8　　　　　　　D. 9~11

　　40. 对轻度脱水的患儿，可口服（　　）补液。

　　A. 淡盐水　　　B. 温开水　　　　　C. 糖水　　　　　　D. 果汁

　　41. 病人健康生活内容包括几个方面（　　）。

　　A. 3　　　　　　B. 4　　　　　　　C. 5　　　　　　　　D. 6

　　42. 元素搭配中MCT是指（　　）。

　　A. 糊精　　　　B. 乳糖　　　　　　C. 葡萄糖聚合物　　D. 中链脂肪酸

　　43. 营养搭配中主要的种类有（　　）。

　　A. 两种　　　　B. 三种　　　　　　C. 四种　　　　　　D. 五种

　　44. 病人室内温度最好保持在（　　）左右。

A. 13℃   B. 14℃   C. 18℃   D. 20℃

45. 适宜病人的湿度是（   ）。

A. 20%～30%   B. 30%～40%   C. 40%～50%   D. 50%～60%

46. 以下哪种方法不属于护理人员帮助病人打开气道的方法（   ）。

A. 仰头提颏法   B. 双手拉颏法   C. 单手托颌法   D. 仰头托颌法

47. 在给病人进行心肺复苏的过程中，口对口吹气与胸外心脏按压的比例为（   ）。

A. 2∶30   B. 3∶30   C. 4∶30   D. 5∶30

48. 以下哪种方法不属于护理人员观察病人的不良情绪的方法（   ）。

A. 面部表情的观察：主要从面色及五官的情况进行推断。如面色晦暗、厌食表示心情沮丧，双眉竖立、面带怒容表示愤怒等。

B. 病人穿着的观察：通过病人穿的衣服、鞋子来判断病人是否有不良情绪。

C. 言语表情的观察：主要通过病人的言语声调、速度等进行推断。如呻吟表示痛苦，尖叫表示恐惧，笑声表示快乐，低沉而缓慢的语调表示畏惧、哀求等。

D. 体态表情的观察：主要通过病人身体的动作来推断。如垂头丧气表示忧愁，手舞足蹈表示得意，捶胸顿足表示悔恨等。

49. 在给做心肺复苏的病人进行按压时，一般按压的深度要达到（   ）。

A. 2～3 厘米   B. 3～4 厘米   C. 4～5 厘米   D. 5～6 厘米

50. 护理人员在帮助病人将病人的坏死组织和脓胎清除时，所用冲洗创面高锰酸钾溶液的比例为（   ）。

A. 1∶50   B. 1∶500   C. 1∶5000   D. 1∶50000

51. 初级家政服务员教学说明不包括（   ）。

A. 了解家政服务员职业道德   B. 择业与就业常识

C. 西餐制作常识   D. 安全与卫生常识

52. 初级家政服务员工作绩效评估必考内容不包括（   ）。

A. 职业基础   B. 计算机的使用

C. 家庭餐制作   D. 照顾婴幼儿

53. （   ），是当前剩余劳动力进入城市择业的主要方法之一。

A. 通过劳务信息择业   B. 通过亲朋同乡择业

C. 有组织的劳动力输出   D. 通过劳务市场择业

54. 向（   ）介绍本地区社会经济发展与就业状况是职业指导的基本内容。

A. 求职者   B. 求职者父母

C. 求职者长辈   D. 用工单位

55. 从业指导的原则不包括（   ）。

A. 实用性原则　　　　　　　　　　　　B. 客观性与发展性原则

C. 针对性原则　　　　　　　　　　　　D. 统一性原则

56. 掌握求职者的基本情况中，不包括(　　　)。

A. 年龄　　　　　　　　　　　　　　　B. 性别

C. 家谱　　　　　　　　　　　　　　　D. 接受职业培训的情况

57. 职业评估报告的编写不能(　　　)。

A. 内容全面　　　　B. 结构合理　　　　C. 具有操作性　　　　D. 虚假

58. 职业评估报告的内容中不包括(　　　)。

A. 求职者的身体与生理素质　　　　　　B. 求职者的家庭出身

C. 求职者的思想素质　　　　　　　　　D. 求职者的心理素质

59. 进行从业指导的目的，在于对求职者提供相应的职业岗位(　　　)标准。

A. 身体　　　　B. 学识　　　　C. 技能　　　　D. 从业

60. 家政服务员职业活动过程中的生活指导的内容不包括(　　　)。

A. 人际关系指导

B. 指导家政服务人员要勤俭节约

C. 指导家政服务员学会控制自己的情绪

D. 婚姻指导

（二）多选题

1. 软体类的原料品种很多，下列属于瓣鳃类的是(　　　)。

A. 河蚌　　　　B. 牡蛎　　　　C. 皱纹盘鲍　　　　D. 蛤蜊

2. 下列适用于碱发的干货原料有(　　　)。

A. 木耳　　　　B. 鱿鱼　　　　C. 蹄筋　　　　D. 燕窝

3. 按制汤的工艺方法分有(　　　)。

A. 单吊汤　　　　B. 双吊汤　　　　C. 三吊汤　　　　D. 清汤

4. 熘汁常用的方法有(　　　)。

A. 软滑熘　　　　B. 烧汁熘　　　　C. 淋汁熘　　　　D. 卧汁熘

5. 制作船点时常会用到色素，下列属于常用自然色素的原料有(　　　)。

A. 红曲米　　　　B. 咖啡　　　　C. 蛋黄　　　　D. 南瓜

6. 中国传统的花材组合"玉堂富贵"是指(　　　)。

A. 玉簪　　　　B. 玉兰　　　　C. 地堂

D. 海棠　　　　E. 牡丹　　　　F. 桂花

7. 花卉给人的联想很多，古时文人将(　　　)四种植物合称"四君子"。

A. 桃　　　　B. 菊花　　　　C. 梅花

D. 荷花　　　　E. 兰花　　　　F. 竹

8. (　　　)可以通过自然干燥的方法制成干燥花。

A. 金盏花 　　　　B. 麦秆菊 　　　　C. 千日红 　　　　D. 翠菊

9. 以下中属于观花乔木类的是(　　　)。

A. 含笑 　　　B. 广玉兰 　　　C. 白玉兰 　　　D. 紫薇

10. 下列(　　　)木本植物是秋天开花的。

A. 栾树、木芙蓉 　　　　　　　B. 栾树、合欢

C. 蜡梅、菊花 　　　　　　　　D. 紫薇、木芙蓉

11. 但(　　　)的抑郁如不及时调整和疏导，会埋下隐患。这时，应到专业机构请心理辅导人员帮助调整和治疗。

A. 重度 　　　B. 中度、重度 　　　C. 中度、轻度 　　　D. 轻度

12. 胎儿最适宜听(　　　)频调的声音。

A. 中低 　　　B. 中高 　　　C. 低 　　　D. 高

13. 产后如排尿困难可选择(　　　)等方法诱导排尿。

A. 身体前倾做咳嗽状 　　　　　B. 以温开水冲洗会阴部

C. 倾听流水的声音 　　　　　　D. 按摩腹部

14. 产后每日大小便后用温开水清洗外阴，洗净血迹，清洗原则(　　　)。

A. 由前至后 　　　B. 由后至前 　　　C. 由外至内 　　　D. 由内至外

15. 剖宫产手术切口须保持干燥，如有(　　　)应及时联系医生。

A. 渗血 　　　B. 渗液 　　　C. 疼痛 　　　D. 吐线

16. 模仿操不但可训练小儿的各种动作，培养小儿的独立生活能力，同时还可发展小儿的(　　　)。

A. 想象力 　　　B. 语言能力 　　　C. 运动能力 　　　D. 思维能力

17. 影响语言发展的因素有(　　　)。

A. 健康因素 　　　B. 遗传因素 　　　C. 环境影响 　　　D. 教育因素

18. 一类疫苗包括(　　　)。

A. 卡介苗 　　　B. 乙肝疫苗 　　　C. 脊灰疫苗 　　　D. 狂犬疫苗

19. 轻度贫血的孩子宜多吃含铁量高的食物如(　　　)。

A. 瘦肉 　　　B. 动物肝脏 　　　C. 动物血液 　　　D. 鸡蛋黄

20. 婴儿湿疹多发生在(　　　)，严重时躯干四肢也会出现。

A. 面颊 　　　B. 额部 　　　C. 眉间 　　　D. 头部

21. 以下属于健康生活方式内容的是(　　　)。

A. 饮食 　　　B. 起居 　　　C. 睡眠 　　　D. 戒烟限酒

22. 小素炒面需要哪几种食材？(　　　)

A. 面条 　　　　　　　　　　　B. 韭菜、胡萝卜

C. 葱 　　　　　　　　　　　　D. 凉白开、鸡精

23. 以下哪几项属于帮助病人心肺复苏时要注意的事项？(　　　)

A. 判断病人是否有意识

B. 向周围的人呼救

C. 帮助病人打开气道

D. 观察病人的衣着是不是漂亮

24. 在给病人进行胸外按压时，以下说法正确的是(   )。

A. 确保正确的按压部位，既是保证按压效果的重要条件，又可避免和减少肋骨骨折的发生以及心、肺、肝脏等重要脏器的损伤

B. 按压应稳定地、有规律地进行。不要忽快忽慢、忽轻忽重，不要间断，以免影响心排血量

C. 下压与放松的时间不同也可以使心脏能够充分排血和充分充盈

D. 下压用力要垂直向下，身体不要前后晃动

25. 关于照顾压疮病人，以下说法正确的是(   )。

A. 护理人员应当对病人局部的创面及时清洗，避免局部组织的持续刺激

B. 当病人表皮的水泡不大时，护理人员应该要保护好水泡，避免水泡破裂而给病人造成更大的伤害

C. 护理人员要帮助病人去除压疮的坏死组织，并且促进肉芽组织生长

D. 护理人员将病人的坏死组织和脓胎清除，然后再用 1：5 000 高锰酸钾溶液冲洗创面

26. 职业趋向分析的内容包括求职者的(   )。

A. 详细资料   B. 个人信息

C. 就业趋向   D. 健康状况

27. 下列叙述哪个是正确的？(   )

A. 择业指导也称为就业指导

B. 高级家政服务员应指导初、中级家政服务员勤俭节约

C. 职业指导人员对从业条件的把握一定要具有客观性、发展性的观点

D. 高级家政服务员应向求职者介绍避免进入就业误区的方法、策略

28. 中级家政服务员可以运用下面(   )等技法分别制作主食。

A. 蒸   B. 烙   C. 煮   D. 烤

29. 下列不属于初级家政服务员应该掌握的有(   )。

A. 洗涤摆放衣物   B. 电脑病毒的防护

C. 煎制中药的方法   D. 家具清洁知识

30. 下列属于中级家政服务员应该掌握的有(   )。

A. 烹饪   B. 衣物熨烫

C. 礼仪礼节   D. 生活常识

技能要求试题

一、制作清水鱼丸（表1）

表1　清水鱼丸的制作流程考核表

序号	考核内容	考核要点	配分	评分标准	扣分	得分
1	选料及宰杀	1. 首选白鱼、鳜鱼、鱤鱼等肉质细嫩的鱼类；或鲢鱼、草鱼、青鱼等相对较细嫩的鱼类原料 2. 鱼类原料选择宜选鲜活的 3. 宰杀过程应该去尽鱼鳞、鱼鳃、内脏，洗净血污 4. 取鱼肉时需要注意出料率，防止有太多的浪费，取出的鱼肉要求无筋络、细刺、红肉等	40分	每项要点叙述完整得10分，叙述不全酌情扣分		
2	茸缔制作	1. 鱼肉取出后置于清水中泡尽血污 2. 用刀剁或用粉碎机打成细茸，务必使茸的粗细和成品菜肴的质感要求一致 3. 调制茸缔时多用姜葱酒汁或姜葱酒水、猪肥膘茸（或油）、蛋液、淀粉及精盐、味精等调味 4. 制缔时务必要搅拌上劲，且上劲要充分 5. 搅拌充分的茸缔应放入冷藏冰箱中静置一会再成形 6. 要充分考虑到环境温度对制缔的影响。如果环境温度过高，可以考虑在容器外加冰以冷却茸泥	30分	每项要点叙述完整得5分，叙述不全酌情扣分		
3	成形	1. 鱼圆需挤入冷水锅中。挤鱼圆时一只手将鱼茸从虎口处挤成球状，另一只手用大拇手指或者用小汤匙将球状鱼茸挖出放入水锅 2. 挤出的鱼圆应该保持形状的大小一致，且使鱼圆表面圆整光洁	10分	每项要点叙述完整得5分，叙述不全酌情扣分		
4	成熟	1. 鱼丸全部成形后，锅置于火上，应用小火慢慢加热，使鱼丸成熟 2. 成熟过程不应造成鱼圆破裂 3. 鱼圆接近成熟时，用汤勺背在鱼圆上轻轻搅动，使成品更加圆润光洁 4. 成品要求色泽洁白、滑嫩、有弹性	20分	每项要点叙述完整得5分，叙述不全酌情扣分		
合计			100分			

二、园林树木养管标准化操作（表2）

表2 园林树木养管标准化操作考核表

序号	考核内容	考核要点	配分	评分标准	扣分	得分
1	灌溉与排水	1. 浇水前应松土，并做好穴 2. 新栽的树木、小苗、灌木、阔叶树要优先灌水。长期定植的树木可后灌 3. 灌水穴应开在树冠投影的垂直线下，不要开得太深以免伤根。堰壁培土要紧实以免伤根或被水冲坏，堰底地面要平坦，保证吃水均匀 4. 夏季早晚进行灌溉，冬季可于中午前后进行。浇水不能过快，以防止地表径流失 5. 树木周围积水应及时排除	20分	每项要点4分，叙述不全酌情扣分		
2	松土、除草	1. 确定松土、除草范围（树木根部周围的土壤） 2. 确定松土、除草次数（每月一次） 3. 确定松土深度（不伤根系生长为限） 4. 确定松土、除草时间（晴朗初晴天气，且土壤不能潮湿的时候进行）	16分	每项要点4分，叙述不全酌情扣分		
3	病虫害防治	1. 查看病虫害是否出现 2. 针对具体病虫害制订实施方案（做到用药配比正确，安全操作，不发生危害） 3. 喷药时间宜在清早或傍晚，同时，为防止产生抗药性，应轮流使用多种药剂 4. 施药后及时追踪 5. 做好防治记录	20分	每项要点4分，叙述不全酌情扣分		
4	施肥	1. 先挖好施肥环沟，其外径与冠幅相适应。环沟深、宽均为25~30厘米 2. 肥料和表层土彻底搅和 3. 将肥料均匀撒在沟内，然后填土平沟	12分	每项要点4分，叙述不全酌情扣分		
5	修剪	1. 一知：修剪人员，必须知道操作规程、技术规范及特殊要求 2. 二看：修剪前先绕树观察，对实施的修剪方法应心中有数 3. 三剪：根据因地制宜、因树修剪的原则进行合理修剪。由基至梢，由内及外，由粗剪到细剪的顺序来剪。即先看好树冠的整体应整成何种形式，然后由主枝的基部自内向外地逐渐向上修剪，这样就会避免差错或漏剪，既能保证修剪质量又可提高修剪速度 4. 四拿：修剪下的枝条及时拿掉，集中运走，保证环境整洁 5. 五处理：剪下的枝条，特别是病虫害枝条要及时处理，防止病虫害蔓延	20分	每项要点4分，叙述不全酌情扣分		

（续）

序号	考核内容	考 核 要 点	配分	评分标准	扣分	得分
6	补植	1. 补植树木应选择规格略大于原树种 1～2 厘米的树种 2. 补植与树木种植相同 3. 及时清除死树，并填平坑塘	12 分	每项要点 4 分，叙述不全酌情扣分		
合计			100 分			

三、产妇乳房护理（表3）

表3　产妇乳房护理考核表

序号	考核内容	考核要点	配　　分	评 分 标 准	扣　　分	得分
1	按摩产妇乳房、疏通堵塞乳腺	流程、手法	流程每步骤 5 分 手法 40 分	流程每步骤错不得分 手法错误不得分 操作熟练得满分，较熟练得该项分值×0.7，不熟练得该项分值×0.5 80 分合格		
2	纠正凹陷乳头	流程、手法	准备 10 分，手法 90 分	流程每步骤错不得分 手法错误不得分 操作熟练得满分，较熟练得该项分值×0.7，不熟练得该项分值×0.5 80 分合格		

四、婴儿主被动操（表4）

表4　婴儿主被动操考核表

序号	考核内容	考核要点	配　　分	评 分 标 准	扣　　分	得分
1	婴儿被动操	流程、手法	操前准备 10 分，每节操 10 分，结束整理 10 分，共计 100 分	流程每步骤错不得分 手法错误不得分 操作熟练得满分，较熟练得该项分值×0.7，不熟练得该项分值×0.5 80 分合格		

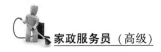
（续）

序号	考核内容	考核要点	配　分	评分标准	扣　分	得分
2	婴儿主被动操	流程、手法	操前准备10分，每节操10分，结束整理10分，共计100分	流程每步骤错不得分手法错误不得分操作熟练得满分，较熟练得该项分值×0.7，不熟练得该项分值×0.5　80分合格		

五、心肺复苏（表5）

表5　心肺复苏考核表

序号	考核内容	考核要点	配分	评分标准	扣分	得分
1	心肺复苏前的准备	1. 判断病人是否存在意识 2. 调整病人的体位 3. 打开病人的气道	15分	每项要点5分，叙述不全酌情扣分		
2	打开病人气道的方法	1. 仰头提颏法 2. 仰头托颌法 3. 双手拉颌法	15分	每项要点5分，叙述不全酌情扣分		
合计			30分			

六、培训与评估（表6）

表6　培训与评估考核表

序号	考核内容	考核要点	配　分	评分标准	扣分	得分
1	能培训初级、中级家政服务员	教学内容教学方法	15分	每项要点5分，叙述不全酌情扣分		
2	能评估初级、中级家政服务员工作绩效	职业评估报告的编写方法职业趋向分析	15分	每项要点5分，叙述不全酌情扣分		
合计			30分			

答案部分

一、判断题

1. √ 2. × 3. √ 4. × 5. √ 6. √ 7. × 8. × 9. × 10. √
11. √ 12. × 13. √ 14. × 15. √ 16. × 17. × 18. × 19. √ 20. √
21. √ 22. × 23. √ 24. √ 25. × 26. × 27. √ 28. √ 29. × 30. ×
31. × 32. √ 33. × 34. × 35. √ 36. × 37. √ 38. × 39. √ 40. ×
41. × 42. √ 43. √ 44. √ 45. √ 46. √ 47. √ 48. × 49. √ 50. √
51. √ 52. × 53. √ 54. × 55. × 56. × 57. √ 58. √ 59. √ 60. √

二、选择题

（一）单项选择题

1. B 2. A 3. B 4. C 5. D 6. C 7. A 8. B 9. C 10. D
11. A 12. C 13. A 14. C 15. C 16. C 17. A 18. B 19. C 20. C
21. A 22. C 23. B 24. B 25. C 26. D 27. C 28. C 29. D 30. C
31. D 32. B 33. B 34. C 35. B 36. B 37. B 38. B 39. D 40. A
41. D 42. D 43. C 44. D 45. C 46. C 47. B 48. B 49. C 50. C
51. C 52. B 53. C 54. A 55. D 56. C 57. D 58. B 59. D 60. D

（二）多项选择题

1. ABD   2. BD   3. ABC   4. BCD   5. ABCD
6. BDEF   7. BCEF   8. BC   9. BC   10. AD
11. AB   12. A   13. ABCD   14. AD   15. ABCD
16. ABD   17. BCD   18. ABC   19. ABCD   20. ABCD
21. ABCD   22. ABCD   23. ABC   24. ABD   25. ABCD
26. AC   27. ABD   28. ABCD   29. BC   30. ABCD

主观题测试（职业道德）

1. 考核内容

（1）家政学的内容及其社会意义。

（2）家政服务工作的价值和家政服务职业道德规范。

（3）家政服务工作安全防护基本知识和技能。

（4）家政服务工作相关法律法规以及解决法律问题的基本途径。

2. 考核要求

（1）理解家政学的内容及其社会意义，树立以科学方法从事家政服务的观念。

（2）理解家政服务工作的价值和职业道德规范，确立积极的职业道德观念和服务意识。

（3）掌握安全防护基本知识和技能。

（4）了解相关法律法规，树立法律意识，了解解决法律问题的基本途径。

3. 分数分配

（1）家政学的内容及其社会意义。（20%）

（2）家政服务工作的价值和家政服务职业道德规范。（40%）

（3）家政服务工作安全防护基本知识和技能。（20%）

（4）家政服务工作相关法律法规以及解决法律问题的基本途径。（20%）

4. 评分标准

本章主要是对家政服务从业人员对职业的性质与价值认识的培训，预期培训效果是认识和态度的变化，因此本章教学与评价都应强调学员本身的参与和思考，而不能仅仅是对知识的记忆。

（1）学员能否结合自己的工作经验，表达对这一职业的认识和思考。

（2）每个家政服务员的岗位不同，学员是否对自己岗位的独特要求有清醒的认识和价值认同。

5. 参考试题

（1）结合你自己的经验，谈谈家庭生活有哪些重要方面，家政服务行业对你自己和客户的家庭生活各方面会产生什么积极影响？

（2）现代城市家庭对家政服务的要求有哪些方面的变化？

（3）作为家政服务员，怎样才能做好工作，更好地满足现代不同家庭的需要？

（4）结合你自己的经验，谈谈家政服务员在工作中必须要做到的有哪些，绝对不能做的有哪些？

（5）请你分享一下自己的求职经验或教训，总结一下求职的时候特别需要注意哪些问题。

参 考 文 献

［1］人力资源和社会保障部教材办公室．家政服务员［M］．北京：中国劳动社会保障出版社，2009．

［2］郭剑平，曹炳泰，罗胜帅．改善江苏省家政服务业发展状况的对策探究［J］．江苏商论，2011（1）：36-38．

［3］樊金娥，李欧．学科基质——当代家政学本土化研究的前提反思［J］．吉林广播大学学报，2008（1）：13-16．

［4］朱运致．能干女性——女性与家政［M］．北京：中国劳动社会保障出版社，2008．

［5］朱运致．中国家政学学科发展的回顾与展望［J］．现代教育科学：高教研究，2010（5）：108-111．

［6］卓长立，高玉芝．家政服务员［M］．北京：中国劳动社会保障出版社，2012．

［7］周晓燕．烹调工艺学［M］．北京：中国纺织出版社，2008．

［8］薛党辰．烹饪基本功训练教程［M］．北京：中国纺织出版社，2008．

［9］赵廉．烹饪原料学［M］．北京：中国纺织出版社，2008．

［10］陈忠明．面点工艺学［M］．北京：中国纺织出版社，2008．

［11］牛铁柱．烹调工艺学［M］．北京：机械工业出版社，2010．

［12］冯玉珠．烹调工艺学［M］．北京：中国轻工业出版社，2006．

［13］东北三省职业培训教材编写组．面点制作工艺［M］．沈阳：辽宁科学技术出版社，1987．

［14］周世中．烹饪工艺［M］．成都：西南交通大学出版社，2011．

［15］吴孟，王承言，等．中国糕点［M］．北京：中国商业出版社，1989．

［16］朱在勤．中式面点技艺［M］．大连：东北财经大学出版社，2003．

［17］朱在勤．苏式面点制作工艺［M］．北京：中国轻工业出版社，2012．

［18］芦建国．种植设计［M］．北京：中国建筑工业出版社，2008．

［19］杜培明．园林植物造景［M］．北京：旅游教育出版社，2011．

［20］吕明伟．植物景观配置艺术浅析［J］．技术与市场（园林工程），2005（3）：17-19．

［21］赵世伟．植物配置与栽培应用大全［M］．北京：中国农业科学技术出版社，2000．

［22］Reid，Grant W. Landscape Graphics［M］．London：The Architectural Press，1987．

［23］刘廷玮．浅谈园林植物造景［J］．山西科技，2006（1）：78-79．

［24］刘慧民．插花装饰艺术［M］．北京：化学工业出版社，2012．

［25］王春彦．室内绿化装饰与设计［M］．上海：上海交通大学出版社，2009．

［26］黎佩霞，范燕萍．插花艺术基础［M］．北京：中国农业出版社，2009．

［27］王立新，范燕萍．插花与盆［M］．北京：高等教育出版社，2009．

［28］卢碧瑛，等．简明产科护理［M］．北京：人民军医出版社，2006．

［29］王玉玲．母婴床旁护理［M］．青岛：青岛出版社，2010．

［30］崔玉涛．图解家庭育儿［M］．北京：东方出版社，2012．

［31］王卫平．儿科学［M］．北京：人民卫生出版社，2013．

［32］周莉莉．儿科学护理学［M］．北京：高等教育出版社，2010．

［33］柳阳辉．幼儿教育学［M］．郑州：郑州大学出版社，2008．

［34］周兢．幼儿园语言教育［M］．海口：南海出版公司，2004．

［35］朱凤莲．老人护理员上岗手册［M］．北京：中国时代经济出版社，2011．

［36］刘洋．居家养老护理师（初级）［M］．哈尔滨：哈尔滨工程大学出版社，2013．

［37］刘天鹏．常见病家庭饮食营养调理［M］．北京：人民军医出版社，2006．

［38］殷磊．护理学基础［M］．北京：人民卫生出版社，2003．

［39］张玉琴，林敏．家政服务与管理［M］．杭州：浙江科学技术出版社，2015．

［40］夏君，邹金宏．家政六好管理［M］．北京：中国财富出版社，2013．

［41］王君．家政服务员（高级）［M］．2版．北京：中国劳动社会保障出版社，2009．